LINEAR ALGEBRA FOR AI

4판

AI를 위한 선형대수

민만식 • 정형철 • 손방용 지음

한티미디어

저자 소개

민만식 고려대학교 통계학과 이학박사
수원대학교 Professor
저서: 확률과 통계, 미적분학, 빅데이터 자료분석,
통계수학, 이산수학, 대학수학 등

정형철 고려대학교 통계학과 이학박사
수원대학교 Professor
저서: 붓스트랩의 이해, SAS/AF와 SCL을 이용한 통계적 정보분석시스템 개발,
실험설계와 분석, 확률론, 예제로 배우는 R 통계학 등

손방용 고려대학교 통계학과 이학박사
대진대학교 Professor
저서: SPSS 통계학, 이산수학, 이산자료의 수학구조,
기초 미적분학, 정보화 사회를 위한 컴퓨터 활용 등

4판

AI를 위한 선형대수

발행일 2022년 2월 25일 1쇄
지은이 민만식 · 정형철 · 손방용
펴낸이 김준호
펴낸곳 한티미디어 | **주 소** 서울시 마포구 동교로 23길 67 Y빌딩 3층
등 록 제15-571호 2006년 5월 15일
전 화 02)332-7993~4 | **팩 스** 02)332-7995
ISBN 978-89-6421-434-3 (93410)
가 격 25,000원

마케팅 노호근 박재인 최상욱 김원국 김택성 | **관 리** 김지영 문지희
편 집 김은수 유채원

이 책에 대한 의견이나 잘못된 내용에 대한 수정 정보는 한티미디어 홈페이지나 이메일로 알려주십시오.
독자님의 의견을 충분히 반영하도록 늘 노력하겠습니다.
홈페이지 www.hanteemedia.co.kr | **이메일** hantee@hanteemedia.co.kr

---

PREFACE

이 책은 학부 학생들을 위한 선형대수학 교재로서 주당 3시간의 강의로 한 학기 동안에 마칠 수 있는 내용을 포함하고 있다. 선형대수학은 수학의 다른 분야, 예컨대 기하학, 미분적분학, 미분방정식, 확률론 등에 광범위하게 이용될 뿐만 아니라 물리학, 생물학, 화학, 경제학, 심리학 등의 사회과학 분야 및 전기회로망, 구조역학 등의 공학 분야에도 그 이용도가 높은 학문이다.

이 책은 학부 학생들에게 각 영역에서 널리 응용되는 부분을 중심으로 구성하였다. 추상적인 개념도 가능한 현실 생활 속에서 찾을 수 있는 예를 토대로 개념을 설명하여 학생들의 이해를 돕고자 하였으며 충분한 예제와 그림들을 덧붙였다.

개정판에서는 제1장에서는 행렬을 정의하고 행렬의 연산과 특수한 행렬을 설명하였다. 행렬의 개념이 연립1차방정식의 해의 성질을 규명하고자 생긴 것이므로, 제2장에서는 연립1차방정식에 관해서 설명하였다. 기초행작용을 사용하였는데 연립1차방정식에서뿐 아니라 행렬을 공부하는 데 기초행작용이 중요한 역할을 한다. 정칙행렬에 관해서 배운다. 행렬이 정칙행렬이냐 아니냐에 따라서 행렬의 성질이 아주 달라진다. 행렬이 정칙인지 아닌지 구별하는 것이 대단히 중요하다. 제3장에서 배우는 행렬식을 가지고 행렬이 정칙인지 아닌지 구별할 수 있다. 행렬식의 정의는 치환(inversion)을 사용치 않고, 여인수전개를 이용하여 정의하였다. 결국은 행렬식의 성질을 배우는 데 여인수전개가 주로 이용되므로, 이렇게 하여 시간을 절약할 수 있다. 4장에서는 벡터의 정의, 노음과 연산, 내적, 외적, 3차원 공간에서의 직선과 평면을 다루었으며, 5장에서는 벡터공간의 개념과 벡터공간에서 일차종속과 일차독립의 개념, 부분공간의 차원과 기저의 개념을 다루었다. 6장에서는 내적공간의 개념과 그램-슈미츠 직교과정을 다루었으며, 7장에서는 고유치와 고유벡터, 대칭행렬대각화 등을 다루었다. 8장은 선형사상, 9장은 이차형식에서는 행렬이 어떻게 사용되는지를 알아보고자 한다.

각 절이 끝날 때마다 내용을 이해하고 응용력을 기르는 데 도움이 될 수 있는 문제들을 난이도 순으로 배열하였으며 모든 연습 문제의 풀이를 해답에 첨부하여 학생들이 활용할 수 있도록 하였다. 끝으로 이 개정판을 출판할 수 있도록 도움을 준 동료 교수 및 출판을 담당해주신 한티미디어 사장님을 비롯한 편집부 모든 분들께 진심으로 감사드린다.

2022년 2월

저자

CONTENTS

PREFACE 3

CHAPTER 1 행렬

1.1 행렬의 연산 12
1.1.1 행렬의 뜻 12
1.1.2 행렬의 연산 14
1.1.3 행렬의 곱셈 19
1.1 연습문제 23

1.2 특수행렬 25
1.2.1 전치행렬 25
1.2.2 대칭행렬, 교대행렬 27
1.2.3 대각행렬, 스칼라행렬, 3각행렬 29
1.2.4 행렬의 분할 30
1.2 연습문제 33

1.3 행렬의 연산의 응용 35
1.3.1 행렬의 덧셈, 뺄셈, 실수배 35
1.3.2 행렬의 곱 36
1.3 연습문제 41

CHAPTER 2 연립 1차방정식과 역행렬

2.1 연립 1차방정식 44

2.1 연습문제 56

2.2 역행렬 58

2.2 연습문제 69

2.3 기본연산 72

2.3 연습문제 82

2.4 연립 1차방정식과 역행렬의 응용 83

2.4.1 다항식에 적합한 곡선 83

2.4.2 회로분석 87

2.4.3 최소 제곱 회귀분석 91

2.4 연습문제 94

CHAPTER 3 행렬식

3.1 행렬식의 여인자 전개 98

3.1 연습문제 104

3.2 기본연산과 행렬식 106

3.2 연습문제 114

3.3 행렬식과 역행렬 116

3.3.1 행렬의 수반행렬 116

3.3.2 Cramer공식 119

3.3 연습문제 124

3.4 행렬식의 응용 126

3.4.1 면적, 체적, 직선과 평면의 방정식 126

3.4 연습문제 132

CHAPTER 4 벡터

4.1 벡터의 정의 134
4.1 연습문제 142
4.2 벡터의 노음 및 연산 144
4.2 연습문제 147
4.3 벡터의 내적 149
4.3 연습문제 155
4.4 벡터곱 157
4.4 연습문제 164
4.5 3차원 공간의 직선과 평면 166
4.5.1 점 $A(\vec{a})$를 지나고 $(\vec{b})$에 평행한 직선 166
4.5.2 두 점 $A(\vec{a})$, $B(\vec{b})$를 지나는 직선 168
4.5.3 두 직선의 위치관계 169
4.5.4 점 $A(\vec{a})$를 지나고 벡터 $\vec{h}$에 수직인 평면 171
4.5.5 두 평면간에 위치관계 173
4.5 연습문제 174

CHAPTER 5 벡터공간

5.1 벡터공간 178
5.1 연습문제 181
5.2 부분공간 182
5.2 연습문제 187
5.3 1차 독립 188
5.3.1 1차 결합 188
5.3.2 생성집합 189
5.3.3 1차 독립 192
5.3 연습문제 197
5.4 기저와 차원 199
5.4 연습문제 205
5.5 행렬의 계수와 연립 1차방정식 207
5.5 연습문제 217

CHAPTER 6 내적공간

6.1 내적공간 220
6.1 연습문제 225
6.2 직교기저: Gram-schmidt의 직교화 과정 227
6.2 연습문제 232
6.3 최소제곱문제 234
6.3 연습문제 247

CHAPTER 7 고유치 문제

7.1 고유치와 특성 방정식 250
7.1.1 고유치 문제 250
7.1.2 고유치와 특성다항식 253
7.1 연습문제 260
7.2 닮음 행렬과 대각화 262
7.2 연습문제 268
7.3 대칭행렬과 직교대각화 269
7.3 연습문제 279

CHAPTER 8 선형변환

8.1 선형변환 282
8.1 연습문제 289
8.2 선형변환의 핵과 치역 291
8.2 연습문제 298
8.3 선형변환의 합성, 역 변환 299
8.3.1 선형변환의 합성 299
8.3.2 역 선형변환 301
8.3 연습문제 305

8.4 선형변환의 응용 307
8.4 연습문제 312

CHAPTER 9 2차 형식

9.1 2차 형식 316
9.1 연습문제 320
9.2 2차 형식의 대각화: 원추(뿔)곡선 321
9.2 연습문제 331
9.3 2차 곡면 333
9.3 연습문제 338

정답 및 풀이 339

INDEX 369

CHAPTER 01

행렬

행렬의 연산 1.1

특수 행렬 1.2

행렬의 연산의 응용 1.3

1.1 행렬의 연산

1.1.1 행렬의 뜻

행렬이란 자연수 m과 n에 대해 mn개의 실수(또는 복소수)를 다음과 같이 직사각형의 꼴로 늘어놓은 것을 말한다.

행렬을 나타낼 때에는 흔히 대문자 $A, B, C \ldots$를 쓰고, 행렬의 성분을 문자로 나타낼 때에는 흔히 소문자 $a, b, c \ldots$를 쓴다.

또 $(i,\ j)$성분을 a_{ij}와 같이 두 개의 첨자 $i,\ j$를 써서 각각 행과 열의 위치를 밝혀 나타내는 경우가 있다. 이를테면 위의 2×3행렬 A는 오른쪽과 같이 나타낼 수 있고, 이를

$$\mathrm{A}=[a_{ij}],\quad i=1,2 \quad j=1,2,3 \qquad A=\begin{bmatrix} a_{11} & a_{12} & a_{13} \\ a_{21} & a_{22} & a_{23} \end{bmatrix}$$

이라고 쓰기도 한다. 또 굳이 행렬의 꼴을 밝힐 필요가 없을 때에는 간단히 $\mathrm{A}=(a_{ij})$라고 쓰기도 한다. 일반적으로 $m\times n$ 행렬은 다음과 같이 나타낼 수 있다.

$$\begin{bmatrix} a_{11}\, a_{12}\, a_{13} \cdots a_{1j} \cdots a_{1n} \\ a_{21}\, a_{22}\, a_{23} \cdots a_{2j} \cdots a_{2n} \\ a_{31}\, a_{32}\, a_{33} \cdots a_{3j} \cdots a_{3n} \\ \cdots\cdots\cdots\cdots\cdots\cdots \\ a_{i1}\ \ a_{i2}\ \ a_{i3} \cdots a_{ij} \cdots a_{in} \\ \cdots\cdots\cdots\cdots\cdots\cdots \\ a_{m1} a_{m2} a_{m3} \cdots a_{mj} \cdots a_{mn} \end{bmatrix}$$

특히 $m=n$일 때는 A를 n의 정방행렬이라 한다. 이때 수 $a_{11}, a_{22}, \cdots a_{nn}$을 A의 주대각선원소라 한다. 행렬 A의 원소가 모두 실수일 때 A를 실행렬이라 하고, 행렬 A의 원소가 복소수일 때 A를 복소행렬이라 한다. 또 모든 원소가 0으로 되어 있는 행렬을 영행렬이라 하고 O로 나타낸다.

예제 1.1

행렬 $A = [a_{ij}]$ 에서 a_{ij}가 다음과 같을 때, 행렬 A를 구하라.

(1) $i = j$일 때 $a_{ij}=1$, $i \neq j$ 일 때 $a_{ij} = 0$ (단 $i, j= 1, 2, 3$)

(2) $2i + 3j - 4$ (단 $i=1, 2$, $j=1, 2, 3$)

(3) $(-1)^{i+j} + i^2 + j$ (단, $i, j = 1, 2$)

풀이

(1) $i=1, 2, 3$이고 $j=1, 2, 3$이므로 구하는 행렬은 3×3 행렬이다.

$i=j$일 때 $a_{ij}=1, i \neq j$일 때 $a_{ij}=0$이므로

$a_{11} = a_{22} = a_{33} = 1$

$a_{21} = a_{31} = a_{32} = 0$

$a_{12} = a_{13} = a_{23} = 0$

$$A = \begin{bmatrix} 1 & 0 & 0 \\ 0 & 1 & 0 \\ 0 & 0 & 1 \end{bmatrix}$$

(2) $i=1,2$이고 $j=1,2,3$이므로 구하는 행렬은 2×3행렬이다.

$a_{ij} = 2i+3j-4$이므로

$a_{11} = 2 \cdot 1 + 3 \cdot 1 - 4 = 1,$

$a_{12} = 2 \cdot 1 + 3 \cdot 2 - 4 = 4,$

$a_{13} = 2 \cdot 1 + 3 \cdot 3 - 4 = 7,$

$a_{21} = 2 \cdot 2 + 3 \cdot 1 - 4 = 3,$

$a_{22} = 2 \cdot 2 + 3 \cdot 2 - 4 = 6,$

$$A = \begin{bmatrix} 1 & 4 & 7 \\ 3 & 6 & 9 \end{bmatrix}$$

(3) $i=1,2$이고 $j=1,2$이므로 구하는 행렬은 2×3행렬이다.

$a_{ij} = (-1)^{i+j} + i^2 + j$이므로

$a_{11} = (-1)^{1+1} + 1^2 + 1 = 3$ $\quad$ $a_{12} = (-1)^{1+2} + 1^2 + 2 = 2$

$a_{21} = (-1)^{2+1} + 2^2 + 1 = 4$ $\quad$ $a_{22} = (-1)^{2+2} + 2^2 + 2 = 7$

$$A = \begin{bmatrix} 3 & 2 \\ 4 & 7 \end{bmatrix}$$

1.1.2 행렬의 연산

(1) 행렬의 덧셈, 뺄셈

$A=[a_{ij}], B=[b_{ij}]$를 모두 (m,n)형의 행렬이라 할 때 A와 B의 합 $C=[c_{ij}]$를

$$c_{ij}=a_{ij}+b_{ij}(1 \le i \le m,\ 1 \le j \le n)$$

와 같이 정의한다. 즉 C는 A와 B의 대응하는 원소를 더함으로써 얻어진다. 이것을 더 구체적으로 나타내면

$$A=\begin{bmatrix} a_{11} & a_{12} & \cdots & a_{1n} \\ a_{21} & a_{22} & \cdots & a_{2n} \\ \cdots & \cdots & \cdots & \cdots \\ a_{m1} & a_{m2} & \cdots & a_{mn} \end{bmatrix},\quad B=\begin{bmatrix} b_{11} & b_{12} & \cdots & b_{1n} \\ b_{21} & b_{22} & \cdots & b_{2n} \\ \cdots & \cdots & \cdots & \cdots \\ b_{m1} & b_{m2} & \cdots & b_{mn} \end{bmatrix}$$

에 대해

$$A+B=\begin{bmatrix} a_{11}+b_{11} & a_{12}+b_{12} & \cdots & a_{1n}+b_{1n} \\ a_{21}+b_{21} & a_{22}+b_{22} & \cdots & a_{2n}+b_{2n} \\ \cdots\cdots & \cdots\cdots & \cdots\cdots & \cdots\cdots \\ a_{m1}+b_{m1} & a_{m2}+b_{m2} & \cdots & a_{mn}+b_{mn} \end{bmatrix}$$

예제 1.2

다음 두 행렬의 합을 구하라.

(1) $\begin{bmatrix} 1 & 3 \\ 2 & 4 \end{bmatrix}+\begin{bmatrix} 5 & 6 \\ 7 & 8 \end{bmatrix}$

(2) $\begin{bmatrix} -1 & 3 & 5 \\ -2 & 4 & 6 \end{bmatrix}+\begin{bmatrix} 1 & 0 & -3 \\ 2 & 4 & -2 \end{bmatrix}$

풀이

(1) 준식 $=\begin{bmatrix} 1+5 & 3+6 \\ 2+7 & 4+8 \end{bmatrix}=\begin{bmatrix} 6 & 9 \\ 9 & 12 \end{bmatrix}$

(2) 준식 $=\begin{bmatrix} -1+1 & 3+0 & 5+(-3) \\ -2+2 & 4+4 & 6+(-2) \end{bmatrix}=\begin{bmatrix} 0 & 3 & 2 \\ 0 & 8 & 4 \end{bmatrix}$

(2) 행렬의 스칼라곱

행렬 $A=[a_{ij}]$의 각 원소 a_{ij}를 모두 k배(k는 상수)한 것을 원소로 하는 행렬을 A의 k배라고 하고 kA라 쓴다. 즉 행렬 A가

$$A=\begin{bmatrix} a_{11} & a_{12} & \cdots & a_{1n} \\ a_{21} & a_{22} & \cdots & a_{2n} \\ \cdots & \cdots & \cdots & \cdots \\ a_{m1} & a_{m2} & \cdots & a_{mn} \end{bmatrix}$$

이라 하면

$$kA=\begin{bmatrix} ka_{11} & ka_{12} & \cdots & ka_{1n} \\ ka_{21} & ka_{22} & \cdots & ka_{2n} \\ \cdots & \cdots & \cdots & \cdots \\ ka_{m1} & ka_{m2} & \cdots & ka_{mn} \end{bmatrix}$$

이다.

특히 $(-1)A$를 $-A$로 표시한다. 즉$(-1)A=-A$ 따라서 A와 B가 같은 형의 행렬이라면 차를 $A-B=A+(-B)$로 정의한다. 다음의 정리에서 행렬의 덧셈과 행렬의 실수배에 관한 기본성질을 알 수 있다.

■ 행렬의 덧셈에 대한 기본 법칙

$m\times n$행렬 전체의 집합을 M이라고 하자. $A\in M$, $B\in M$, $O\in M$이라고 할 때, 다음 기본법칙이 성립한다. 단 O의 모든 성분은 0이다.

(1) $A\in M$, $B\in M$이면 $A+B\in M$

(2) $A+B=B+A$

(3) $A+O=O+A=A$인 O가 M에 존재한다.

(4) $A+X=X+A=O$인 X가 M에 존재한다.

■ 행렬의 실수배에 관한 기본 법칙

A, B가 같은 꼴의 행렬이고 k, l이 실수일 때,

(1) $k(lA) = (kl)A$

(2) $(k+l)A = kA + lA,\ k(A+B) = kA + kB$

(3) $1A = A,\ (-1)A = -A$

(4) $kO = O,\ 0A = O$ 단, O는 모든 성분이 0인 행렬이다.

예제 1.3

$P = \begin{bmatrix} 1 & 2 \\ 1 & 1 \end{bmatrix}, Q = \begin{bmatrix} 0 & 2 \\ 2 & 0 \end{bmatrix}$일 때, 행렬 $\begin{bmatrix} 2 & 6 \\ 4 & 2 \end{bmatrix}$를 실수 x, y를 써서 $xP + yQ$의 꼴로 나타내라.

풀이

$\begin{bmatrix} 2 & 6 \\ 4 & 2 \end{bmatrix} = x\begin{bmatrix} 1 & 2 \\ 1 & 1 \end{bmatrix} + y\begin{bmatrix} 0 & 2 \\ 2 & 0 \end{bmatrix}$

으로 놓고, 우변을 정리하면

$\begin{bmatrix} 2 & 6 \\ 4 & 2 \end{bmatrix} = \begin{bmatrix} x & 2x+2y \\ x+2y & x \end{bmatrix}$

행렬의 상등의 정의로부터

$x = 2, 2x + 2y = 6, x + 2y = 4, x = 2$

이 네 식을 동시에 만족하는 x, y는 $x = 2, y = 1$이다.

$\begin{bmatrix} 2 & 6 \\ 4 & 2 \end{bmatrix} = 2\begin{bmatrix} 1 & 2 \\ 1 & 1 \end{bmatrix} + \begin{bmatrix} 0 & 2 \\ 2 & 0 \end{bmatrix} = 2P + Q$

예제 1.4

주어진 행렬 $A=\begin{bmatrix} 1 & 2 & 4 \\ -3 & 0 & -1 \\ 2 & 1 & 2 \end{bmatrix}$와 $B=\begin{bmatrix} 2 & 0 & 0 \\ 1 & -4 & 3 \\ -1 & 3 & 2 \end{bmatrix}$에서 다음을 구하라.

(1) $3A$ (2) $-B$

(3) $3A-B$

풀이

(1) $3A=3\begin{bmatrix} 1 & 2 & 4 \\ -3 & 0 & -1 \\ 2 & 1 & 2 \end{bmatrix}=\begin{bmatrix} 3(1) & 3(2) & 3(4) \\ 3(-3) & 3(0) & 3(-1) \\ 3(2) & 3(1) & 3(2) \end{bmatrix}=\begin{bmatrix} 3 & 6 & 12 \\ -9 & 0 & -3 \\ 6 & 3 & 6 \end{bmatrix}$

(2) $-B=(-1)\begin{bmatrix} 2 & 0 & 0 \\ 1 & -4 & 3 \\ -1 & 3 & 2 \end{bmatrix}=\begin{bmatrix} -2 & 0 & 0 \\ -1 & 4 & -3 \\ 1 & -3 & -2 \end{bmatrix}$

(3) $3A-B=\begin{bmatrix} 3 & 6 & 12 \\ -9 & 0 & -3 \\ 6 & 3 & 6 \end{bmatrix}-\begin{bmatrix} 2 & 0 & 0 \\ 1 & -4 & 3 \\ -1 & 3 & 2 \end{bmatrix}=\begin{bmatrix} 1 & 6 & 12 \\ -10 & 4 & -6 \\ 7 & 0 & 4 \end{bmatrix}$

(3) 행렬의 상등

두 행렬 A, B가 각각 $m\times n$행렬일 때, 곧 행렬 A와 행렬 B행의 개수와 열의 개수가 각각 같을 때, A와 B는 같은 꼴이라 한다. 또한 두 행렬 A, B가 같은 꼴이고 대응하는 성분이 모두 같을 때 행렬 A와 B는 상등이다 혹은 같다고 하고 $A=B$로 나타낸다. 즉 (m,n)형 행렬 A와 (r,s)형 행렬 B가

$$A=\begin{bmatrix} a_{11} & a_{12} & \cdots & a_{2n} \\ a_{21} & a_{22} & \cdots & a_{1n} \\ \cdots & \cdots & \cdots & \cdots \\ a_{m1} & a_{m2} & \cdots & a_{mn} \end{bmatrix},\ B=\begin{bmatrix} b_{11} & b_{12} & \cdots & b_{1s} \\ b_{21} & b_{22} & \cdots & b_{2s} \\ \cdots & \cdots & \cdots & \cdots \\ b_{r1} & b_{r2} & \cdots & b_{rs} \end{bmatrix}$$

라고 한다.

이 때 $m=r,\ n=s$

$$a_{ij}=b_{ij}\ (i=1,2,\ldots.m;\ j=1,2,\ldots.n)$$

이 성립된다면 A와 B는 상등하다고 한다.

예제 1.5

다음 등식을 만족하는 x, y, a, b의 값을 구하라.

(1) $\begin{bmatrix} x+y \\ x-y \end{bmatrix} = \begin{bmatrix} 4 \\ 2 \end{bmatrix}$ (2) $\begin{bmatrix} x-1 & 0 \\ y+1 & y \end{bmatrix} = \begin{bmatrix} 2 & a-2 \\ 1 & b+2 \end{bmatrix}$

풀이

(1) 행렬의 상등의 정의로부터

$x+y=4,\ x-y=2$

$x=3,\ y=1$

(2) 행렬의 상등의 정의로부터

$x-1=2,\ 0=a-2,\ y+1=1,\ y=b+2$

$x=3,\ y=0,\ a=2,\ b=-2$

예제 1.6

다음 등식을 만족하는 x, y, z의 값을 구하라.

$$\begin{bmatrix} x-y+z \\ 3x+2y-z \\ 2x+y-3z \end{bmatrix} = \begin{bmatrix} 2 \\ 4 \\ -5 \end{bmatrix}$$

풀이

$x-y+z=2$

$3x+2y-z=4$

$2x+y-3z=-5$ 에서 $x=1,\ y=2,\ z=3$

1.1.3 행렬의 곱셈

(1) 행렬의 곱의 정리

행렬 A열의 개수와 행렬 B행의 개수가 같을 때, A의 제i행과 B의 제j열의 대응하는 위치에 있는 성분을 차례로 곱해 더한 것을 (i, j)성분으로 하는 행렬을 A와 B의 곱이라 하고, AB로 나타낸다.

여기서 A가 $l \times m$행렬, B가 $m \times n$행렬이면 AB는 $l \times n$행렬이 된다. 곧, $l \times m$, $m \times n$에서 가운데 m이 없어지고 $l \times n$행렬이 된다.

■ 행렬의 곱셈의 기본 법칙

(1) AB≠BA

(2) (AB)C=A(BC)

(3) A(B+C)=AB+AC, (A+B)C=AC+BC

(4) $(kA)B = A(kB) = k(AB)$(단, k는 실수)

예제 1.7

다음을 계산하라.

(1) $\begin{bmatrix} 5 & 7 \end{bmatrix}\begin{bmatrix} 3 \\ 2 \end{bmatrix}$

(2) $\begin{bmatrix} 3 & 0 \end{bmatrix}\begin{bmatrix} 2 & 1 \\ 1 & 2 \end{bmatrix}$

(3) $\begin{bmatrix} 3 \\ 2 \end{bmatrix}\begin{bmatrix} 1 & 4 \end{bmatrix}$

(4) $\begin{bmatrix} -2 & 2 \\ 4 & 5 \end{bmatrix}\begin{bmatrix} 3 \\ -1 \end{bmatrix}$

(5) $\begin{bmatrix} 8 & -1 \\ 3 & 5 \end{bmatrix}\begin{bmatrix} 2 & 0 \\ 4 & -3 \end{bmatrix}$

(6) $\begin{bmatrix} 4 & 1 & -1 \\ 3 & 2 & 0 \end{bmatrix}\begin{bmatrix} 2 & 6 \\ 1 & -4 \\ 5 & -2 \end{bmatrix}$

(7) $\begin{bmatrix} 1 & 2 & 3 \\ -1 & 0 & 1 \\ 3 & -2 & 4 \end{bmatrix}\begin{bmatrix} -2 & 0 & 4 \\ 1 & -1 & 2 \\ 2 & 1 & -3 \end{bmatrix}$

풀이

(1) $[5\ \ 7]\begin{bmatrix}3\\2\end{bmatrix}=[5\cdot 3+7\cdot 2]=29$

(2) $[3\ 0]\begin{bmatrix}2&1\\1&2\end{bmatrix}=[3\cdot 2+0\cdot 1\quad 3\cdot 1+0\cdot 2]=[6\ \ 3]$

(3) $\begin{bmatrix}3\\2\end{bmatrix}[1\ \ 4]=\begin{bmatrix}3\cdot 1&3\cdot 4\\2\cdot 1&2\cdot 4\end{bmatrix}=\begin{bmatrix}3&12\\2&8\end{bmatrix}$

(4) $\begin{bmatrix}-2&2\\4&5\end{bmatrix}\begin{bmatrix}3\\-1\end{bmatrix}=\begin{bmatrix}-2\cdot 3+2\cdot(-1)\\4\cdot 3+5\cdot(-1)\end{bmatrix}=\begin{bmatrix}-8\\7\end{bmatrix}$

(5) $\begin{bmatrix}8&-1\\3&5\end{bmatrix}\begin{bmatrix}2&0\\4&-3\end{bmatrix}=\begin{bmatrix}8\cdot 2+(-1)\cdot 4&8\cdot 0+(-1)\cdot(-3)\\3\cdot 2+5\cdot 4&3\cdot 0+5\cdot(-3)\end{bmatrix}=\begin{bmatrix}4&3\\26&-15\end{bmatrix}$

(6) $\begin{bmatrix}4&1&-1\\3&2&0\end{bmatrix}\begin{bmatrix}2&6\\1&-4\\5&-2\end{bmatrix}=\begin{bmatrix}4\cdot 2+1\cdot 1+(-1)\cdot 5&4\cdot 6+1\cdot(-4)+(-1)\cdot(-2)\\3\cdot 2+2\cdot 1+0\cdot 5&3\cdot 6+2\cdot(-4)+0\cdot(-2)\end{bmatrix}$

$$=\begin{bmatrix}4&22\\8&10\end{bmatrix}$$

(7) $\begin{bmatrix}1&2&3\\-1&0&1\\3&-2&4\end{bmatrix}\begin{bmatrix}-2&0&4\\1&-1&2\\2&1&-3\end{bmatrix}=\begin{bmatrix}-2+2+6&0-2+3&4+4-9\\2+0+2&0+0+1&-4+0-3\\-6-2+8&0+2+4&12-4-12\end{bmatrix}$

$$=\begin{bmatrix}6&1&-1\\4&1&-7\\0&6&-4\end{bmatrix}$$

예제 1.8

다음 각 물음에 답하라.

(1) 다음 등식을 만족하는 x, y의 값을 구하라.

$$\begin{bmatrix}x&y\\2&1\end{bmatrix}\begin{bmatrix}x&0\\y&x\end{bmatrix}=2\begin{bmatrix}10&6-x\\3&0\end{bmatrix}+\begin{bmatrix}5&2x\\4&x\end{bmatrix}$$

(2) 모든 실수 x, y에 대해 다음 등식을 만족하는 상수 a, b, c의 값을 구하라.

$$[x\ \ y]\begin{bmatrix}a&b\\0&c\end{bmatrix}\begin{bmatrix}x\\y\end{bmatrix}=[x\ \ y]\begin{bmatrix}1&2\\3&1\end{bmatrix}\begin{bmatrix}x\\y\end{bmatrix}$$

풀이

(1) 준식에서

$$\begin{bmatrix} x^2+y^2 & xy \\ 2x+y & x \end{bmatrix} = \begin{bmatrix} 25 & 12 \\ 10 & x \end{bmatrix}$$

$x^2+y^2=25 \sim$ ①

$xy=12 \sim$ ②

$2x+y \ =10 \sim$ ③

①, ③을 연립해 풀면

$x=3,\ y=4$ 또는 $x=5,\ y=0$ 이 중에서 ②를 만족하는 것은 $x=3,\ y=4$

(2) 준식에서

$$[ax \ \ bx+cy] \begin{bmatrix} x \\ y \end{bmatrix} = [x+3y \ \ 2x+y] \begin{bmatrix} x \\ y \end{bmatrix}$$

$(ax^2+(bx+cy)y) = ((x+3y)x+(2x+y)y)$

$ax^2+bxy+cy^2 = x^2+5xy+y^2$

모든 실수 x, y에 대해 성립하려면

$a=1,\ \ b=5,\ \ c=1$

예제 1.9

다음 등식을 만족하는 x, y의 값을 구하라.

(1) $\begin{bmatrix} x & 0 \\ 1 & y \end{bmatrix} \begin{bmatrix} -1 & 1 \\ x & y \end{bmatrix} = \begin{bmatrix} -1 & 1 \\ 2y & 2 \end{bmatrix}$

(2) $\begin{bmatrix} 2 & -2 \\ 3 & -1 \end{bmatrix} \begin{bmatrix} 1 & 2 \\ x & y \end{bmatrix} = \begin{bmatrix} 1 & 2 \\ x & y \end{bmatrix} \begin{bmatrix} 2 & -2 \\ 3 & -1 \end{bmatrix}$

풀이

(1) 준식에서 $\begin{bmatrix} -x & x \\ -1+xy & 1+y^2 \end{bmatrix} = \begin{bmatrix} -1 & 1 \\ 2y & 2 \end{bmatrix}$에서

$-x=-1,\ x=1,\ -1+xy=2y,\ 1+y^2=2$이므로

$x=1,\ y=-1$

(2) 준식에서 $\begin{bmatrix} 2-2x & 4-2y \\ 3-x & 6-y \end{bmatrix} = \begin{bmatrix} 8 & -4 \\ 2x+3y & -2x-y \end{bmatrix}$에서

$2-2x=8$, $4-2y=-4$, $3-x=2x+3y$, $6-y=-2x-y$이므로

$x=-3$, $y=4$

정의 1.1

단위행렬

오른쪽 행렬과 같은 정사각행렬 중에서 왼쪽 위에서 오른쪽 아래로의 대각선 위의 성분이 모두 1이고 그 이외의 성분은 모두 0인 행렬을 단위행렬이라 한다. 단위행렬은 흔히 I 또는 E로 나타내기로 한다.

$A = \begin{bmatrix} a & b \\ c & d \end{bmatrix}$, $E = \begin{bmatrix} 1 & 0 \\ 0 & 1 \end{bmatrix}$일 때, $AE = \begin{bmatrix} a & b \\ c & d \end{bmatrix} \begin{bmatrix} 1 & 0 \\ 0 & 1 \end{bmatrix} = \begin{bmatrix} a & b \\ c & d \end{bmatrix} = A$

$EA = \begin{bmatrix} 1 & 0 \\ 0 & 1 \end{bmatrix} \begin{bmatrix} a & b \\ c & d \end{bmatrix} = \begin{bmatrix} a & b \\ c & d \end{bmatrix} = A$,

$E^2 = \begin{bmatrix} 1 & 0 \\ 0 & 1 \end{bmatrix} \begin{bmatrix} 1 & 0 \\ 0 & 1 \end{bmatrix} = \begin{bmatrix} 1 & 0 \\ 0 & 1 \end{bmatrix}$, $E^3 = E^2E = \begin{bmatrix} 1 & 0 \\ 0 & 1 \end{bmatrix} \begin{bmatrix} 1 & 0 \\ 0 & 1 \end{bmatrix} = \begin{bmatrix} 1 & 0 \\ 0 & 1 \end{bmatrix} = E$

에서 알 수 있는 바와 같이 단위행렬 E에는 다음 성질이 있다.

A, E 가 같은 꼴의 정사각 행렬일 때,

$AE = EA = A$, $E^2 = E$, $E^3 = E$, ..., $E^n = E$

1.1 연습문제

1. 다음 주어진 행렬들의 (a) $A+B$ (b) $A-B$ (c) $2A$ (d) $2A-B$를 구하라.

(1) $A=\begin{bmatrix} 1 & -1 \\ 2 & -1 \end{bmatrix},\ B=\begin{bmatrix} 2 & -1 \\ -1 & 8 \end{bmatrix}$

(2) $A=\begin{bmatrix} 6 & -1 \\ 2 & 4 \\ -3 & 5 \end{bmatrix},\ B=\begin{bmatrix} 1 & 4 \\ -1 & 5 \\ 1 & 10 \end{bmatrix}$

2. $C=2A-3B$일 때 (a) c_{21} (b) c_{13}를 구하라.

$$A=\begin{bmatrix} 4 & 11 & -9 \\ 0 & 3 & 2 \\ -3 & 1 & 1 \end{bmatrix},\quad B=\begin{bmatrix} 1 & 0 & 5 \\ -4 & 6 & 11 \\ -6 & 4 & 9 \end{bmatrix}$$

3. 다음 행렬방정식에서 x, y, z를 구하라.

$$4\begin{bmatrix} x & y \\ z & -1 \end{bmatrix}=2\begin{bmatrix} y & z \\ -x & 1 \end{bmatrix}+2\begin{bmatrix} 4 & x \\ 5 & -x \end{bmatrix}$$

4. 다음 행렬들의 곱이 정의된다면 (a) AB와 (b) BA를 구하라.

(1) $A=\begin{bmatrix} 1 & 2 \\ 4 & 2 \end{bmatrix},\ B=\begin{bmatrix} 2 & -1 \\ -1 & 8 \end{bmatrix}$

(2) $A=\begin{bmatrix} 1 & -1 & 7 \\ 2 & -1 & 8 \\ 3 & 1 & -1 \end{bmatrix},\ B=\begin{bmatrix} 1 & 1 & 2 \\ 2 & 1 & 1 \\ 1 & -3 & 2 \end{bmatrix}$

1.1 연습문제

5. 다음 행렬방정식의 a, b, c, d를 구하라.

$$\begin{bmatrix} 1 & 2 \\ 3 & 4 \end{bmatrix}\begin{bmatrix} a & b \\ c & d \end{bmatrix} = \begin{bmatrix} 6 & 3 \\ 19 & 2 \end{bmatrix}$$

6. 대각행렬 A에 대해서 행렬의 곱 AA를 구하라.

$$A = \begin{bmatrix} -1 & 0 & 0 \\ 0 & 2 & 0 \\ 0 & 0 & 3 \end{bmatrix}$$

7. 다음 행렬들에 대해 AB와 BA를 구하라.

(1) $A = \begin{bmatrix} 2 & 0 \\ 0 & -3 \end{bmatrix}, B = \begin{bmatrix} -5 & 0 \\ 0 & 4 \end{bmatrix}$

(2) $A = \begin{bmatrix} 3 & 0 & 0 \\ 0 & -5 & 0 \\ 0 & 0 & 0 \end{bmatrix}, B = \begin{bmatrix} -7 & 0 & 0 \\ 0 & 4 & 0 \\ 0 & 0 & 12 \end{bmatrix}$

(3) $A = \begin{bmatrix} 2 & 1 \\ -3 & 4 \\ 1 & 6 \end{bmatrix}, B = \begin{bmatrix} 0 & -1 & 0 \\ 4 & 0 & 2 \\ 8 & -1 & 7 \end{bmatrix}$

(4) $A = \begin{bmatrix} -1 & 3 \\ 4 & -5 \\ 0 & 2 \end{bmatrix}, B = \begin{bmatrix} 1 & 2 \\ 0 & 7 \end{bmatrix}$

8. 다음 행렬의 곱이 정의된다면 (a) $2A+B$, (b) $3B-A$, (c) AB, (d) BA를 구하라.

(1) $A = \begin{bmatrix} 2 & -2 & 4 & 1 & 0 & 3 \\ -1 & 4 & 2 & -2 & -1 & 3 \\ 3 & -3 & 1 & 2 & 3 & -4 \\ 2 & -1 & 3 & 0 & 1 & 2 \\ 5 & 1 & -2 & -4 & 1 & 3 \\ 2 & 2 & 3 & -4 & -1 & -2 \end{bmatrix}, B = \begin{bmatrix} 1 & 2 & -3 & 4 & 1 & 2 \\ 2 & -3 & 1 & 3 & -1 & 2 \\ 0 & -2 & -3 & 0 & 1 & -1 \\ 1 & 2 & 3 & 2 & 1 & -1 \\ 2 & -1 & -3 & 0 & 4 & 2 \\ 1 & -2 & 4 & -2 & -4 & -1 \end{bmatrix}$

(2) $A = \begin{bmatrix} 2 & 1 & 3 & 2 & -1 \\ 3 & -1 & 0 & 1 & 2 \\ 2 & 1 & -3 & 3 & -2 \\ -4 & 0 & 2 & -3 & 1 \\ 1 & 0 & -1 & 2 & 4 \\ 2 & -3 & 2 & 1 & -4 \end{bmatrix}, B = \begin{bmatrix} 5 & 2 & 1 & 3 & 2 & 1 \\ -4 & -2 & 2 & -1 & 3 & -1 \\ 4 & 0 & 1 & 3 & -2 & 1 \\ -1 & 2 & -3 & -1 & 2 & 3 \\ -2 & 1 & 4 & 3 & -2 & 2 \\ 1 & -2 & 3 & 4 & -2 & -1 \end{bmatrix}$

1.2 특수행렬

1.2.1 전치행렬

(m, n)행렬

$$A = [a_{ij}] = \begin{bmatrix} a_{11} & a_{12} & \dots & a_{1n} \\ a_{21} & a_{22} & \dots & a_{2n} \\ \dots & \dots & \dots & \dots \\ a_{m1} & a_{m2} & \dots & a_{mn} \end{bmatrix}$$

의 행과 열을 바꿔서 생기는 행렬을 A의 전치행렬이라 하고, A^T로 나타낸다. 즉

$$A^T = [a_{ji}] = \begin{bmatrix} a_{11} & a_{21} & \dots & a_{m1} \\ a_{12} & a_{22} & \dots & a_{m2} \\ \dots & \dots & \dots & \dots \\ a_{1n} & a_{2n} & \dots & a_{mn} \end{bmatrix}$$

예제 1.10

다음 행렬들의 전치행렬을 구하라.

(1) $A = \begin{bmatrix} 2 \\ 8 \end{bmatrix}$

(2) $B = \begin{bmatrix} 1 & 2 & 3 \\ 4 & 5 & 6 \\ 7 & 8 & 9 \end{bmatrix}$

(3) $C = \begin{bmatrix} 1 & 2 & 0 \\ 2 & 1 & 0 \\ 0 & 0 & 1 \end{bmatrix}$

(4) $D = \begin{bmatrix} 0 & 1 \\ 2 & 4 \\ 1 & -1 \end{bmatrix}$

풀이

(1) $A^T = [2\ 8]$

(2) $B^T = \begin{bmatrix} 1 & 4 & 7 \\ 2 & 5 & 8 \\ 3 & 6 & 9 \end{bmatrix}$

(3) $C^T = \begin{bmatrix} 1 & 2 & 0 \\ 2 & 1 & 0 \\ 0 & 0 & 1 \end{bmatrix}$

(4) $D^T = \begin{bmatrix} 0 & 2 & 1 \\ 1 & 4 & -1 \end{bmatrix}$

정리 1.1

k가 스칼라이고 A와 B가 행렬이면

(Ⅰ) $(A^T)^T = A$이다.

(Ⅱ) $(A+B)^T = A^T + B^T$이다.

(Ⅲ) $(AB)^T = B^T A^T$이다.

(Ⅳ) $(kA)^T = kA^T$이다.

증명

(Ⅰ), (Ⅱ), (Ⅳ)는 각자 해보도록 하고 여기서는 (Ⅲ)만을 증명한다.

A, B를 각각 (l, m)행렬, (m,n)행렬이라 하자.

$(AB)^T$의 (i,j)원소 = AB의 (j,i) 원소 = $\sum_{k=1}^{m} a_{jk} b_{ki} = \sum_{k=1}^{m} b_{ki} a_{jk}$

A^T의 (k,j) 원소 = A의 (j,k) 원소 = a_{jk}

B^T의 (i,k)원소 = B의 (k,i) 원소 = b_{ki}이고

$B^T A^T$ 의 (i,j) 원소 $\sum_{k=1}^{m} b_{ki} a_{jk}$ 이므로

$(AB)^T = B^T A^T$이다.

예제 1.11

$A=\begin{bmatrix} 2 & 1 & -2 \\ -1 & 0 & 3 \\ 0 & -2 & 1 \end{bmatrix}$, $B=\begin{bmatrix} 3 & 1 \\ 2 & -1 \\ 3 & 0 \end{bmatrix}$ 에서 $(AB)^T = B^T A^T$임을 보여라.

풀이

$$AB=\begin{bmatrix} 2 & 1 & -2 \\ -1 & 0 & 3 \\ 0 & -2 & 1 \end{bmatrix}\begin{bmatrix} 3 & 1 \\ 2 & -1 \\ 3 & 0 \end{bmatrix}=\begin{bmatrix} 2 & 1 \\ 6 & -1 \\ -1 & 2 \end{bmatrix}$$

$$(AB)^T=\begin{bmatrix} 2 & 6 & -1 \\ 1 & -1 & 2 \end{bmatrix}$$

$$B^T A^T=\begin{bmatrix} 3 & 2 & 3 \\ 1 & -1 & 0 \end{bmatrix}\begin{bmatrix} 2 & -1 & 0 \\ 1 & 0 & -2 \\ -2 & 3 & 1 \end{bmatrix}=\begin{bmatrix} 2 & 6 & -1 \\ 1 & -1 & 2 \end{bmatrix}$$ 이므로

$(AB)^T = B^T A^T$이다.

예제 1.12

$A=\begin{bmatrix} 1 & 3 \\ 0 & -2 \\ -2 & -1 \end{bmatrix}$ 일 때 AA^T을 구하고 이것이 대칭행렬임을 보여라.

풀이

$$AA^T=\begin{bmatrix} 1 & 3 \\ 0 & -2 \\ -2 & -1 \end{bmatrix}\begin{bmatrix} 1 & 0 & -2 \\ 3 & -2 & -1 \end{bmatrix}=\begin{bmatrix} 10 & -6 & -5 \\ -6 & 4 & 2 \\ -5 & 2 & 5 \end{bmatrix}$$

$AA^T=(AA^T)^T$ 즉 AA^T는 대칭행렬이다.

1.2.2 대칭행렬, 교대행렬

$A^T=A$일 때. 행렬 $A=[a_{ij}]$를 대칭행렬이라 한다. 즉 A가 $a_{ij}=a_{ji}$를 만족하는 정방행렬이면 A는 대칭행렬이다.

만약 A가 대칭행렬이라면 A의 원소는 A의 주 대각선에 관한 대칭이다. 또한 A가 $a_{ij} = - a_{ji}$를 만족하는 정방행렬이면 A는 교대행렬이다.

예제 1.13

$A = \begin{bmatrix} 1 & -1 & 1 \\ -1 & 2 & 0 \\ 1 & 0 & 3 \end{bmatrix}$ $B = \begin{bmatrix} 1 & 2 & 3 \\ 2 & 4 & 5 \\ 3 & 5 & 6 \end{bmatrix}$ $C = \begin{bmatrix} 1 & 1 \\ -1 & 1 \end{bmatrix}$ 에서 A와 B는 각각 무슨 행렬인가?

풀이

A와 B는 대칭행렬이고, C는 교대행렬이다.

예제 1.14

정방행렬 A는 대칭행렬과 교대행렬의 합의 꼴로 나타낼 수 있음을 보여라.

풀이

A를 정방행렬이라 하자.

$$A = \frac{1}{2}(A + A^T) + \frac{1}{2}(A - A^T)$$

$$\left(\frac{1}{2}(A + A^T)\right)^T = \frac{1}{2}(A + A^T)^T = \frac{1}{2}(A^T + (A^T)^T) = \frac{1}{2}(A^T + A) : \text{대칭행렬}$$

$$\left(\frac{1}{2}(A - A^T)\right)^T = \frac{1}{2}(A - A^T)^T = \frac{1}{2}(A^T - (A^T)^T)$$

$$= \frac{1}{2}(A^T - A) : \text{교대행렬}$$

따라서 정방행렬 = 대칭행렬+교대행렬이다.

1.2.3 대각행렬, 스칼라행렬, 3각행렬

행과 열의 수가 같은 행렬, 즉 (n, n)형의 행렬을 정방행렬이라 하고, n을 그의 차수라고 한다. 즉

$$A = \begin{bmatrix} a_{11} & a_{12} & \dots & a_{1n} \\ a_{21} & a_{22} & \dots & a_{2n} \\ \dots & \dots & \dots & \dots \\ a_{n1} & a_{n2} & \dots & a_{nn} \end{bmatrix}$$

에서 좌상에서 우하로 향하는 대각선을 주대각선이라고 하고, 원소 a_{ii} $(1 \leqq i \leqq \mathrm{n})$을 대각원소라 한다. n차 정방행렬로서 대각원소가 모두 1이고 다른 원소가 모두 0인 행렬을 n차 단위행렬이라 하고 I_n 또는 간단히 I로 쓴다.

주대각선 원소를 제외한 모든 원소가 0, 즉 $i \neq j$ 일 때 $a_{ij} = 0$인 정방행렬을 대각행렬이라 한다.

예제 1.15

$A = \begin{bmatrix} 4 & 0 \\ 0 & 2 \end{bmatrix}$와 $B = \begin{bmatrix} 3 & 0 & 0 \\ 0 & -2 & 0 \\ 0 & 0 & 4 \end{bmatrix}$는 대각행렬이다.

주대각선 원소가 모두 같은 대각행렬 즉 $i \neq j$이면 $a_{ij} = 0$이고 $i = j$이면 $a_{ij} = c$인 대각행렬 $A = [a_{ij}]$를 스칼라행렬이라 한다.

예제 1.16

$A = \begin{bmatrix} a & 0 & 0 \\ 0 & a & 0 \\ 0 & 0 & a \end{bmatrix}, B = \begin{bmatrix} -2 & 0 \\ 0 & -2 \end{bmatrix}, I_2 = \begin{bmatrix} 1 & 0 \\ 0 & 1 \end{bmatrix}$은 스칼라행렬이다.

정방행렬 $A=[a_{ij}]$에 있어서 $i>j$일 때 $a_{ij}=0$ 또는 $i<j$일 때 $a_{ij}=0$이라면 A를 삼각 행렬이라 하고 전자를 상3각행렬, 후자는 하3각행렬이라 한다.

예제 1.17

$A=\begin{bmatrix} a_{11} & a_{12} & a_{13} \\ 0 & a_{22} & a_{23} \\ 0 & 0 & a_{33} \end{bmatrix}$, $B=\begin{bmatrix} 1 & 0 & 0 \\ 2 & 3 & 0 \\ 3 & 4 & 5 \end{bmatrix}$ 라 하면 A는 상3각행렬이고 B는 하3각행렬이다.

1.2.4 행렬의 분할

행렬 A를 몇 개의 가로선 및 세로선으로 행렬을 소행렬의 구획으로 나누는 것을 행렬의 분할이라고 한다.

예제 1.18

$A=\left[\begin{array}{ccc:cc} 2 & 3 & 5 & 7 & 11 \\ 3 & 5 & 7 & 11 & 2 \\ \hdashline 5 & 7 & 11 & 2 & 3 \end{array}\right]$ 와 같이 구분하면 다음 4개의 소행렬이 생긴다.

$A_{11}=\begin{bmatrix} 2 & 3 & 5 \\ 3 & 5 & 7 \end{bmatrix}$ $A_{12}=\begin{bmatrix} 7 & 11 \\ 11 & 2 \end{bmatrix}$ $A_{21}=[5 \ \ 7 \ \ 11]$ $A_{22}=[2 \ \ 3]$ $A=\begin{bmatrix} A_{11} & A_{12} \\ A_{21} & A_{22} \end{bmatrix}$

로 소행렬을 늘어놓는 형으로 나타낼 수 있다.

일반적으로 두 행렬 A와 B를 각각

$$\begin{bmatrix} A_{11} & A_{12} & \dots & A_{1q} \\ A_{21} & A_{22} & \dots & A_{2q} \\ \dots & \dots & \dots & \dots \\ A_{p1} & A_{p2} & \dots & A_{pq} \end{bmatrix} \begin{bmatrix} B_{11} & B_{12} & \dots & B_{1s} \\ B_{21} & B_{22} & \dots & B_{2s} \\ \dots & \dots & \dots & \dots \\ B_{q1} & B_{q2} & \dots & B_{qs} \end{bmatrix}$$

와 같이 분할하면 곱 $C=AB$는 다음과 같은 구획으로 분할된다.

$$\begin{bmatrix} C_{11} & C_{12} & \cdots & C_{1s} \\ C_{21} & C_{22} & \cdots & C_{2s} \\ \cdots & \cdots & \cdots & \cdots \\ C_{p1} & C_{p2} & \cdots & C_{ps} \end{bmatrix}$$

여기서 C_{ij}는 다음과 같이 계산된다.

$$C_{ij} = A_{i1}B_{1j} + A_{i2}B_{2j} + \ldots + A_{iq}B_{qj} (1 \le i \le p, 1 \le j \le s)$$

예제 1.19

적당히 행렬을 분할하여 다음을 계산하라.

(1) $\begin{bmatrix} 1 & 2 & 0 & 0 \\ -1 & 1 & 0 & 0 \\ 0 & 0 & 3 & 1 \\ 0 & 0 & 2 & -1 \end{bmatrix} \begin{bmatrix} 1 & 3 & 0 & 0 \\ 1 & 2 & 0 & 0 \\ 0 & 0 & 2 & 2 \\ 0 & 0 & -1 & 1 \end{bmatrix}$ (2) $\begin{bmatrix} 1 & 2 & -1 & 0 \\ -1 & 0 & 1 & 0 \\ 0 & 0 & 0 & 1 \\ 0 & 0 & 0 & 3 \end{bmatrix} \begin{bmatrix} 2 & -1 & 0 & 0 \\ 1 & 1 & 0 & 0 \\ 3 & 2 & 0 & 0 \\ 0 & 0 & 2 & -1 \end{bmatrix}$

풀이

(1) 주어진 행렬을 다음과 같이 분할하면

$$\left[\begin{array}{cc:cc} 1 & 2 & 0 & 0 \\ -1 & 1 & 0 & 0 \\ \hdashline 0 & 0 & 3 & 1 \\ 0 & 0 & 2 & -1 \end{array}\right] \left[\begin{array}{cc:cc} 1 & 3 & 0 & 0 \\ 1 & 2 & 0 & 0 \\ \hdashline 0 & 0 & 2 & 2 \\ 0 & 0 & -1 & 1 \end{array}\right]$$

행렬의 곱은 다음과 같이 표시된다.

$$\begin{bmatrix} A_{11} & 0 \\ 0 & A_{22} \end{bmatrix} \begin{bmatrix} B_{11} & 0 \\ 0 & B_{22} \end{bmatrix} = \begin{bmatrix} A_{11}B_{11} + 0 \cdot 0 & A_{11} \cdot 0 + 0 \cdot B_{22} \\ 0 \cdot B_{11} + A_{22} \cdot 0 & 0 \cdot 0 + A_{22}B_{22} \end{bmatrix}$$

$$= \begin{bmatrix} A_{11}B_{11} & 0 \\ 0 & A_{22}B_{22} \end{bmatrix}$$

$$= \begin{bmatrix} \begin{bmatrix} 1 & 2 \\ -1 & 1 \end{bmatrix} \begin{bmatrix} 1 & 3 \\ 1 & 2 \end{bmatrix} & 0 \\ 0 & \begin{bmatrix} 3 & 1 \\ 2 & -1 \end{bmatrix} \begin{bmatrix} 2 & 2 \\ -1 & 1 \end{bmatrix} \end{bmatrix}$$

$$= \begin{bmatrix} \begin{bmatrix} 3 & 7 \\ 0 & -1 \end{bmatrix} & 0 \\ 0 & \begin{bmatrix} 5 & 7 \\ 5 & 3 \end{bmatrix} \end{bmatrix} = \begin{bmatrix} 3 & 7 & 0 & 0 \\ 0 & -1 & 0 & 0 \\ 0 & 0 & 5 & 7 \\ 0 & 0 & 5 & 3 \end{bmatrix}$$

(2) $\left[\begin{array}{cc:cc} 1 & 2 & -1 & 0 \\ -1 & 0 & 1 & 0 \\ \hdashline 0 & 0 & 0 & 1 \\ 0 & 0 & 0 & 3 \end{array}\right]\left[\begin{array}{cc:cc} 2 & -1 & 0 & 0 \\ 1 & 1 & 0 & 0 \\ \hdashline 3 & 2 & 0 & 0 \\ 0 & 0 & 2 & -1 \end{array}\right]$ 로 분할하면 행렬의 곱은 다음과 같이 표시된다.

$$\begin{bmatrix} A_{11} & A_{12} \\ 0 & A_{22} \end{bmatrix}\begin{bmatrix} B_{11} & 0 \\ B_{21} & B_{22} \end{bmatrix} = \begin{bmatrix} A_{11}B_{11} + A_{12}B_{21} & A_{11} \cdot 0 + A_{12}B_{22} \\ 0 \cdot B_{11} + A_{22}B_{21} & 0 \cdot 0 + A_{22}B_{22} \end{bmatrix}$$

$$= \begin{bmatrix} A_{11}B_{11} + A_{12}B_{21} & A_{12}B_{22} \\ A_{22}B_{21} & A_{22}B_{22} \end{bmatrix}$$

$$= \begin{bmatrix} \begin{bmatrix} 1 & 2 \\ -1 & 0 \end{bmatrix}\begin{bmatrix} 2 & -1 \\ 1 & 1 \end{bmatrix} + \begin{bmatrix} -1 & 0 \\ 1 & 0 \end{bmatrix}\begin{bmatrix} 3 & 2 \\ 0 & 0 \end{bmatrix} & \begin{bmatrix} -1 & 0 \\ 1 & 0 \end{bmatrix}\begin{bmatrix} 0 & 0 \\ 2 & -1 \end{bmatrix} \\ \begin{bmatrix} 0 & 1 \\ 0 & 3 \end{bmatrix}\begin{bmatrix} 3 & 2 \\ 0 & 0 \end{bmatrix} & \begin{bmatrix} 0 & 1 \\ 0 & 3 \end{bmatrix}\begin{bmatrix} 0 & 0 \\ 2 & -1 \end{bmatrix} \end{bmatrix}$$

$$= \begin{bmatrix} \begin{bmatrix} 1 & -1 \\ 1 & 3 \end{bmatrix} & \begin{bmatrix} 0 & 0 \\ 0 & 0 \end{bmatrix} \\ \begin{bmatrix} 0 & 0 \\ 0 & 0 \end{bmatrix} & \begin{bmatrix} 2 & -1 \\ 6 & -3 \end{bmatrix} \end{bmatrix} = \left[\begin{array}{cc:cc} 1 & -1 & 0 & 0 \\ 1 & 3 & 0 & 0 \\ \hdashline 0 & 0 & 2 & -1 \\ 0 & 0 & 6 & -3 \end{array}\right]$$

1.2 연습문제

1. $A=\begin{bmatrix}-4 & 0\\ 1 & -5\\ -3 & 2\end{bmatrix}$ $B=\begin{bmatrix}1 & 2\\ -2 & 1\\ 4 & 4\end{bmatrix}$ 일 때 X를 구하라.

(1) $3X+2A=B$

(2) $X-3A+2B=0$

2. $c=-2$이고 $A=\begin{bmatrix}1 & 2 & 3\\ 0 & 1 & -1\end{bmatrix}$ $B=\begin{bmatrix}1 & 3\\ -1 & 2\end{bmatrix}$ $C=\begin{bmatrix}0 & 1\\ -1 & 0\end{bmatrix}$ $O=\begin{bmatrix}0 & 0\\ 0 & 0\end{bmatrix}$ 일 때 다음을 연산하라.

(1) $B(CA)$

(2) $(B+C)A$

(3) $(cB)(C+C)$

3. $A=\begin{bmatrix}1 & 2\\ 0 & -1\end{bmatrix}$ $I=\begin{bmatrix}1 & 0\\ 0 & 1\end{bmatrix}$ 일 때 다음을 계산하라.

(1) A^2

(2) $A(I+A)$

4. 다음 행렬들의 $(a)\ A^T$ $(b)\ A^TA$ $(c)\ AA^T$를 구하라.

(1) $A=\begin{bmatrix}2 & -1 & 3\\ 4 & 3 & -5\end{bmatrix}$

(2) $A=\begin{bmatrix}6 & 0\\ 0 & -4\\ 7 & 5\end{bmatrix}$

5. 행렬 $A=\begin{bmatrix}1 & 0 & 0\\ 0 & -1 & 0\\ 0 & 0 & 1\end{bmatrix}$ 에 대한 거듭제곱을 구하라.

(1) A^{19}

(2) A^{20}

1.2 연습문제

6. 다음 행렬의 곱을 다음과 같이 분할을 이용하여 계산하라.

$$\begin{bmatrix} 1 & 2 & 1 \\ 3 & 4 & 0 \\ 0 & 0 & 2 \end{bmatrix}\begin{bmatrix} 1 & 2 & 3 & 1 \\ 4 & 5 & 6 & 1 \\ 0 & 0 & 0 & 1 \end{bmatrix}$$

7. 적당히 행렬을 분할하여 다음을 계산하라.

(1) $\begin{bmatrix} 1 & 2 & 0 & 0 \\ -1 & 1 & 0 & 0 \\ 0 & 0 & 3 & 1 \\ 0 & 0 & 2 & -1 \end{bmatrix}\begin{bmatrix} 1 & 3 & 0 & 0 \\ 1 & 2 & 0 & 0 \\ 0 & 0 & 2 & 2 \\ 0 & 0 & -1 & 1 \end{bmatrix}$　　(2) $\begin{bmatrix} 1 & 2 & -1 & 0 \\ -1 & 0 & 1 & 0 \\ 0 & 0 & 0 & 1 \\ 0 & 0 & 0 & 3 \end{bmatrix}\begin{bmatrix} 2 & -1 & 0 & 0 \\ 1 & 1 & 0 & 0 \\ 3 & 2 & 0 & 0 \\ 0 & 0 & 2 & -1 \end{bmatrix}$

8. 행렬 A와 B의 구간별 곱셈을 하라. 만약 행렬 A와 B가 4개의 소행렬로 분할 된다면

$$A = \begin{bmatrix} A_{11} & A_{12} \\ A_{21} & A_{22} \end{bmatrix} \quad B = \begin{bmatrix} B_{11} & B_{12} \\ B_{21} & B_{22} \end{bmatrix}$$

각 소행렬들의 크기는 곱셈과 덧셈을 하는데 잘 정의되었다는 가정하에 구간별 곱셈을 할 수 있다.

$$AB = \begin{bmatrix} A_{11} & A_{12} \\ A_{21} & A_{22} \end{bmatrix}\begin{bmatrix} B_{11} & B_{12} \\ B_{21} & B_{22} \end{bmatrix} = \begin{bmatrix} A_{11}B_{11} + A_{12}B_{21} & A_{11}B_{12} + A_{12}B_{22} \\ A_{21}B_{11} + A_{22}B_{21} & A_{21}B_{12} + A_{22}B_{22} \end{bmatrix}$$

(1) $A = \left[\begin{array}{cc:cc} 1 & 2 & 0 & 0 \\ 0 & 1 & 0 & 0 \\ \hdashline 0 & 0 & 2 & 1 \end{array}\right] \quad B = \left[\begin{array}{cc:c} 1 & 2 & 0 \\ -1 & 1 & 0 \\ \hdashline 0 & 0 & 1 \\ 0 & 0 & 3 \end{array}\right]$

(2) $A = \left[\begin{array}{cc:cc} 0 & 0 & 1 & 0 \\ 0 & 0 & 0 & 1 \\ \hdashline -1 & 0 & 0 & 0 \\ 0 & -1 & 0 & 0 \end{array}\right] \quad B = \left[\begin{array}{cc:cc} 1 & 2 & 3 & 4 \\ 5 & 6 & 7 & 8 \\ \hdashline 1 & 2 & 3 & 4 \\ 5 & 6 & 7 & 8 \end{array}\right]$

1.3 행렬의 연산의 응용

1.3.1 행렬의 덧셈, 뺄셈, 실수배

이를테면 어떤 회사의 2개의 공장에서 생산하는 제품 P, Q에 대한 1월, 2월의 생산량이 다음 표와 같다고 하자.

[표 1]

1월	P	Q
제1공장	28	32
제2공장	52	40

[표 2]

2월	P	Q
제1공장	26	30
제2공장	42	50

이들 생산량을 각각 행렬로 나타내면 다음과 같다.

$$A = \begin{bmatrix} 28 & 32 \\ 52 & 40 \end{bmatrix}, \qquad B = \begin{bmatrix} 26 & 30 \\ 42 & 50 \end{bmatrix}$$

이 때 1월, 2월의 생산량의 합을 조사하여 하나의 행렬을 만들면 아래와 같다.

$$\begin{bmatrix} 28+26 & 32+30 \\ 52+42 & 40+50 \end{bmatrix}$$

이것을

$$A+B = \begin{bmatrix} 28 & 32 \\ 52 & 40 \end{bmatrix} + \begin{bmatrix} 26 & 30 \\ 42 & 50 \end{bmatrix} = \begin{bmatrix} 28+26 & 32+30 \\ 52+42 & 40+50 \end{bmatrix}$$

과 같은 식으로 구하는 방법을 생각할 수 있다.

또한 1월의 생산량이 2월의 생산량에 비해 얼마나 더 많은가를 알아보는데

$$A-B = \begin{bmatrix} 28 & 32 \\ 52 & 40 \end{bmatrix} - \begin{bmatrix} 26 & 30 \\ 42 & 50 \end{bmatrix} = \begin{bmatrix} 28-26 & 32-30 \\ 52-42 & 40-50 \end{bmatrix}$$

과 같은 식으로 구하는 방법을 생각할 수 있다.

또한 1, 2월의 생산량의 평균은

$$\frac{1}{2}(A+B)=\begin{bmatrix}\frac{1}{2}(28+26) & \frac{1}{2}(32+30)\\ \frac{1}{2}(52+42) & \frac{1}{2}(40+50)\end{bmatrix}=\begin{bmatrix}27 & 31\\ 47 & 45\end{bmatrix}$$

와 같은 식으로 구하는 방법을 생각할 수 있다.

1.3.2 행렬의 곱

이를테면 P, Q 두 상점에서 판매하는 공책과 연필의 단가는 아래 [표 3]과 같고, 갑과 을이 사려는 공책과 연필의 수량은 아래 [표 4]와 같다고 하자.

[표 3] (단가)

	공 책	연 필
P상점	350	70
Q상점	300	80

[표 4] (수량)

	갑	을
공 책	5	6
연 필	4	2

갑과 을이 각각 P, Q 중 한 상점에서 연필과 공책을 살 경우에

① 갑이 P상점에서 사는 경우 ② 을이 P상점에서 사는 경우

③ 갑이 Q상점에서 사는 경우 ④ 을이 Q상점에서 사는 경우

에 대한 지불 금액을 계산하여 표를 만들면 아래 [표 5]와 같다.

[표 5] (지불금액)

	갑	을
P상점	① $350\times5+70\times4$	② $350\times6+70\times2$
Q상점	③ $300\times5+80\times4$	④ $300\times6+80\times2$

이때 단가, 수량, 지불 금액의 관계를 행렬을 이용하여

$$\begin{bmatrix} 350 & 70 \\ 300 & 80 \end{bmatrix} \begin{bmatrix} 5 & 6 \\ 4 & 2 \end{bmatrix} = \begin{bmatrix} 350 \times 5 + 70 \times 4 & 350 \times 6 + 70 \times 2 \\ 300 \times 5 + 80 \times 4 & 300 \times 6 + 80 \times 2 \end{bmatrix}$$

와 같이 나타내면 여러 가지 계산이 함께 처리되어 편리하다.

예제 1.20

[표 6]은 어느 과학 공원의 관람료, [표 7]는 과학 공원을 관람한 사람 수를 나타낸 것이다. [표 6]와 같이 9명이 평일에 과학 공원을 관람한다면 주말 관람에 비해 절약할 수 있는 금액은?

[표 6]

구분	어른	청소년
평일	8,000원	6,000원
주말	10,000원	7,000원

[표 7]

대상	사람수
어른	4
청소년	5

풀이

$$\begin{bmatrix} 8000 & 6000 \\ 10000 & 7000 \end{bmatrix} \begin{bmatrix} 4 \\ 5 \end{bmatrix} = \begin{bmatrix} 62000 \\ 75000 \end{bmatrix}$$

절약할 수 있는 금액은 $75000 - 62000 = 13000$원 이다.

예제 1.21

수량을 조절하기 위하여 아래 그림과 같이 강에 댐 2개를 설치하고, 물고기를 위한 통로(어도)를 상류 댐에 2개, 하류 댐에 3개를 설치하였다. 행렬의 A의 (i,j)성분 a_{ij}를 보기와 같이 정의할 때, 행렬A을 구하여라.

〈보기〉

(가) $i=j$일 때, $a_{ij}=1$
(나) $i \neq j$일 때, a_{ij}는 물고기가 수역 P_i에서 수역 P_j로 갈 수 있는 경로의 수

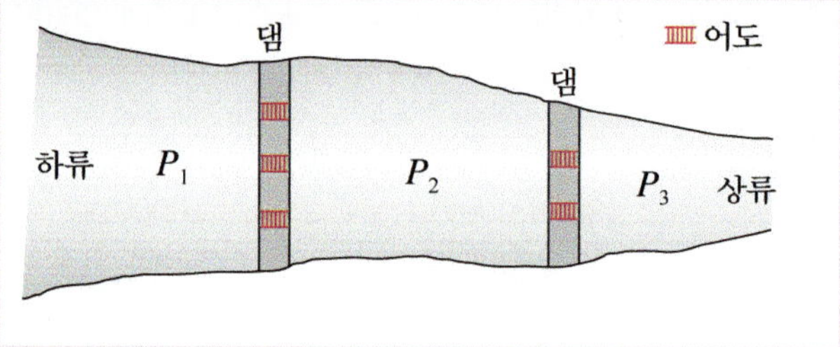

〈그림 1.1〉

풀이

(가)에서 대각선의 성분은 1이므로

$a_{11}=a_{22}=a_{33}=1$

P_1과 P_2사이에 어도가 3개이고, P_2와 P_3사이에 어도가 2개이므로

$a_{12}=a_{21}=3, a_{23}=a_{32}=2$

P_1에서 P_3으로 가려면 반드시 P_2를 거쳐야 하므로

$a_{13}=a_{31}=2\times 3=6$

$$\therefore A=\begin{pmatrix}1&3&6\\3&1&2\\6&2&1\end{pmatrix}$$

예제 1.22

어느 공장에서 제품 A를 1개 만드는데 강철 3톤과 알루미늄 2톤이 사용되고, 제품 B를 1개 만드는데 강철 4톤과 알루미늄 3톤이 사용된다. 강철과 알루미늄 톤당 구입 가격이 각각 x원, y원일 때, 제품 A를 25개, 제품 B를 15개 만드는데 사용된 강철과 알루미늄의 총 구입 가격을 행렬의 곱으로 나타낸 것은?

풀이

제품 A를 25개, 제품 B를 15개 만드는데 비용의 합은

$$\begin{aligned} 25(3x+2y)+15(4x+3y) &= (25\ \ 15)\begin{pmatrix}3x+2y\\4x+3y\end{pmatrix} \\ &= (25\ \ 15)\begin{pmatrix}3 & 2\\4 & 3\end{pmatrix}\begin{pmatrix}x\\y\end{pmatrix}\end{aligned}$$

예제 1.23

어느 관광지에는 1, 2 두 지점 사이에 아래 그림과 같이 a, b, c, d, e, f의 관광 코스가 있다. i(i는 1또는 2)지점에서 j(j는 1또는 2)지점까지 갈 수 있는 관광 코스의 수를 (i,j)성분으로 하는 행렬을 A라고 하면,

$$A=\begin{pmatrix}1 & 3\\2 & 0\end{pmatrix}$$

이다. i지점을 출발하여 두 코스를 이어서 관광(같은 코스를 두 번 관광하는 경우도 포함)하고 j지점에서 관광을 마치는 방법의 수를 (i,j)성분으로 하는 행렬은?

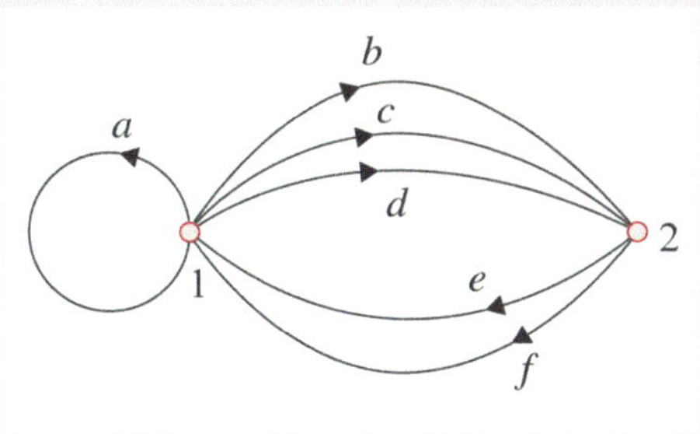

〈그림 1.2〉

풀이

i지점에서 j지점까지 갈 수 있는 관광 코스의 수를 (i, j)성분으로 하는 행렬은

$$A=\begin{pmatrix}1 & 3\\2 & 0\end{pmatrix}$$

$$b_{11}=a_{11}a_{11}+a_{12}a_{21}=1\times1+3\times2=7$$
$$b_{12}=a_{11}a_{12}+a_{12}a_{22}=1\times3+3\times0=3$$
$$b_{21}=a_{21}a_{11}+a_{22}a_{21}=2\times1+0\times2=2$$
$$b_{22}=a_{21}a_{12}+a_{22}a_{22}=2\times3+0\times0=6$$

$$\therefore B=\begin{pmatrix}1\,3\\2\,0\end{pmatrix}\begin{pmatrix}1\,3\\2\,0\end{pmatrix}=A\times A=A^2=\begin{pmatrix}7 & 3\\2 & 6\end{pmatrix}$$

1.3 연습문제

1. 아래 그림은 세 나라 P_1, P_2, P_3사이의 국제통신망을 화살표로 나타낸 것이다. 행렬 A의 (i, j)성분은 P_i에서 P_j로 보내는 통신망의 수를 나타낸다고 할 때, 행렬 A를 구하면? (단, $i = j$일 때, (i, j)성분은0이고, 화살표 방향으로만 통신을 할 수 있다.)

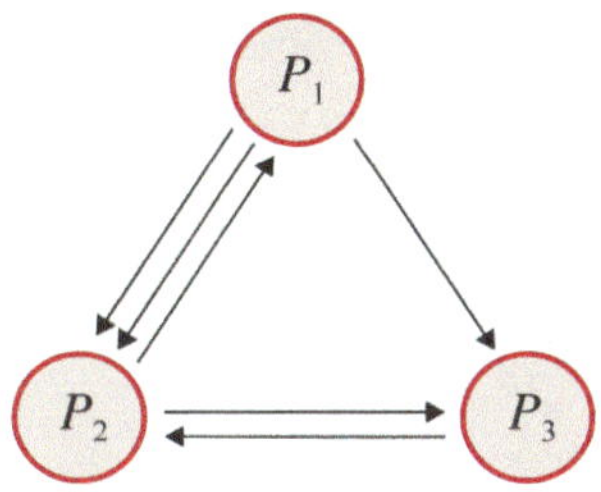

2. 그림과 같은 전기 회로도에서 삼차정사각행렬 A의 성분 a_{ij}를 다음과 같이 정의하자.

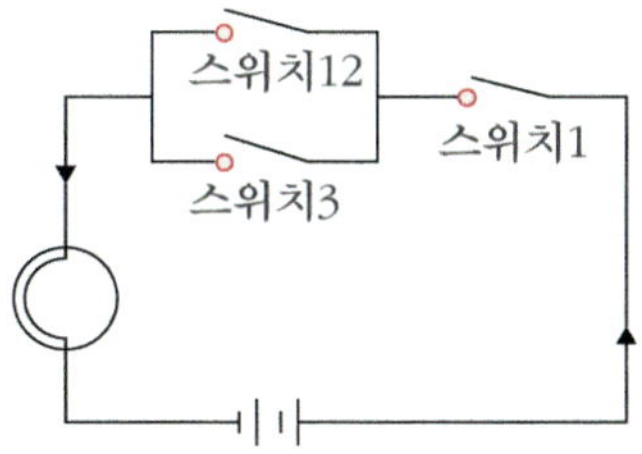

$$a_{ij} = \begin{cases} 1 \ (i\text{와 } j\text{번째 스위치가 닫히면 전구의 불이 켜지는 경우}) \\ 0 \ (i\text{와 } j\text{번째 스위치가 닫혔지만 전구의 불이 켜지지 않는 경우}) \end{cases}$$

이때, 행렬 A를 구하면? (단, a_{ij}는 i행 j열의 성분이다.)

1.3 연습문제

3. 상품 가격은 수요와 공급이 일치하는 점에서 결정된다고 한다. 두 가지 상품의 수요를 각각 D_1, D_2 공급을 S_1, S_2, 상품 가격을 P_1, P_2라고 할 때, 이들 사이의 관계는

$$\begin{pmatrix} D_1 \\ S_1 \\ D_2 \\ S_2 \end{pmatrix} = \begin{pmatrix} -2 & -1 & 10 & 10 \\ 4 & -1 & 1 & 1 \\ 5 & -2 & 0 & 8 \\ 0 & 3 & -2 & 0 \end{pmatrix} \begin{pmatrix} P_1 \\ P_2 \\ 1 \\ 1 \end{pmatrix}$$

을 만족한다고 한다.

두 상품의 가격 P_1, P_2는?

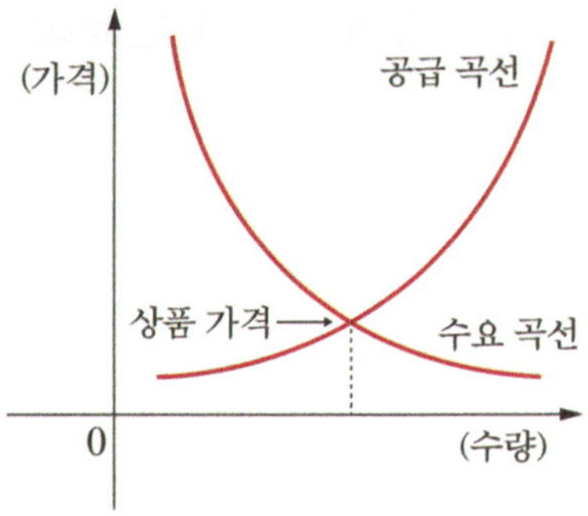

4. 오른쪽 그림은 컴퓨터 속의 1번, 2번, 3번 칩 사이의 정보 이동경로를 화살표로 나타낸 것이다. 행렬 A의 성분 a_{ij}를 i번 칩에서 j번 칩으로 정보를 한 번에 직접 이동하는 경로의 수라 할 때, 행렬 A^2은?

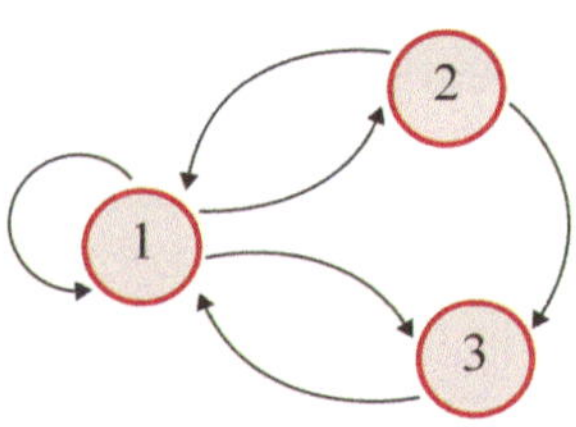

5. 오른쪽 그림은 i지점에서 j지점으로 가는 길의 방향을 화살표로 나타내고 있다. 행렬 A의 성분 a_{ij}를

$$a_{ij} = \begin{cases} 1 : i\text{에서 } j\text{로 가는 길이 있을 때} \\ 0 : i\text{에서 } j\text{로 가는 길이 없을 때} \end{cases}$$

(단, $i = 1,2,3 ; j = 1,2,3$)로 정의할 때,

다음 중 행렬 $A = (a_{ij})$를 바르게 나타낸 것은?

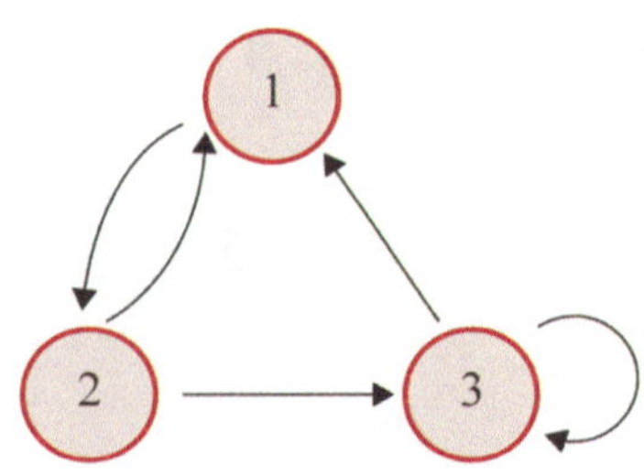

CHAPTER

02

연립 1차방정식과 역행렬

연립 1차방정식 2.1

역행렬 2.2

기본연산 2.3

연립 1차방정식과 역행렬의 응용 2.4

2.1 연립 1차방정식

n개의 미지수를 갖는 1차 방정식은 다음과 같은 형태의 방정식이다.

$$a_1x_1 + a_2x_2 + \dots + a_nx_n = b$$

여기서 $a_1, a_2, \dots, a_n$과 b는 실수이고 $x_1, x_2, \dots, x_n$은 변수이다.

$$\begin{matrix} a_{11}x_1 + a_{12}x_2 + \dots + a_{1n}x_n = b_1 \\ a_{21}x_1 + a_{22}x_2 + \dots + a_{2n}x_n = b_2 \\ \vdots \\ a_{m1}x_1 + a_{m2}x_2 + \dots + a_{mn}x_n = b_m \end{matrix} \tag{1}$$

여기서 a_{ij}와 $b_i(i = 1, 2, \dots m, j = 1, 2, \dots, n)$들은 모두 실수이고, $x_i(i = 1, 2, \dots n)$들은 변수이다. 앞으로 연립방정식 (1)을 $m \times n$연립방정식이라 부르기로 한다. 다음은 연립 1차방정식의 예이다.

$$\begin{aligned} x_1 + 2x_2 &= 5 \\ 2x_1 + 3x_2 &= 8 \end{aligned} \tag{i}$$

$$\begin{aligned} x_1 - x_2 + x_3 &= 2 \\ 2x_1 + x_2 - x_3 &= 4 \end{aligned} \tag{ii}$$

(i)는 2×2 연립방정식, (ii)는 2×3 연립방정식이다. 우리는 다음의 연립방정식을 생각해 보자.

$$\begin{aligned} x - 4y + 3z &= 5 \\ -x + 3y - z &= -3 \\ 2x \qquad - 4z &= 6 \end{aligned}$$

이 연립방정식을 x_i의 계수들로 이루어지는 3×3배열과 관련시켜 생각하면

계수행렬

$$\begin{bmatrix} 1 & -4 & 3 \\ -1 & 3 & -1 \\ 2 & 0 & -4 \end{bmatrix}$$

이다. 이 배열을 연립방정식 3×3 계수행렬(coefficient matrix)이라 한다. 위 계수행렬의 오른쪽에 점선을 긋고 연립방정식의 우변에 있는 수들을 첨가하면 새로운 행렬

첨가행렬

$$\begin{bmatrix} 1 & -4 & 3 & 5 \\ -1 & 3 & -1 & -3 \\ 2 & 0 & -4 & 6 \end{bmatrix}$$

을 얻는다. 이 새로운 행렬을 확대행렬(argumented matrix)이라 한다. 또한 식 (1)의 계수행렬은

$$A = \begin{vmatrix} a_{11} & a_{12} & \dots & a_{1n} \\ a_{21} & a_{22} & \dots & a_{2n} \\ \dots & \dots & \dots & \dots \\ a_{m1} & a_{m2} & \dots & a_{mn} \end{vmatrix}$$

이고 식 (1)의 확대행렬은

$$B = \begin{vmatrix} a_{11} & a_{12} & \dots & a_{1n} & b_1 \\ a_{21} & a_{22} & \dots & a_{2n} & b_2 \\ \dots & \dots & \dots & \dots & \dots \\ a_{m1} & a_{m2} & \dots & a_{mn} & b_m \end{vmatrix}$$

이다.

(1) 기본행 연산

앞 절에서 동치인 연립 1차방정식을 얻는데 쓰이는 3가지의 연산을 살펴보면 다음

과 같다.

① 두 방정식의 순서를 바꾼다.

② 어느 한 방정식에 0이 아닌 상수를 곱한다.

③ 어느 한 방정식에 상수를 곱해 다른 방정식에 더한다.

행렬의 용어를 써서 이들을 기본행 연산이라 부른다. 주어진 연립 1차방정식에 대응하는 첨가행렬에 기본행 연산을 적용하면 동치인 새로운 연립 1차방정식에 대응하는 새로운 첨가행렬이 얻어진다. 행렬에 기본행 연산을 몇 번 적용하여 어떤 행렬이 얻어질 때 두 행렬은 행동치라 한다.

예제 2.1

(1) 첫째 행과 둘째 행의 순서를 바꾼다.

원래의 행렬	새로 얻은 동치인 행렬	기호
$\begin{bmatrix} 0 & 1 & 3 & 4 \\ -1 & 2 & 0 & 3 \\ 2 & -3 & 4 & 1 \end{bmatrix}$	$\begin{bmatrix} -1 & 2 & 0 & 3 \\ 0 & 1 & 3 & 4 \\ 2 & -3 & 4 & 1 \end{bmatrix}$	$R_1 \leftrightarrow R_2$

(2) 첫째 행에 1/2을 곱한다.

원래의 행렬	새로 얻은 동치인 행렬	기호
$\begin{bmatrix} 2 & -4 & 6 & -2 \\ 1 & 3 & -3 & 0 \\ 5 & -2 & 1 & 2 \end{bmatrix}$	$\begin{bmatrix} 1 & -2 & 3 & -1 \\ 1 & 3 & -3 & 0 \\ 5 & -2 & 1 & 2 \end{bmatrix}$	$\frac{1}{2}R_1 \rightarrow R_1$

(3) 첫째 행에 −2를 곱해 셋째 행에 더한다.

원래의 행렬	새로 얻은 동치인 행렬	기호
$\begin{bmatrix} 1 & 2 & -4 & 3 \\ 0 & 3 & -2 & -1 \\ 2 & 1 & 5 & -2 \end{bmatrix}$	$\begin{bmatrix} 1 & 2 & -4 & 3 \\ 0 & 3 & -2 & -1 \\ 0 & -3 & 13 & -8 \end{bmatrix}$	$R_3 + (-2)R_1 \rightarrow R_3$

예제 2.2

다음 연립방정식을 기본행 연산을 사용하여 풀어라.

연립일차방정식

$$\begin{aligned} x-2y+3z &= 9 \\ -x+3y \quad &= -4 \\ 2x-5y+5z &= 17 \end{aligned}$$

대응 첨가행렬

$$\begin{bmatrix} 1 & -2 & 3 & 9 \\ -1 & 3 & 0 & -4 \\ 2 & -5 & 5 & 17 \end{bmatrix}$$

풀이

첫째 방정식을 둘째 방정식에 더한다.

$$\begin{aligned} x-2y+3z &= 9 \\ y+3z &= 5 \\ 2x-5y+5z &= 17 \end{aligned}$$

첫째 행을 둘째 행에 더한다.

$$\begin{bmatrix} 1 & -2 & 3 & 9 \\ 0 & 1 & 3 & 5 \\ 2 & -5 & 5 & 17 \end{bmatrix} \quad R_2+R_1 \to R_2$$

첫째 방정식에 −2를 곱하여 셋째 방정식에 더한다.

$$\begin{aligned} x-2y+3z &= 9 \\ y+3z &= 5 \\ -y-z &= -1 \end{aligned}$$

첫째 행에 −2를 곱하여 셋째 행에 더한다.

$$\begin{bmatrix} 1 & -2 & 3 & 9 \\ 0 & 1 & 3 & 5 \\ 0 & -1 & -1 & -1 \end{bmatrix} \quad R_3+(-2)R_1 \to R_3$$

둘째 방정식을 셋째 방정식에 더한다.

$$\begin{aligned} x-2y+3z &= 9 \\ y+3z &= 5 \\ 2z &= 4 \end{aligned}$$

둘째 행을 셋째 행에 더한다.

$$\begin{bmatrix} 1 & -2 & 3 & 9 \\ 0 & 1 & 3 & 5 \\ 0 & 0 & 2 & 4 \end{bmatrix} \quad R_3+R_2 \to R_3$$

셋째 방정식에 $\frac{1}{2}$을 곱한다.

$$\begin{aligned} x-2y+3z &= 9 \\ y+3z &= 5 \\ z &= 2 \end{aligned}$$

셋째 행에 $\frac{1}{2}$을 곱한다.

$$\begin{bmatrix} 1 & -2 & 3 & 9 \\ 0 & 1 & 3 & 5 \\ 0 & 0 & 1 & 2 \end{bmatrix} \quad \left(\frac{1}{2}\right)R_3 \to R_3$$

이제 해를 구하려면 역대입법을 쓰면 된다.

$x=1,\ y=-1,\ z=2$

[예제 2.2]의 마지막 행렬을 행사다리꼴(엣철른형(echelon form))이라 한다. 사다리란 말은 행렬의 0 아닌 성분이 계단식으로 분포됨을 가리킨다. 기약행 행사다리꼴(reduced echelon form)이 되려면 다음 조건을 만족해야 한다.

(2) 기약행 행사다리꼴의 정의

다음 조건을 만족하는 행렬을 기약행 행사다리꼴이라 한다.

① 모든 성분이 0인 행은 행렬의 아래쪽에 있다.

② 0아닌 성분을 포함하는 행에서 처음 나타나는 0이 아닌 성분은 1이다.(이를 선두의 1이라 한다.)

③ 0이 아닌 성분을 포함하는 행들에 있어서, 위의 행의 선두의 1이 아래 행의 선두의 1보다 왼쪽에 있어야 한다.

④ 앞장선 1을 가진 열은 앞장선 1의 성분이외는 모두 0이다.

①, ②, ③만 성립하는 행렬을 행사다리꼴(echelon form)이라 부른다.

예제 2.3

다음 행렬들은 행사다리꼴이다.

(1) $\begin{bmatrix} 1 & 2 & -1 & 4 \\ 0 & 1 & 0 & 3 \\ 0 & 0 & 1 & -2 \end{bmatrix}$ (2) $\begin{bmatrix} 0 & 1 & 0 & 5 \\ 0 & 0 & 1 & 3 \\ 0 & 0 & 0 & 0 \end{bmatrix}$

(3) $\begin{bmatrix} 1 & -5 & 2 & -1 & 3 \\ 0 & 0 & 1 & 3 & -2 \\ 0 & 0 & 0 & 1 & 4 \\ 0 & 0 & 0 & 0 & 1 \end{bmatrix}$ (4) $\begin{bmatrix} 1 & 0 & 0 & -1 \\ 0 & 1 & 0 & 2 \\ 0 & 0 & 1 & 3 \\ 0 & 0 & 0 & 0 \end{bmatrix}$

(2), (4)의 행렬은 기약행 사다리꼴이다. 다음 행렬들은 행사다리꼴이 아니다.

(5) $\begin{bmatrix} 1 & 2 & -3 & 4 \\ 0 & 2 & 1 & -1 \\ 0 & 0 & 1 & -3 \end{bmatrix}$ (6) $\begin{bmatrix} 1 & 2 & -1 & 2 \\ 0 & 0 & 0 & 0 \\ 0 & 1 & 2 & -4 \end{bmatrix}$

모든 행렬은 어떤 행사다리꼴인 행렬과 행동치가 된다. 예를 들어 [예제 2.3] (5)의 행렬은 둘째 행에 1/2를 곱하면 행사다리꼴이 된다. [예제 2.3] (2), (4)와 같이 계수 행렬이 대각이 1이고 나머지 0인 행렬을 기약행 사다리꼴이라고 한다.

연립방정식을 풀기 위한 체계적인 방법인 가우스 소거법과 가우스 조르단 소거법에 대해 알아보자.

(3) 가우스 소거법과 역대입법

① 주어진 연립방정식의 첨가행렬을 쓴다.

② 첨가행렬을 행사다리꼴로 바꾸기 위해서 기본행 연산들을 적용한다.

③ 행사다리꼴인 행렬에 대응하는 연립 1차방정식으로 바꾸고 역대입법을 써서 해를 구한다.

예제 2.4

다음 방정식을 풀어라.

$$x_2 + x_3 - 2x_4 = -3$$
$$x_1 + 2x_2 - x_3 = 2$$
$$2x_1 + 4x_2 + x_3 - 3x_4 = -2$$
$$x_1 - 4x_2 - 7x_3 - x_4 = -19$$

풀이

이 연립방정식의 첨가행렬은 다음과 같다.

$$\begin{bmatrix} 0 & 1 & 1 & -2 & -3 \\ 1 & 2 & -1 & 0 & 2 \\ 2 & 4 & 1 & -3 & -2 \\ 1 & -4 & -7 & -1 & -19 \end{bmatrix}$$

첫째 열 제일 위의 성분이 선두의 1이 되도록 하고 그 아래 성분은 0이 되게 한다.

$$\begin{bmatrix} 1 & 2 & -1 & 0 & 2 \\ 0 & 1 & 1 & -2 & -3 \\ 2 & 4 & 1 & -3 & -2 \\ 1 & -4 & -7 & -1 & -19 \end{bmatrix} \qquad R_1 \leftrightarrow R_2$$

$$\begin{bmatrix} 1 & 2 & -1 & 0 & 2 \\ 0 & 1 & 1 & -2 & -3 \\ 0 & 0 & 3 & -3 & -6 \\ 0 & -6 & -6 & -1 & -21 \end{bmatrix} \qquad R_4+(-1)R_1 \to R_4$$

이제 첫째 열은 우리가 원하던 형태가 되었으므로 둘째 열을 변형시킨다.

$$\begin{bmatrix} 1 & 2 & -1 & 0 & 2 \\ 0 & 1 & 1 & -2 & -3 \\ 0 & 0 & 3 & -3 & -6 \\ 0 & 0 & 0 & -13 & -39 \end{bmatrix} \qquad \begin{matrix} R_3+(-2)R_1 \to R_3 \\ R_4+(6)R_2 \to R_4 \end{matrix}$$

셋째 열을 변형시키기 위해서 셋째 행에 1/3을 곱한다.

$$\begin{bmatrix} 1 & 2 & -1 & 0 & 2 \\ 0 & 1 & 1 & -2 & -3 \\ 0 & 0 & 1 & -1 & -2 \\ 0 & 0 & 0 & -13 & -39 \end{bmatrix} \qquad \left(\frac{1}{3}\right)R_3 \to R_3$$

마찬가지로 넷째 열을 변형시키기 위해서 넷째 행에 $-\dfrac{1}{13}$을 곱한다.

$$\begin{bmatrix} 1 & 2 & -1 & 0 & 2 \\ 0 & 1 & 1 & -2 & -3 \\ 0 & 0 & 1 & -1 & -2 \\ 0 & 0 & 0 & 1 & 3 \end{bmatrix} \qquad \left(-\frac{1}{13}\right)R_4 \to R_4$$

이제 행사다리꼴이 얻어졌으므로 그에 대응하는 연립 1차방정식을 생각하면 다음과 같다.

$x_1+2x_2-x_3=2$

$x_2+x_3-2x_4=-3$

$x_3-x_4=-2$

$x_4=3$

역대입법을 적용하면 해 $x_1=-1,\ x_2=2,\ x_3=1,\ x_4=3$이 얻어진다.

연립 1차방정식을 풀 때 해가 없는 경우가 있다. 소거하는 과정에서 마지막 성분을 제외하고 모두 0이 얻어지면 더 이상 진행할 필요가 없으며 주어진 연립방정식이 해를 갖지 않는다.

예제 2.5

다음 연립방정식을 풀어라.

$x_1 - x_2 + 2x_3 = 4$

$x_1 + x_3 = 6$

$2x_1 - 3x_2 + 5x_3 = 4$

$3x_1 + 2x_2 - x_3 = 1$

풀이

이 연립방정식의 첨가행렬은 다음과 같다.

$\begin{bmatrix} 1 & -1 & 2 & 4 \\ 1 & 0 & 1 & 6 \\ 2 & -3 & 5 & 4 \\ 3 & 2 & -1 & 1 \end{bmatrix}$ 이 첨가행렬에 가우스 소거법을 적용한다.

$$\begin{bmatrix} 1 & -1 & 2 & 4 \\ 0 & 1 & -1 & 2 \\ 2 & -3 & 5 & 4 \\ 3 & 2 & -1 & 1 \end{bmatrix} \qquad R_2 + (-1)R_1 \to R_2$$

$$\begin{bmatrix} 1 & -1 & 2 & 4 \\ 0 & 1 & -1 & 2 \\ 0 & -1 & 1 & -4 \\ 3 & 2 & -1 & 1 \end{bmatrix} \qquad R_3 + (-2)R_1 \to R_3$$

$$\begin{bmatrix} 1 & -1 & 2 & 4 \\ 0 & 1 & -1 & 2 \\ 0 & -1 & 1 & -4 \\ 0 & 5 & -7 & -11 \end{bmatrix} \qquad R_4 + (-3)R_1 \to R_4$$

$$\begin{bmatrix} 1 & -1 & 2 & 4 \\ 0 & 1 & -1 & 2 \\ 0 & 0 & 0 & -2 \\ 0 & 5 & -7 & -11 \end{bmatrix} \qquad R_3 + R_2 \to R_3$$

셋째 행을 보면 마지막 성분을 제외하고 모두 0이다. 이는 원래의 연립 1차방정식의 해가 없다는 것을 의미한다.

$x_1 - x_2 + 2x_3 = 4$

$x_2 - x_3 = 2$

$0 = -2$

$5x_2 - 7x_3 = -11$

셋째 방정식은 성립할 수 없으므로 이 연립방정식은 해를 갖지 않는다.

(4) 가우스 - 조르단 소거법

가우스 소거법은 행렬에 기본행 연산을 적용하여 행사다리꼴을 얻도록 한다. 또 하나의 소거법이 있는데 기약행 사다리꼴이 얻어질 때까지 더 진행하는 것이다.

예제 2.6

가우스–조르단 소거법으로 다음 연립 1차방정식의 해를 구하라.

$x-2y+\ \ 3z=9$

$-x+3y=-4$

$2x-5y+5z=17$

풀이

[예제 2.2]에서는 행사다리꼴을 얻기 위해서 가우스 소거법을 사용했다.

$$\begin{bmatrix}1 & -2 & 3 & 9\\0 & 1 & 3 & 5\\0 & 0 & 1 & 2\end{bmatrix}$$

이제 역대입법을 쓰는 대신 기약행 사다리꼴이 얻어질 때까지 기본행 연산을 적용한다.

$$\begin{bmatrix}1 & 0 & 9 & 19\\0 & 1 & 3 & 5\\0 & 0 & 1 & 2\end{bmatrix} \qquad R_1+(2)R_2 \to R_1$$

$$\begin{bmatrix}1 & 0 & 9 & 19\\0 & 1 & 0 & -1\\0 & 0 & 1 & 2\end{bmatrix} \qquad R_2+(-3)R_3 \to R_2$$

$$\begin{bmatrix}1 & 0 & 0 & 1\\0 & 1 & 0 & -1\\0 & 0 & 1 & 2\end{bmatrix} \qquad R_1+(-9)R_3 \to R_1$$

연립 1차방정식으로 바꾸면 $x=1, y=-1, z=2$를 얻는다.

예제 2.7

다음 연립 1차방정식을 풀어라.

$2x_1 + 4x_2 - 2x_3 = 0$

$3x_1 + 5x_2 = 1$

풀이

첨가행렬은 다음과 같다.

$$\begin{bmatrix} 2 & 4 & -2 & 0 \\ 3 & 5 & 0 & 1 \end{bmatrix}$$

기약행 사다리꼴은 다음과 같이 얻어진다.

$$\begin{bmatrix} 1 & 0 & 5 & 2 \\ 0 & 1 & -3 & -1 \end{bmatrix}$$

이에 대응하는 연립방정식은 $x_1 \quad +5x_3 \quad =2, x_2-3x_3=-1$이다. 선두의 1에 대응하지 않는 미지수 x_3을 나타내기 위해서 매개변수 t를 쓰면 $x_1=2-5t,\ \ x_2=-1+3t,\ \ x_3=t$가 얻어진다.

(5) 동차 연립 1차 방정식

상수항이 0인 1차 방정식으로 이루어진 연립방정식이다. 동차 연립 1차방정식은 예를 들어 미지수가 n개인 m개의 방정식으로 이루어진 동차 연립방정식은 다음과 같은 형태이다.

$$\begin{gathered} a_{11}x_1 + a_{12}x_2 + a_{13}x_3 + \ldots + a_{1n}x_n = 0 \\ a_{21}x_1 + a_{22}x_2 + a_{23}x_3 + \ldots + a_{2n}x_n = 0 \\ a_{31}x_1 + a_{32}x_2 + a_{33}x_3 + \ldots + a_{3n}x_n = 0 \\ \vdots \\ a_{m1}x_1 + a_{m2}x_2 + a_{m3}x_3 + \ldots + a_{mn}x_n = 0 \end{gathered}$$

동차 연립 1차 방정식이 항상 적어도 하나의 해를 갖는다는 것은 쉽게 보일 수 있다. 모든 미지수가 0이라면 동차 연립방정식의 모든 방정식이 만족된다. 이런 해를 자명한 해라고 한다. 그렇지 않은 경우의 해를 비자명한 해라고 한다. 예를 들면 세 미지수 x_1, x_2, x_3의 세 개의 방정식으로 이루어진 동차 연립방정식은 $x_1 = 0$, $x_2 = 0$, $x_3 = 0$이라는 자명한 해를 갖는다.

예제 2.8

다음 연립 1차방정식을 풀어라.

$x_1 - x_2 + 3x_3 = 0$

$2x_1 + x_2 + 3x_3 = 0$

풀이

첨가행렬

$\begin{bmatrix} 1 & -1 & 3 & 0 \\ 2 & 1 & 3 & 0 \end{bmatrix}$에 가우스-조르단 소거법을 사용하면

$\begin{bmatrix} 1 & -1 & 3 & 0 \\ 0 & 3 & -3 & 0 \end{bmatrix}$ $R_2 + (-2)R_1 \to R_2$

$\begin{bmatrix} 1 & -1 & 3 & 0 \\ 0 & 1 & -1 & 0 \end{bmatrix}$ $\left(\frac{1}{3}\right)R_2 \to R_2$

$\begin{bmatrix} 1 & 0 & 2 & 0 \\ 0 & 1 & -1 & 0 \end{bmatrix}$ $R_1 + R_2 \to R_1$

을 얻는다. 이 행렬에 대응하는 연립 1차방정식은 $x_1 \quad + 2x_3 = 0$

$x_2 - x_3 = 0$ 매개변수 $x_3 = t$을 써서

$x = -2t,\ x_2 = t, x_3 = t,\ t$는 임의의 실수

를 얻는다. 그러므로 이 연립방정식은 무수히 많은 해를 가지며 그 중 하나는 $t = 0$일 때 얻어지는 자명한 해이다.

정리 2.1

모든 동차 연립 1차방정식은 항상 해를 갖는다. 연립 1차방정식의 개수가 미지수의 개수보다 적으면 반드시 무수히 많은 해를 갖는다.

예제 2.9

다음 연립 방정식을 풀어라.

$$2x_1+2x_2-x_3+x_5=0$$
$$-x_1-x_2+2x_3-3x_4+x_5=0$$
$$x_1+x_2-2x_3-x_5=0$$
$$x_3+x_4+x_5=0$$

풀이

이것의 확대행렬은

$$\begin{bmatrix} 2 & 2 & -1 & 0 & 1 & 0 \\ -1 & -1 & 2 & -3 & 1 & 0 \\ 1 & 1 & -2 & 0 & -1 & 0 \\ 0 & 0 & 1 & 1 & 1 & 0 \end{bmatrix}$$ 이고,

행 소거형 행렬에 대응되는 방정식은

$$x_1+x_2+x_5=0$$
$$x_3 \quad +x_5=0$$
$$x_4=0$$

이며

$$x_1= -x_2-x_5$$
$$x_3=-x_5$$
$$x_4=0$$

따라서 x_2, x_5에 임의의 실수 s, t를 준다면 해는 다음과 같다.

$$x_1=-s-t,\ x_2=s,\ x_3=-t,\ x_4=0,\ x_5=t$$

2.1 연습문제

1. 다음 첨가행렬에 대응하는 연립 1차방정식의 해집합을 구하라.

(1) $\begin{bmatrix} 1 & 0 & 0 \\ 0 & 1 & 2 \end{bmatrix}$

(2) $\begin{bmatrix} 1 & -1 & 0 & 3 \\ 0 & 1 & -2 & 1 \\ 0 & 0 & 1 & -1 \end{bmatrix}$

(3) $\begin{bmatrix} 1 & 2 & 0 & 1 & 4 \\ 0 & 1 & 2 & 1 & 3 \\ 0 & 0 & 1 & 2 & 1 \\ 0 & 0 & 0 & 1 & 4 \end{bmatrix}$

2. 가우스소거법과 함께 역대입법을 쓰거나 가우스-조르단소거법을 써서 연립 1차방정식을 풀어라.

(1) $x + 2y = 7$
$2x + y = 8$

(2) $3x_1 + x_2 - 2x_3 = 5$
$2x_1 + 2x_2 + x_3 = 4$
$x_1 \quad - \quad 3x_3 = -2$

(3) $x_1 + x_2 - 5x_3 = 3$
$x_1 \qquad - 2x_3 = 5$
$2x_1 - x_2 - x_3 = 0$

(4) $3x + 3y + 12z = 6$
$x + y + 4z = 2$
$-x + 2y + 8z = 4$
$2x + 5y + 20z = 10$

3. 주어진 계수행렬에 대응하는 동차 연립 1차방정식을 풀어라.

(1) $\begin{bmatrix} 1 & 0 & 0 \\ 0 & 1 & 1 \\ 0 & 0 & 0 \end{bmatrix}$

(2) $\begin{bmatrix} 1 & 0 & 0 & 1 \\ 0 & 0 & 1 & 0 \\ 0 & 0 & 0 & 0 \end{bmatrix}$

2.1 연습문제

4. 행렬 $A=\begin{bmatrix} 1 & k & 2 \\ -3 & 4 & 1 \end{bmatrix}$에 대하여

(1) A가 연립 1차방정식의 첨가행렬일 때, 해를 갖도록 하는 k값을 구하라.

(2) A가 동차 연립방정식의 계수행렬일 때, 해를 갖도록 하는 k값을 구하라.

5. 주어진 연립 1차방정식이 (a) 유일한 해 (b) 해 없음 (c) 무수히 많은 해를 갖도록 하는 (a), (b), (c)의 값을 구하라.

$x+y=2$

$y+z=2$

$x+z=2$

$ax+by+cz=0$

6. 다음 중 0 아닌 해를 갖는 동차 연립방정식은 어느 것인가?

(1) $x+y+2z=0$
$2x+y+z=0$
$3x-y+z=0$

(2) $x-y+z=0$
$2x+y=0$
$2x-2y+2z=0$

(3) $2x-y+5z=0$
$3x+2y-3z=0$
$x-y+4z=0$

2.2 역행렬

2.1절에서 실수의 대수적 성질과 행렬의 대수적 성질이 유사함을 알아봤다. 2.2절에서는 행렬의 곱셈이 포함된 행렬방정식의 해를 찾는 방법에 대해 살펴보자. 먼저 실수 방정식 $ax=b$의 경우를 보자. x를 구하기 위해 양변에 a^{-1}를 곱한다.(여기서 $a \neq 0$이어야한다.)

$$ax = b$$
$$(a^{-1}a)x = a^{-1}b$$
$$(1)\,x = a^{-1}b$$
$$x = a^{-1}b$$

a^{-1}를 a의 곱셈에 관한 역원이라고 하는데 $a^{-1}a = 1$이기 때문이다. 행렬에서도 곱셈에 관한 역원의 정의가 비슷하다.

정의 2.1

$n \times n$행렬 A에 대해 $AB=BA=I_n$을 만족하는 $n \times n$행렬 B가 존재할 때 A는 가역이라고 한다. 이때 I_n은 크기가 n인 단위행렬이고 행렬 B는 A의 역행렬이라고 한다. 역행렬이 존재하지 않는 행렬은 가역이 아니라고 한다.

정리 2.2

A가 가역이면 그 역행렬은 유일하다. A의 역행렬을 A^{-1}로 표현한다.

증명

A는 가역이므로 $AB=I=BA$를 만족하는 최소한 한 개의 행렬 B가 존재한다. A가 또 다른 역행렬 C를 갖는다고 하자. $AC=I=CA$ 이때 B와 C는 같다는 것을 알 수 있다.

$AB = I$

$C(AB) = CI$

$(CA)B = C$

$IB = C$

$B = C$

따라서 역행렬은 유일하다.

예제 2.10

B가 A의 역행렬임을 보여라.

$$A = \begin{bmatrix} -1 & 2 \\ -1 & 1 \end{bmatrix}, \qquad B = \begin{bmatrix} 1 & -2 \\ 1 & -1 \end{bmatrix}$$

풀이

B가 A의 역행렬임을 다음과 같이 보일 수 있다.

$AB = I = BA$

$$AB = \begin{bmatrix} -1 & 2 \\ -1 & 1 \end{bmatrix}\begin{bmatrix} 1 & -2 \\ 1 & -1 \end{bmatrix} = \begin{bmatrix} -1+2 & 2-2 \\ -1+1 & 2-1 \end{bmatrix} = \begin{bmatrix} 1 & 0 \\ 0 & 1 \end{bmatrix}$$

$$BA = \begin{bmatrix} 1 & -2 \\ 1 & -1 \end{bmatrix}\begin{bmatrix} -1 & 2 \\ -1 & 1 \end{bmatrix} = \begin{bmatrix} -1+2 & 2-2 \\ -1+ & 2-1 \end{bmatrix} = \begin{bmatrix} 1 & 0 \\ 0 & 1 \end{bmatrix}$$

예제 2.11

$\begin{bmatrix} 1 & 3 \\ 2 & 4 \end{bmatrix}$의 역행렬을 구하라

풀이

$A = \begin{bmatrix} 1 & 3 \\ 2 & 4 \end{bmatrix}$라 하자. $A^{-1} = \begin{bmatrix} a & b \\ c & d \end{bmatrix}$라 하자. 그러면

$$AA^{-1} = \begin{bmatrix} 1 & 3 \\ 2 & 4 \end{bmatrix}\begin{bmatrix} a & b \\ c & d \end{bmatrix} = \begin{bmatrix} 1 & 0 \\ 0 & 1 \end{bmatrix} = I_2$$

즉

$$\begin{bmatrix} a+3c & b+3d \\ 2a+4c & 2b+4d \end{bmatrix} = \begin{bmatrix} 1 & 0 \\ 0 & 1 \end{bmatrix}$$

이 된다. 따라서 연립방정식

$a+3c=1,\ 2a+4c=0$과 $b+3d=0,\ 2b+4d=1$

을 풀면

$$a=-2, b=\frac{3}{2}, c=1, d=-\frac{1}{2}$$

을 얻게 된다. 따라서 A는 정칙이며

$A^{-1}=\begin{bmatrix} -2 & \frac{3}{2} \\ 1 & -\frac{1}{2} \end{bmatrix}$이다.

가우스-조르단 소거법을 이용하여 역행렬 구하기

A를 크기가 n인 정방행렬이라고 하자.

① 주어진 행렬 A를 왼쪽에 두고 $n \times n$단위행렬을 오른쪽에 두어 크기가 $n \times 2n$인 $[A : I]$를 쓴다. 행렬 A와 I는 점선을 이용하여 구분한다. 이 과정을 A와 I의 연결이라고 한다.

② 가능하다면 A를 단위행렬 I가 될 때까지 전체 행렬 $[A : I]$에 행에 관한기본 연산을 사용한다. 그 결과는 $[I: A^{-1}]$일 것이다. 만약 가능하지 않다면 A는 가역이 아니다.

③ $AA^{-1}=I=A^{-1}A$임을 확인한다.

예제 2.12

다음 행렬의 역행렬을 구하라.

$$A=\begin{bmatrix} 1 & -1 & 0 \\ 1 & 0 & -1 \\ -6 & 2 & 3 \end{bmatrix}$$

풀이

행렬 A에 단위행렬을 연결하여 다음 행렬을 얻는다.

$$[A : I]=\left[\begin{array}{ccc:ccc} 1 & -1 & 0 & 1 & 0 & 0 \\ 1 & 0 & -1 & 0 & 1 & 0 \\ -6 & 2 & 3 & 0 & 0 & 1 \end{array}\right]$$

행에 관한 기본연산을 통해 $[I : A^{-1}]$를 다음과 같이 구한다.

$$\left[\begin{array}{ccc:ccc} 1 & -1 & 0 & 1 & 0 & 0 \\ 0 & 1 & -1 & -1 & 1 & 0 \\ -6 & 2 & 3 & 0 & 0 & 1 \end{array}\right] \qquad R_2+(-1)R_1 \to R_2$$

$$\left[\begin{array}{ccc:ccc} 1 & -1 & 0 & 1 & 0 & 0 \\ 0 & 1 & -1 & -1 & 1 & 0 \\ 0 & -4 & 3 & 6 & 0 & 1 \end{array}\right] \qquad R_3+(6)R_1 \to R_3$$

$$\left[\begin{array}{ccc:ccc} 1 & -1 & 0 & 1 & 0 & 0 \\ 0 & 1 & -1 & -1 & 1 & 0 \\ 0 & 0 & -1 & 2 & 4 & 1 \end{array}\right] \qquad R_3+(4)R_2 \to R_3$$

$$\left[\begin{array}{ccc:ccc} 1 & -1 & 0 & 1 & 0 & 0 \\ 0 & 1 & -1 & -1 & 1 & 0 \\ 0 & 0 & 1 & -2 & -4 & -1 \end{array}\right] \qquad (-1)R_3 \to R_3$$

$$\left[\begin{array}{ccc:ccc} 1 & -1 & 0 & 1 & 0 & 0 \\ 0 & 1 & 0 & -3 & -3 & -1 \\ 0 & 0 & 1 & -2 & -4 & -1 \end{array}\right] \qquad R_2+R_3 \to R_2$$

$$\left[\begin{array}{ccc:ccc} 1 & 0 & 0 & -2 & -3 & -1 \\ 0 & 1 & 0 & -3 & -3 & -1 \\ 0 & 0 & 1 & -2 & -4 & -1 \end{array}\right] \qquad R_1+R_2 \to R_1$$

그러므로 A는 가역이고 그 역행렬은

$$A^{-1}=\begin{bmatrix} -2 & -3 & -1 \\ -3 & -3 & -1 \\ -2 & -4 & -1 \end{bmatrix}$$

이다. $AA^{-1}=I=A^{-1}A$를 통해 역행렬임을 확인할 수 있다.

예제 2.13

$A=\begin{bmatrix} 1 & 2 & 0 \\ 3 & -1 & 2 \\ -2 & 3 & -2 \end{bmatrix}$는 가역이 아님을 보여라.

풀이

A에 단위행렬을 연결하여 다음을 얻는다.

$$[A:I]=\left[\begin{array}{ccc|ccc} 1 & 2 & 0 & 1 & 0 & 0 \\ 3 & -1 & 2 & 0 & 1 & 0 \\ -2 & 3 & -2 & 0 & 0 & 1 \end{array}\right] \quad R_2+(-3)R_1 \rightarrow R_2$$

가우스-조르단 소거법을 사용한다.

$$\left[\begin{array}{ccc|ccc} 1 & 2 & 0 & 1 & 0 & 0 \\ 0 & -7 & 2 & -3 & 1 & 0 \\ -2 & 3 & -2 & 0 & 0 & 1 \end{array}\right] \qquad R_2+(-3)R_1 \rightarrow R_2$$

$$\left[\begin{array}{ccc|ccc} 1 & 2 & 0 & 1 & 0 & 0 \\ 0 & -7 & 2 & -3 & 1 & 0 \\ 0 & 7 & -2 & 2 & 0 & 1 \end{array}\right] \qquad R_3+(2)R_1 \rightarrow R_3$$

2번째 행을 세 번째 행에 더함으로써 왼쪽 행렬에 0으로 된 행이 생기는 것을 알 수 있다.

$$\left[\begin{array}{ccc|ccc} 1 & 2 & 0 & 1 & 0 & 0 \\ 0 & -7 & 2 & -3 & 1 & 0 \\ 0 & 0 & 0 & -1 & 1 & 1 \end{array}\right] \qquad R_3+R_2 \rightarrow R_3$$

행렬의 A부분에 0으로만 된 행이 생겼기 때문에 행렬 $[A:I]$를 $[I:A^{-1}]$형태의 행렬로 표시할 수 없다. 이것이 바로 A의 역행렬이 존재하지 않는다는 것을 의미한다.

3×3행렬이나 그보다 큰 행렬에 대한 역행렬을 구할 때는 가우스-조르단 소거법이 매우 유용하다 그러나 2×2행렬의 경우는 가우스-조르단 소거법보다는 역행렬에 대한 공식을 사용하는 것이 간편하다.

$$A=\begin{bmatrix} a & b \\ c & d \end{bmatrix}$$

일 때, A가 가역이기 위한 필요충분조건은 $ad-bc \neq 0$이면 역행렬은 다음과 같이 주어진다.

$$A^{-1} = \frac{1}{ad-bc}\begin{bmatrix} d & -b \\ -c & a \end{bmatrix}$$

A^{-1}을 구하여 역행렬을 확인할 수 있다.

예제 2.14

가능하다면 다음 행렬들의 역행렬을 구하라.

(1) $A = \begin{bmatrix} 3 & -1 \\ -2 & 2 \end{bmatrix}$　　(2) $B = \begin{bmatrix} 3 & -1 \\ -6 & 2 \end{bmatrix}$

풀이

(1) $A^{-1} = \frac{1}{4}\begin{bmatrix} 2 & 1 \\ 2 & 3 \end{bmatrix} = \begin{bmatrix} \frac{1}{2} & \frac{1}{4} \\ \frac{1}{2} & \frac{3}{4} \end{bmatrix}$

(2) $ad-bc = (3)(2)-(-1)(-6) = 0$, 즉 B는 가역이 아니다.

정리 2.3

A가 가역이고 k는 양의 정수이며 c는 스칼라라고 할 때 A^{-1}, A^k, cA, A^T는 모두 가역이고 다음을 만족한다.

(1) $(A^{-1})^{-1} = A$

(2) $(A^k)^{-1} = A^{-1}A^{-1}...A^{-1} = (A^{-1})^k$

(3) $(cA)^{-1} = \frac{1}{c}A^{-1}, c \neq 0$

(4) $(A^T)^{-1} = (A^{-1})^T$

가역행렬들에 대해 음의 정수를 지수로 이용해 정방행렬의 거듭제곱형태를 표현할 수 있다. A^{-k}의 뜻은 A^{-1}가 k번 거듭제곱된 것을 의미한다.

$$A^{-k} = A^{-1}A^{-1}...A^{-1} = (A^{-1})^k$$

이러한 방법으로 모든 정수 j,k에 대해서 $A^jA^k = A^{j+k}$, $(A^j)^k = A^{jk}$로 표현할 수 있다.

예제 2.15

A^{-2}를 2가지 다른 방법으로 구하고 이들이 같음을 보여라.

$$A = \begin{bmatrix} 1 & 1 \\ 2 & 4 \end{bmatrix}$$

풀이

A^{-2}를 구하는 한 방법은 $(A^2)^{-1}$이다.

$$A^2 = \begin{bmatrix} 3 & 5 \\ 10 & 18 \end{bmatrix}$$

2×2행렬의 역행렬을 구하는 공식을 이용해 다음을 얻는다.

$$(A^2)^{-1} = \frac{1}{4}\begin{bmatrix} 18 & -5 \\ -10 & 3 \end{bmatrix} = \begin{bmatrix} \frac{9}{2} & -\frac{5}{4} \\ -\frac{5}{2} & \frac{3}{4} \end{bmatrix}$$

A^{-2}를 구하는 또 다른 방법은 $(A^{-1})^2$이다.

$A^{-1} = \frac{1}{2}\begin{bmatrix} 4 & -1 \\ -2 & 1 \end{bmatrix} = \begin{bmatrix} 2 & -\frac{1}{2} \\ -1 & \frac{1}{2} \end{bmatrix}$이므로, 이 행렬을 제곱하여 다음을 얻는다.

$$(A^{-1})^2 = \begin{bmatrix} \frac{9}{2} & -\frac{5}{4} \\ -\frac{5}{2} & \frac{3}{4} \end{bmatrix}$$

2가지 방법에 의한 결과가 같다는 것을 알 수 있다.

정리 2.4

행렬 A, B는 크기가 n인 가역행렬일 때 행렬 AB도 가역이고 $(AB)^{-1} = B^{-1}A^{-1}$이다.

증명

$B^{-1}A^{-1}$가 AB의 역행렬임을 보이기 위해서 역행렬의 정의를 사용한다.
즉 $(AB)(B^{-1}A^{-1}) = A(BB^{-1})A^{-1} = A(I)A^{-1} = AA^{-1} = I$ 비슷한 방법으로 $(B^{-1}A^{-1})(AB) = I$ 임을 보일 수 있다. 따라서 AB는 가역이고 그의 역행렬은 $B^{-1}A^{-1}$이다.

[정리 2.4]에서는 2개의 가역행렬의 곱에 대한 역행렬은 각각의 역행렬을 순서를 바꾸어 곱해 얻을 수 있다고 말하고 있다. 이를 여러 가역행렬의 곱으로 확장할 수 있다.

$$(A_1A_2A_3 \ldots A_n)^{-1} = A_n^{-1} \ldots A_3^{-1}A_2^{-1}A_1^{-1}$$

예제 2.16

다음 행렬 A, B에 대한 A^{-1}와 B^{-1}를 이용해 $(AB)^{-1}$를 구하라.

$$A = \begin{bmatrix} 1 & 3 & 3 \\ 1 & 4 & 3 \\ 1 & 3 & 4 \end{bmatrix} \qquad B = \begin{bmatrix} 1 & 2 & 3 \\ 1 & 3 & 3 \\ 2 & 4 & 3 \end{bmatrix}$$

$$A^{-1} = \begin{bmatrix} 7 & -3 & -3 \\ -1 & 1 & 0 \\ -1 & 0 & 1 \end{bmatrix} \qquad B^{-1} = \begin{bmatrix} 1 & -2 & 1 \\ -1 & 1 & 0 \\ \frac{2}{3} & 0 & -\frac{1}{3} \end{bmatrix}$$

풀이

$$(AB)^{-1} = B^{-1}A^{-1} = \begin{bmatrix} 1 & -2 & 1 \\ -1 & 1 & 0 \\ \frac{2}{3} & 0 & -\frac{1}{3} \end{bmatrix} \begin{bmatrix} 7 & -3 & -3 \\ -1 & 1 & 0 \\ -1 & 0 & 1 \end{bmatrix} = \begin{bmatrix} 8 & -5 & -2 \\ -8 & 4 & 3 \\ 5 & -2 & -\frac{7}{3} \end{bmatrix}$$

실수의 중요한 성질은 소거이다. 즉 $ac = bc(c \neq 0)$이면 $a = b$이다. 역행렬들도 똑같은 소거에 관한 성질을 갖고 있다.

정리 2.5

C가 가역행렬일 때 다음 성질을 만족한다.

1. $AC = BC$이면 $A = B$이다.
2. $CA = CB$이면 $A = B$이다.

증명

(1) C가 가역이므로 다음이 성립된다.

$AC = BC$

$(AC)C^{-1} = (BC)C^{-1}$

$A(CC^{-1}) = B(CC^{-1})AI = BI$

$A = B$

(2) 똑같은 방법으로 증명한다.

(2) 연립 1차방정식

연립 1차방정식은 정확히 1개의 해를 갖거나 무수히 많은 해를 갖거나 해가 없는 3가지 경우 중 하나이다. 정방연립방정식(변수와 방정식의 개수가 같은 경우)에 대해서는 해가 유일한지에 관해 다음 정리를 통해 알 수 있다.

정리 2.6

A가 가역이면 연립 1차방정식 $A\mathrm{x}=b$는 유일해, $\mathrm{x}=A^{-1}b$를 갖는다.

증명

A는 가역이므로 다음과 같다.

$$A\mathrm{x}=b$$
$$A^{-1}A\mathrm{x}=A^{-1}b$$
$$I\mathrm{x}=A^{-1}b$$
$$\mathrm{x}=A^{-1}b$$

예제 2.17

다음 각 연립방정식의 해를 역행렬을 이용하여 구하라.

(1) $2x+3y+z=-1$
$3x+3y+z=1$
$2x+4y+z=-2$

(2) $2x+3y+z=4$
$3x+3y+z=8$
$2x+4y+z=5$

(3) $2x+3y+z=0$
$3x+3y+z=0$
$2x+4y+z=0$

풀이

먼저 각 연립방정식의 계수행렬을 구한다.

$A=\begin{bmatrix}2&3&1\\3&3&1\\2&4&1\end{bmatrix}$ 가우스-조르단 소거법을 이용해 A^{-1}을 구한다.

$A^{-1}=\begin{bmatrix}-1&1&0\\-1&0&1\\6&-2&-3\end{bmatrix}$ 각 연립방정식의 해를 얻기 위해 다음 행렬 곱을 구한다.

(1) $\mathrm{x}=A^{-1}b=\begin{bmatrix}-1&1&0\\-1&0&1\\6&-2&-3\end{bmatrix}\begin{bmatrix}-1\\1\\-2\end{bmatrix}=\begin{bmatrix}2\\-1\\-2\end{bmatrix}$

해는 $x=2, y=-1, z=-2$이다.

(2) $\mathrm{x} = \mathrm{A}^{-1}b = \begin{bmatrix} -1 & 1 & 0 \\ -1 & 0 & 1 \\ 6 & -2 & -3 \end{bmatrix} \begin{bmatrix} 4 \\ 8 \\ 5 \end{bmatrix} = \begin{bmatrix} 4 \\ 1 \\ -7 \end{bmatrix}$

해는

$x = 4,\ y = 1,\ z = -7$

이다.

(3) $\mathrm{x} = A^{-1}b = \begin{bmatrix} -1 & 1 & 0 \\ -1 & 0 & 1 \\ 6 & -2 & -3 \end{bmatrix} \begin{bmatrix} 0 \\ 0 \\ 0 \end{bmatrix} = \begin{bmatrix} 0 \\ 0 \\ 0 \end{bmatrix}$

해는

$x = 0,\ y = 0,\ z = 0$

이다.

2.2 연습문제

1. 다음 행렬들의 역행렬을 구하라.(만약 존재한다면)

(1) $\begin{bmatrix} 1 & 2 \\ 3 & 7 \end{bmatrix}$

(2) $\begin{bmatrix} -7 & 33 \\ 4 & -19 \end{bmatrix}$

(3) $\begin{bmatrix} 1 & 1 & 1 \\ 3 & 5 & 4 \\ 3 & 6 & 5 \end{bmatrix}$

(4) $\begin{bmatrix} 1 & 2 & -1 \\ 3 & 7 & -10 \\ 7 & 16 & -21 \end{bmatrix}$

(5) $\begin{bmatrix} 1 & 1 & 2 \\ 3 & 1 & 0 \\ -2 & 0 & 3 \end{bmatrix}$

2. 다음 각 연립방정식을 풀기 위해서 역행렬을 사용하라.

(1) $-x+y=4$
$-2x+y=0$

(2) $-x+y=0$
$-2x+y=0$

(3) $3x_1+2x_2+2x_3=0$
$2x_1+2x_2+2x_3=5$
$-4x_1+4x_2+3x_3=2$

(4) $3x_1+2x_2+2x_3=0$
$2x_1+2x_2+2x_3=0$
$-4x_1+4x_2+3x_3=0$

3. 다음 행렬이 그것의 역행렬과 같기 위한 x를 구하라.

$$A=\begin{bmatrix} 3 & x \\ -2 & -3 \end{bmatrix}$$

4. 다음으로부터 A를 구하라.

$$(2A)^{-1}=\begin{bmatrix} 1 & 2 \\ 3 & 4 \end{bmatrix}$$

2.2 연습문제

5. 다음 행렬이 가역임을 보이고 그것의 역행렬을 구하라.

$$A=\begin{bmatrix} \sin\theta & \cos\theta \\ -\cos\theta & \sin\theta \end{bmatrix}$$

6. 대각행렬은 어떤 조건에서 가역인가? 만약 A가 가역이면 A의 역행렬을 구하라.

$$A=\begin{bmatrix} a_{11} & 0 & 0\ldots & 0 \\ 0 & a_{22} & 0\ldots & 0 \\ .. & .. & .. & .. \\ 0 & 0 & 0\ldots & a_{nn} \end{bmatrix}$$

7. 연습문제 6을 이용하여 다음 행렬들의 역행렬을 구하라.

(1) $A=\begin{bmatrix} -1 & 0 & 0 \\ 0 & 3 & 0 \\ 0 & 0 & 2 \end{bmatrix}$ (2) $A=\begin{bmatrix} \frac{1}{2} & 0 & 0 \\ 0 & \frac{1}{3} & 0 \\ 0 & 0 & \frac{1}{4} \end{bmatrix}$

8. 행렬 $A=\begin{bmatrix} 1 & 0 \\ 2 & 3 \end{bmatrix}$일 때 A^{-3}, 그리고 A^2-2A+I를 계산하라.

9. $\begin{bmatrix} \cos\theta & \sin\theta \\ -\sin\theta & \cos\theta \end{bmatrix}$의 역행렬을 구하라.

2.2 연습문제

10. 주어진 연립방정식의 해를 모두 구하라.

(1) $x+y+2z=-1$
$x+2y+z=-5$
$3x+y+z=3$

(2) $x+y+3z+2w=7$
$2x-y+4w=8$
$3y+6z=8$

(3) $x+2y-4z=3$
$x-2y+3z=-1$
$2x+3y-z=5$

(4) $x+y+z=1$
$x+y-2z=3$
$2x+y+z=2$

2.3 기본연산

이 절은 행렬의 이론에 기본이 되는 기본연산(elementary operations) (또는 기본변환, elementary transformations)을 자세히 살펴보자. 행렬에서 쓰이는 3가지 기본연산은 다음과 같다.

① i번째 행과 j번째 행을 교환한다.

② i번째 행에 영이 아닌 실수 c를 곱한다.

③ i번째 행에 영이 아닌 실수 c를 곱해 j번째 행에 더한다.

이것을 특별히 기본행 연산(elementary row operations)이라 부른다. 위와 같은 연산을 열에 적용시키는 것을 기본열 연산(elementary column operations)이라 부른다.

정의 2.2

단위행렬 I_n에 단 한 번의 기본행 연산을 행하여 얻어지는 행렬을 기본 행렬(elementary matrix)이라 하며 E_n으로 표시한다.

첫 번째 기본연산, 즉 두 행을 교환해서 얻어진 기본행렬을 특별히 치환 행렬(permutation matrix)이라 부르기도 한다.

정리 2.7

A가 $m \times n$행렬이고 기본행렬 E가 단위행렬 I_n에서 어떤 한 번의 기본행 연산을 행해 얻어진 것일 때, EA는 A에 같은 행연산을 행해 얻어진 것과 같다.

예제 2.18

(1) 첫째 행과 둘째 행을 교환한다.

$$\begin{bmatrix}0&1&0\\1&0&0\\0&0&1\end{bmatrix}\begin{bmatrix}1&2&3\\4&5&6\\7&8&9\end{bmatrix}=\begin{bmatrix}4&5&6\\1&2&3\\7&8&9\end{bmatrix}$$

(2) 둘째 행에 2를 곱한다.

$$\begin{bmatrix}1&0&0\\0&2&0\\0&0&1\end{bmatrix}\begin{bmatrix}1&2&3\\4&5&6\\7&8&9\end{bmatrix}=\begin{bmatrix}1&2&3\\8&10&12\\7&8&9\end{bmatrix}$$

(3) 첫째 행에 상수 c를 곱하여 셋째 행에 더한다.

$$\begin{bmatrix}1&0&0\\0&1&0\\c&0&1\end{bmatrix}\begin{bmatrix}1&2&3\\4&5&6\\7&8&9\end{bmatrix}=\begin{bmatrix}1&2&3\\4&5&6\\7+c&8+2c&9+3c\end{bmatrix}$$

예제 2.19

(1) 다음 행렬의 곱에서 E는 I_3의 처음 두 행을 서로 바꾸는 기본행렬을 나타낸다.

$$\begin{bmatrix}0&1&0\\1&0&0\\0&0&1\end{bmatrix}\begin{bmatrix}0&2&1\\1&-3&6\\3&2&-1\end{bmatrix}=\begin{bmatrix}1&-3&6\\0&2&1\\3&2&-1\end{bmatrix}$$

A의 처음 두 행은 E를 왼쪽으로 곱하므로써 바뀌진다.

(2) 다음 행렬 곱에서 E는 I_3의 두 번째 행에 $\frac{1}{2}$을 곱한 기본행렬을 나타낸다.

$$\begin{bmatrix}1&0&0\\0&\frac{1}{2}&0\\0&0&1\end{bmatrix}\begin{bmatrix}1&0&-4&1\\0&2&6&-4\\0&1&3&1\end{bmatrix}=\begin{bmatrix}1&0&-4&1\\0&1&3&-2\\0&1&3&1\end{bmatrix}$$

E를 왼쪽에 곱하는 것은 A의 두 번째 행에 1/2를 곱하는 것과 같은 결과가 된다.

(3) 다음 곱에서 E는 I_3의 첫 번째 행에 2를 곱해서 두 번째 행에 더한 기본행렬을 뜻한다.

$$\begin{bmatrix}1&0&0\\2&1&0\\0&0&1\end{bmatrix}\begin{bmatrix}1&0&-1\\-2&-2&3\\0&4&5\end{bmatrix}=\begin{bmatrix}1&0&-1\\0&-2&1\\0&4&5\end{bmatrix}$$

EA는 A의 첫 번째 행에 2를 곱해서 두 번째 행에 더한 것과 같다.

같은 원리가 열에도 적용된다. 기본열 연산 행렬의 오른쪽에 대응하는 기본행렬을 곱함으로서 얻어질 수 있다. 즉 AE는 A에 대응하는 기본열 연산을 행해 얻어진 것과 같다.

예제 2.20

(1) 첫째 열과 셋째 열을 교환한다.

$$\begin{bmatrix}1&2&3\\4&5&6\\7&8&9\end{bmatrix}\begin{bmatrix}0&0&1\\0&1&0\\1&0&0\end{bmatrix}=\begin{bmatrix}3&2&1\\6&5&4\\9&8&7\end{bmatrix}$$

(2) 셋째 열에 $\frac{1}{3}$을 곱한다.

$$\begin{bmatrix}1&2&3\\4&5&6\\7&8&9\end{bmatrix}\begin{bmatrix}1&0&0\\0&1&0\\0&0&\frac{1}{3}\end{bmatrix}=\begin{bmatrix}1&2&1\\4&5&2\\7&8&3\end{bmatrix}$$

(3) 첫째 열에 −2를 곱해 둘째 열에 더한다.

$$\begin{bmatrix}1&2&3\\4&5&6\\7&8&9\end{bmatrix}\begin{bmatrix}1&-2&0\\0&1&0\\0&0&1\end{bmatrix}=\begin{bmatrix}1&0&3\\4&-3&6\\7&-6&9\end{bmatrix}$$

단위행렬 I에 기본행 연산을 행해 기본행렬 E를 만들 때 E에서 다시 I로 만드는 대응되는 역연산(inverse operation)이 존재한다.

I에서 E를 만드는 행연산	E에서 다시 I로 만드는 행연산
1) i번째 행과 j번째 행을 교환함 2) i번째 행에 c를 곱함 3) i번째 행에 c를 곱하여 j번째 행에 더함	1) i번째 행과 j번째 행을 교환함 2) i번째 행에 1/c를 곱함 3) i번째 행에 −c를 곱하여 j번째 행에 더함

예제 2.21

$I \Rightarrow E$ 대응하는 역행렬 E^{-1}

(1) $\begin{bmatrix}1&0&0\\0&1&0\\0&0&1\end{bmatrix} \rightarrow \begin{bmatrix}0&1&0\\1&0&0\\0&0&1\end{bmatrix}$ $\begin{bmatrix}0&1&0\\1&0&0\\0&0&1\end{bmatrix}$

(2) $\begin{bmatrix}1&0&0\\0&1&0\\0&0&1\end{bmatrix} \rightarrow \begin{bmatrix}1&0&0\\0&-2&0\\0&0&1\end{bmatrix}$ $\begin{bmatrix}1&0&0\\0&-\frac{1}{2}&0\\0&0&1\end{bmatrix}$

(3) $\begin{bmatrix}1&0&0\\0&1&0\\0&0&1\end{bmatrix} \rightarrow \begin{bmatrix}1&0&0\\0&1&0\\3&0&1\end{bmatrix}$ $\begin{bmatrix}1&0&0\\0&1&0\\-3&0&1\end{bmatrix}$

여기서 대응하는 역행렬 E^{-1}도 또한 기본행렬임을 알 수 있다.

예제 2.22

기본행렬 E의 역행렬을 찾기 위해서는 E^{-1}를 얻기 위해 시행된 행에 관한 기본연산을 거꾸로 하면 된다. 3개의 기본행렬의 역행렬은 다음과 같이 구할 수 있다.

$E_1 = \begin{bmatrix}0&1&0\\1&0&0\\0&0&1\end{bmatrix}$ $R_1 \leftrightarrow R_2$ $E_1^{-1} = \begin{bmatrix}0&1&0\\1&0&0\\0&0&1\end{bmatrix}$ $R_1 \leftrightarrow R_2$

$E_2 = \begin{bmatrix}1&0&0\\0&1&0\\-2&0&1\end{bmatrix}$ $R_3 + (-2)R_1 \rightarrow R_3$ $E_2^{-1} = \begin{bmatrix}1&0&0\\0&1&0\\2&0&1\end{bmatrix}$ $R_3 + (2)R_1 \rightarrow R_3$

$E_3 = \begin{bmatrix}1&0&0\\0&1&0\\0&0&\frac{1}{2}\end{bmatrix}$ $\left(\frac{1}{2}\right)R_3 \rightarrow R_3$ $E_3^{-1} = \begin{bmatrix}1&0&0\\0&1&0\\0&0&2\end{bmatrix}$ $(2)R_3 \rightarrow R_3$

LU-삼각분해

$n\times n$행렬 A가 하삼각 행렬 L과 상삼각 행렬 U의 곱으로 표현되면, $A=LU$는 A의 $LU-$삼각분해라고 한다.

정리 2.8

정방행렬 A가 행교환을 하지 않고서 가우스행렬 U로 변환될 수 있으면 $n\times n$행렬 A는 $A=LU$의 형태로 분해될 수 있는데 여기서 L은 $n\times n$ 하삼각 행렬이고 U는 $n\times n$ 상삼각 행렬이다. 이것을 흔히 LU분해(LU decomposition)라 부른다.

이 분해를 구하는 원리는 다음과 같다. 행렬 A에 일련의 기본행 연산을 행하여 가우스행렬 U로 변형됐다고 하자. 그러면 앞 절에서 배운 바와 같이

$$E_k\cdots E_2E_1A=U$$

를 만족하는 기본행렬 $E_1, E_2, \ldots, E_k$를 구할 수 있다. 따라서

$$A=E_1^{-1}E_2^{-1}\cdots E_k^{-1}U$$

를 얻으며 여기서

$$L=E_1^{-1}E_2^{-1}\cdots E_k^{-1}$$

를 얻는다. 이 행렬 L은 A를 U로 변환할 때 행교환을 사용하지 않으면 하삼각 행렬이 된다.

예제 2.23

LU-삼각분해

(1) $\begin{bmatrix}1&2\\1&0\end{bmatrix}=\begin{bmatrix}1&0\\1&1\end{bmatrix}\begin{bmatrix}1&2\\0&-2\end{bmatrix}$는 $A=\begin{bmatrix}1&2\\1&0\end{bmatrix}$는 $LU-$의 삼각분해이다.

이때 $L=\begin{bmatrix}1&0\\1&1\end{bmatrix}$이고 $U=\begin{bmatrix}1&2\\0&-2\end{bmatrix}$이다.

(2) $A=\begin{bmatrix}1&-3&0\\0&1&3\\2&-10&2\end{bmatrix}=\begin{bmatrix}1&0&0\\0&1&0\\2&-4&1\end{bmatrix}\begin{bmatrix}1&-3&0\\0&1&3\\0&0&14\end{bmatrix}=LU$는 A의 $LU-$삼각분해이다.

예제 2.24

행렬 $A=\begin{bmatrix}1&-3&0\\0&1&3\\2&-10&2\end{bmatrix}$의 $LU-$삼각분해를 찾아라.

풀이

A를 상삼각 행렬의 형태로 변환하기 위해 행에 관한 기본연산을 수행하고 연산에 대응되는 기본행렬을 기록한다.

행렬	기본행렬
$\begin{bmatrix}1&-3&0\\0&1&3\\0&-4&2\end{bmatrix}$	$E_1=\begin{bmatrix}1&0&0\\0&1&0\\-2&0&1\end{bmatrix}$
$\begin{bmatrix}1&-3&0\\0&1&3\\0&0&14\end{bmatrix}$	$E_2=\begin{bmatrix}1&0&0\\0&1&0\\0&4&1\end{bmatrix}$

왼쪽 행렬 U는 상삼각 행렬이 $E_2E_1A=U$ 또는 $A=E_1^{-1}E_2^{-1}U$를 얻는다. 다시 하삼각 행렬이므로 $A=LU$가 된다.

$$L=E_1^{-1}E_2^{-1}=\begin{bmatrix}1&0&0\\0&1&0\\2&0&1\end{bmatrix}\begin{bmatrix}1&0&0\\0&1&0\\0&-4&1\end{bmatrix}=\begin{bmatrix}1&0&0\\0&1&0\\2&-4&1\end{bmatrix}$$

이것이 위의 [예제 2.23](2)에 있는 $LU-$삼각분해와 같다는 것을 알 수 있다.

예제 2.25

행렬 $A = \begin{bmatrix} 1 & 2 & 3 \\ 2 & 1 & 3 \\ 0 & 3 & 5 \end{bmatrix}$ 의 LU삼각분해를 구하라.

풀이

E_1, E_2, E_3, E_4는

$$E_1 = \begin{bmatrix} 1 & 0 & 0 \\ -2 & 1 & 0 \\ 0 & 0 & 1 \end{bmatrix}, E_2 = \begin{bmatrix} 1 & 0 & 0 \\ 0 & -\frac{1}{3} & 0 \\ 0 & 0 & 1 \end{bmatrix}, E_3 = \begin{bmatrix} 1 & 0 & 0 \\ 0 & 1 & 0 \\ 0 & -3 & 1 \end{bmatrix}, E_4 = \begin{bmatrix} 1 & 0 & 0 \\ 0 & 1 & 0 \\ 0 & 0 & \frac{1}{2} \end{bmatrix}$$

이며 이들을 차례로 A의 왼쪽에 곱하면 상삼각 행렬

$$U = \begin{bmatrix} 1 & 2 & 3 \\ 0 & 1 & 1 \\ 0 & 0 & 1 \end{bmatrix}$$

을 얻는다. 즉

$$\begin{bmatrix} 1 & 0 & 0 \\ 0 & 1 & 0 \\ 0 & 0 & \frac{1}{2} \end{bmatrix} \begin{bmatrix} 1 & 0 & 0 \\ 0 & 1 & 0 \\ 0 & -3 & 1 \end{bmatrix} \begin{bmatrix} 1 & 0 & 0 \\ 0 & -\frac{1}{3} & 0 \\ 0 & 0 & 1 \end{bmatrix} \begin{bmatrix} 1 & 0 & 0 \\ -2 & 1 & 0 \\ 0 & 0 & 1 \end{bmatrix} \begin{bmatrix} 1 & 2 & 3 \\ 2 & 1 & 3 \\ 0 & 3 & 5 \end{bmatrix} = \begin{bmatrix} 1 & 2 & 3 \\ 0 & 1 & 1 \\ 0 & 0 & 1 \end{bmatrix}$$

$$E_4 E_3 E_2 E_1 A = U$$

이다. 하삼각 행렬은

$$\begin{aligned} L = E_1^{-1} E_2^{-1} E_3^{-1} E_4^{-1} &= \begin{bmatrix} 1 & 0 & 0 \\ -2 & 1 & 0 \\ 0 & 0 & 1 \end{bmatrix}^{-1} \begin{bmatrix} 1 & 0 & 0 \\ 0 & -\frac{1}{3} & 0 \\ 0 & 0 & 1 \end{bmatrix}^{-1} \begin{bmatrix} 1 & 0 & 0 \\ 0 & 1 & 0 \\ 0 & -3 & 1 \end{bmatrix}^{-1} \begin{bmatrix} 1 & 0 & 0 \\ 0 & 1 & 0 \\ 0 & 0 & \frac{1}{2} \end{bmatrix}^{-1} \\ &= \begin{bmatrix} 1 & 0 & 0 \\ 2 & 1 & 0 \\ 0 & 0 & 1 \end{bmatrix} \begin{bmatrix} 1 & 0 & 0 \\ 0 & -3 & 0 \\ 0 & 0 & 1 \end{bmatrix} \begin{bmatrix} 1 & 0 & 0 \\ 0 & 1 & 0 \\ 0 & 3 & 1 \end{bmatrix} \begin{bmatrix} 1 & 0 & 0 \\ 0 & 1 & 0 \\ 0 & 0 & 2 \end{bmatrix} \\ &= \begin{bmatrix} 1 & 0 & 0 \\ 2 & -3 & 0 \\ 0 & 3 & 2 \end{bmatrix} \end{aligned}$$

이다. 따라서 A의 LU분해는

$$\begin{bmatrix} 1 & 2 & 3 \\ 2 & 1 & 3 \\ 0 & 3 & 5 \end{bmatrix} = \begin{bmatrix} 1 & 0 & 0 \\ 2 & -3 & 0 \\ 0 & 3 & 2 \end{bmatrix} \begin{bmatrix} 1 & 2 & 3 \\ 0 & 1 & 1 \\ 0 & 0 & 1 \end{bmatrix}$$

이다.

1차연립방정식 $A\mathrm{x}=b$의 해는 쉽게 두 단계로 나눠 풀 수 있다.

(1) $LU\mathrm{x}=\mathrm{b}$에서 $\mathrm{y}=U\mathrm{x}$ 라 하고 $L\mathrm{y}=b$를 y에 대해 푼다.

(2) $U\mathrm{x}=\mathrm{y}$ 를 x 에 대해 푼다.

예제 2.26

$LU-$삼각분해를 이용한 다음 연립 1차방정식을 풀어라.

$x_1-3x_2=-5$

$x_2+3x_3=-1$

$2x_1-10x_2+2x_3=-20$

풀이

[예제 2.24]와 같이 계수행렬 A의 $LU-$삼각분해를 구한다.

$$A=\begin{bmatrix}1&-3&0\\0&1&3\\2&-10&2\end{bmatrix}=\begin{bmatrix}1&0&0\\0&1&0\\2&-4&1\end{bmatrix}\begin{bmatrix}1&-3&0\\0&1&3\\0&0&14\end{bmatrix}$$

먼저 $\mathrm{y}=U\mathrm{x}$라 하고 y에 대해서 $L\mathrm{y}=\mathrm{b}$를 푼다.

$$\begin{bmatrix}1&0&0\\0&1&0\\2&-4&1\end{bmatrix}\begin{bmatrix}y_1\\y_2\\y_3\end{bmatrix}=\begin{bmatrix}-5\\-1\\-20\end{bmatrix}$$

이 방정식은 전진 대입법을 이용해 쉽게 구할 수 있다. 첫 번째 방정식으로부터 $y_1=-5$를 얻는다. 두 번째 방정식으로부터 $y_2=-1$을 얻는다. 마지막으로

$2y_1-4y_2+y_3=-20$에서

$y_3=-14$

그러므로 $L\mathrm{y}=\mathrm{b}$의 해는 $\mathrm{y}=\begin{bmatrix}-5\\-1\\-14\end{bmatrix}$이다.

$U\mathrm{x}=\mathrm{y}$ 에 대한 x는 후진대입법을 이용하여 구한다.

$$\begin{bmatrix}1&-3&0\\0&1&3\\0&0&14\end{bmatrix}\begin{bmatrix}x_1\\x_2\\x_3\end{bmatrix}=\begin{bmatrix}-5\\-1\\-14\end{bmatrix}$$

가장 아래의 방정식으로부터 $x_3 = -1$을 얻는다. 두 번째 방정식으로부터 $x_2 + 3(-1) = -1, x_2 = 2$를 얻는다. $x_1 - 3(2) = -5, x_1 = 1$을 얻는다. 즉 연립 1차방정식의 해는 $\mathrm{x} = \begin{bmatrix} 1 \\ 2 \\ -1 \end{bmatrix}$ 이다.

예제 2.27

$\begin{bmatrix} 2 & 6 & 2 \\ -3 & -8 & 0 \\ 4 & 9 & 2 \end{bmatrix} = \begin{bmatrix} 2 & 0 & 0 \\ -3 & 1 & 0 \\ 4 & -3 & 7 \end{bmatrix} \begin{bmatrix} 1 & 3 & 1 \\ 0 & 1 & 3 \\ 0 & 0 & 1 \end{bmatrix}$ 사용하여 다음 연립방정식을 풀어라.

풀이

$$\begin{bmatrix} 2 & 6 & 2 \\ -3 & -8 & 0 \\ 4 & 9 & 2 \end{bmatrix} \begin{bmatrix} x_1 \\ x_2 \\ x_3 \end{bmatrix} = \begin{bmatrix} 2 \\ 2 \\ 3 \end{bmatrix} \tag{1}$$

$$\begin{bmatrix} 2 & 0 & 0 \\ -3 & 1 & 0 \\ 4 & -3 & 7 \end{bmatrix} \begin{bmatrix} 1 & 3 & 1 \\ 0 & 1 & 3 \\ 0 & 0 & 1 \end{bmatrix} \begin{bmatrix} x_1 \\ x_2 \\ x_3 \end{bmatrix} = \begin{bmatrix} 2 \\ 2 \\ 3 \end{bmatrix} \tag{2}$$

으로 고쳐 쓰고, 위 단계 2에서와 같이 y_1, y_2, y_3을 방정식

$$\begin{bmatrix} 1 & 3 & 1 \\ 0 & 1 & 3 \\ 0 & 0 & 1 \end{bmatrix} \begin{bmatrix} x_1 \\ x_2 \\ x_3 \end{bmatrix} = \begin{bmatrix} y_1 \\ y_2 \\ y_3 \end{bmatrix} \tag{3}$$

로 정의한다. 따라서 (2)는 $\begin{bmatrix} 2 & 0 & 0 \\ -3 & 1 & 0 \\ 4 & -3 & 7 \end{bmatrix} \begin{bmatrix} y_1 \\ y_2 \\ y_3 \end{bmatrix} = \begin{bmatrix} 2 \\ 2 \\ 3 \end{bmatrix}$ 즉

$2y_1 = 2$

$-3y_1 + y_2 = 2$

$4y_1 - 3y_2 + 7y_3 = 3$

으로 고쳐 쓸 수 있다. 이 전진대입법에 의해 $y_1 = 1,\ \ y_2 = 5,\ \ y_3 = 2$로 된다.

이들 값을 (3)에 대입하면 연립 1차 방정식 $\begin{bmatrix} 1 & 3 & 1 \\ 0 & 1 & 3 \\ 0 & 0 & 1 \end{bmatrix} \begin{bmatrix} x_1 \\ x_2 \\ x_3 \end{bmatrix} = \begin{bmatrix} 1 \\ 5 \\ 2 \end{bmatrix}$ 즉

$x_1+3x_2+x_3=1$

$x_2+3x_3=5$

$x_3=2$

가 얻어지고 이 연립 1차방정식을 역대입법으로 풀면 해

$x_1=2, x_2=-1, x_3=2$이다.

2.3 연습문제

1. 다음 행렬의 LU-삼각분해를 구하라.

(1) $\begin{bmatrix} 1 & 0 \\ -2 & 1 \end{bmatrix}$

(2) $\begin{bmatrix} 3 & 0 & 1 \\ 6 & 1 & 1 \\ -3 & 1 & 0 \end{bmatrix}$

2. 일차 연립방정식 $A\mathrm{x} = b$를 다음 순서에 따라 풀어라.

(1) 계수행렬 A의 $LU-$삼각분해를 구하라.

(2) 하삼각 행렬에 대한 $L\mathrm{y} = b$를 구하라.

(3) 상삼각 행렬에 대한 $U\mathrm{x} = y$를 구하라.

$$2x + y = 1$$
$$y - z = 2$$
$$-2x + y + z = -2$$

3. 계수행렬의 $LU-$분해를 구하고 (문제 2)의 방법을 사용하여 연립방정식을 풀어라.

(1) $\begin{bmatrix} 2 & 8 \\ -1 & -1 \end{bmatrix}\begin{bmatrix} x_1 \\ x_2 \end{bmatrix} = \begin{bmatrix} -2 \\ -2 \end{bmatrix}$

(2) $\begin{bmatrix} 2 & -2 & -2 \\ 0 & -2 & 2 \\ -1 & 5 & 2 \end{bmatrix}\begin{bmatrix} x_1 \\ x_2 \\ x_3 \end{bmatrix} = \begin{bmatrix} -4 \\ -2 \\ 6 \end{bmatrix}$

(3) $\begin{bmatrix} 5 & 5 & 10 \\ -8 & -7 & -9 \\ 0 & 4 & 26 \end{bmatrix}\begin{bmatrix} x_1 \\ x_2 \\ x_3 \end{bmatrix} = \begin{bmatrix} 0 \\ 1 \\ 4 \end{bmatrix}$

(4) $\begin{bmatrix} -1 & 0 & 1 & 0 \\ 2 & 3 & -2 & 6 \\ 0 & -1 & 2 & 0 \\ 0 & 0 & 1 & 5 \end{bmatrix}\begin{bmatrix} x_1 \\ x_2 \\ x_3 \\ x_4 \end{bmatrix} = \begin{bmatrix} 5 \\ -1 \\ 3 \\ 7 \end{bmatrix}$

2.4 연립 1차방정식과 역행렬의 응용

이 절에서는 평면에 주어진 점들을 만족하는 다항식를 알아내는데 연립 1차방정식의 풀이를 이용하는 것과 회로망과 Kirchhoff의 전기법칙, 최소제곱 회귀분석에 응용되는 것을 알아보자.

2.4.1 다항식에 적합한 곡선

주어진 자료를 $xy-$평면 위의 n개의 점

$$(x_1, y_1),\ (x_2, y_2),\ \cdots,\ (x_n, y_n)$$

으로 나타냈다고 하자. 이 점들을 지나는 $n-1$차의 다항식

$$f(x) = a_0 + a_1 x + a_2 x^2 + \cdots\cdots + a_{n-1} x^{n-1}$$

을 알아내려고 한다. 아래의 그림처럼 주어진 점의 x좌표가 서로 다르면 n개의 점을 다 만족하는 $n-1$차의 다항함수가 반드시 하나 존재함을 보일 수 있다.

$f(x)$의 n개의 계수를 구하려면 n개의 점을 다항식에 대입하여 n개의 미지수 $a_0, a_1, \cdots, a_{n-1}$의 n개의 연립 1차방정식을 얻는다.

$$\begin{aligned}
a_0 + a_1 x_1 + a_2 x_1^2 + \cdots + a_{n-1} x_1^{n-1} &= y_1 \\
a_0 + a_1 x_2 + a_2 x_2^2 + \cdots + a_{n-1} x_2^{n-1} &= y_2 \\
&\vdots \\
a_0 + a_1 x_n + a_2 x_n^2 + \cdots + a_{n-1} x_n^{n-1} &= y_n
\end{aligned}$$

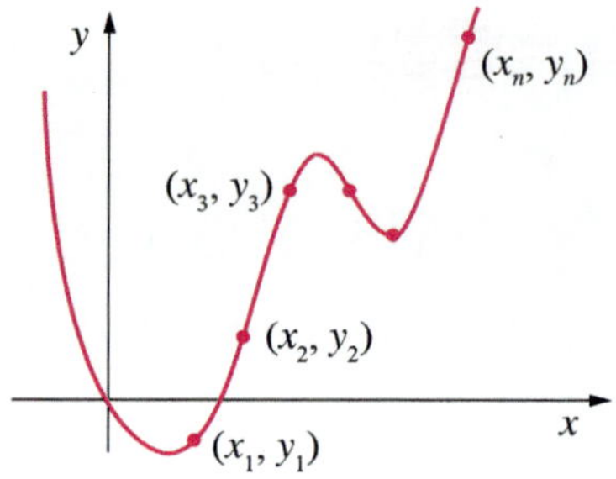

예제 2.28

점 (2, 5), (3, 2), (4, 5)를 지나는 다항식 $f(x) = a_0 + a_1x + a_2x^2$를 구하라.

풀이

$x = 2, 3, 4$를 $f(x)$에 대입하여 얻어지는 식을 각각 그에 대응하는 y값과 같다고 놓으면 다음과 같다.

$$a_0 + a_1(2) + a_2(2)^2 = a_0 + 2a_1 + 4a_2 = 5$$

$$a_0 + a_1(3) + a_2(3)^2 = a_0 + 3a_1 + 9a_2 = 2$$

$$a_0 + a_1(4) + a_2(4)^2 = a_0 + 4a_1 + 16a_2 = 5$$

확대행렬로 나타내면

$$\begin{bmatrix} 1 & 2 & 4 & 5 \\ 1 & 3 & 9 & 2 \\ 1 & 4 & 16 & 5 \end{bmatrix}$$

가우스 조르단 방법을 사용한 결과는

$$\begin{bmatrix} 1 & 0 & 0 & 29 \\ 0 & 1 & 0 & -18 \\ 0 & 0 & 1 & 3 \end{bmatrix}$$

그러므로 $f(x) = 29 - 18x + 3x^2$

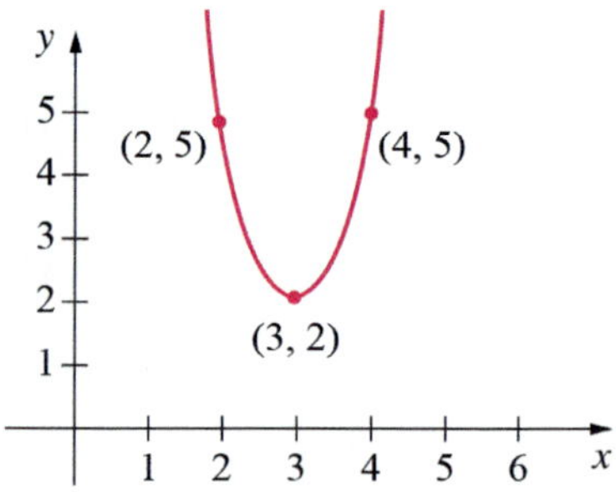

예제 2.29

어떤 삼차함수의 그래프가 (1, −2), (−1, 2)에서 수평접선을 갖는다. 이 삼차함수를 구하고 그래프를 그려라.

풀이

(1, −2), (−1, 2)을 $f(x)=a_0+a_1x+a_2x^2+a_3x^3$에 대입

$a_0-a_1+a_2-a_3=2$

$a_0+a_1+a_2+a_3=-2$

$f'(x)=a_1+2a_2x+3a_3x^2$는 (1, −2), (−1, 2)에서 수평 접선을 가지므로 $f'(-1)=0$, $f'(1)=0$이다. 즉

$a_1-2a_2+3a_3=0$

$a_1+2a_2+3a_3=0$

이 연립방정식의 첨가 행렬은 다음과 같다.

$$\begin{bmatrix} 1 & -1 & 1 & -1 & 2 \\ 1 & 1 & 1 & 1 & -2 \\ 0 & 1 & -2 & 3 & 0 \\ 0 & 1 & 2 & 3 & 0 \end{bmatrix}$$

여기에 가우스−조르단 소거법을 적용하면 다음 행렬을 얻는다.

$$\begin{bmatrix} 1 & 0 & 0 & 0 & 0 \\ 0 & 1 & 0 & 0 & -3 \\ 0 & 0 & 1 & 0 & 0 \\ 0 & 0 & 0 & 1 & 1 \end{bmatrix}$$

그러므로 $f(x)=-3x+x^3$이고 그래프는 아래와 같다.

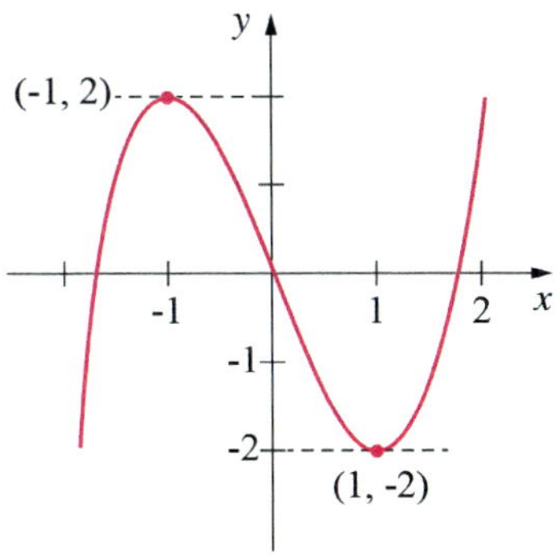

예제 2.30

아래의 표의 처음 3개의 행성의 주기와 그들의 태양으로부터의 평균 거리의 관계를 나타내는 다항식을 구하라. 구한 다항식을 써서 화성의 주기를 계산하여 곡선 맞추기의 정확성을 알아보자(거리는 천문단위이고 주기는 횟수를 단위로 한다).

행성	수성	금성	지구	화성	목성	토성
평균거리	0.387	0.723	1.0	1.523	5.203	9.541
주기	0.241	0.615	1.0	1.881	11.861	29.457

풀이

먼저 (0.387, 0.241), (0.723, 0.615) (1,1)을 지나는 이차식

$f(x) = a_0 + a_1x + a_2x^2$

을 구하자. 이 점들을 $f(x)$에 대입하여 연립 1차방정식

$a_0 + 0.387a_1 + (0.387)^2a_2 = 0.241$

$a_0 + 0.723a_1 + (0.723)^2a_2 = 0.615$

$a_0 + a_1 + a_2 = 1$

을 얻는다. 이 연립 1차방정식의 근사해는

$a_0 \approx -0.0634, a_1 \approx 0.6119, a_2 \approx 0.4515$

이므로 이차식

$f(x) = -0.0634 + 0.6119x + 0.4515x^2$

을 얻는다. $f(x)$를 써서 화성의 주기를 계산해 보면

$f(1.523) \approx 1.916$년

이다. 아래의 그림에서 이 근사값을 실제의 주기와 비교해 보았다. 위의 표에 의하면 실제 주기는 1.881년이다.

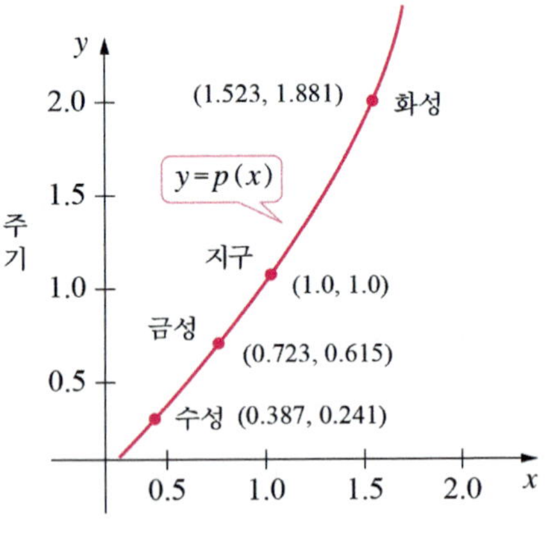

2.4.2 회로분석

여러 분지들과 그 교차점으로 이루어진 회로는 경제, 교통, 전기공학 등 여러 분야의 모형으로 쓰인다.

분야는 다르더라도 각 분야마다 교차점으로의 총 유입량은 교차점에서의 총 유출량과 같다는 전제를 하고 있다. 예를 들면 아래의 그림에서 교차점에 30단위가 유입되고 있으므로 30단위가 유출되어야 한다. 이를 1차방정식으로 나타내면

$$x_1 + x_2 = 30$$

가 된다.

회로의 각 교차점에서 1차방정식이 얻어지므로 여러 교차점으로 이루어진 회로의 흐름을 연립 1차방정식을 풀어 분석할 수 있다. 그 과정을 예제 2.31에서 알아보자.

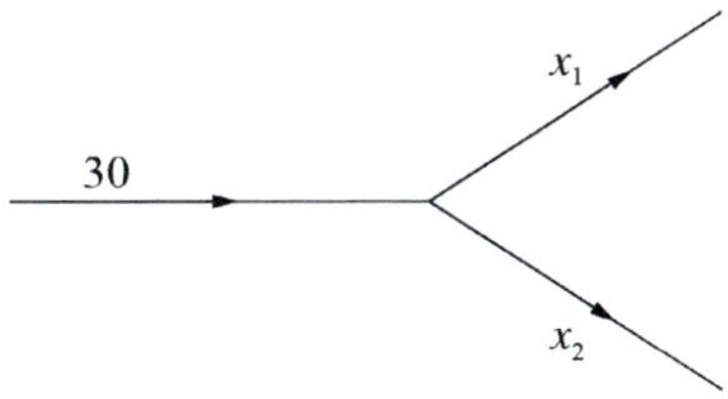

예제 2.31

아래의 그림에서 어떤 도로망의 (시간당 자동차 대수로 나타낸) 교통의 흐름을 나타내고 있다.

(1) $x_i, i = 1, 2, 3, 4$의 연립방정식을 풀어라.

(2) $x_4 = 0$일 때 교통의 흐름을 구하라.

(3) $x_4 = 100$일 때 교통의 흐름을 구하라.

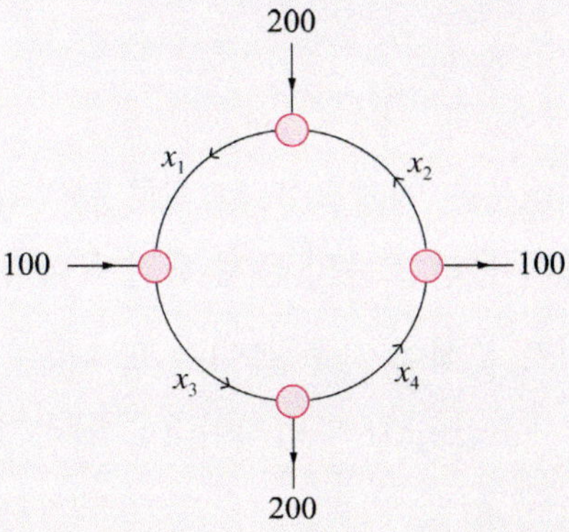

풀이

(1) 회로의 4개의 교차점에서 다음 4개의 1차방정식이 얻어진다.

$200 + x_2 = x_1$

$x_4 = x_2 + 100$

$x_3 = x_4 + 200$

$x_1 + 100 = x_3$

이 연립방정식의 첨가행렬은 다음과 같다.

$$\begin{bmatrix} 1 & -1 & 0 & 0 & 200 \\ 0 & 1 & 0 & -1 & -100 \\ 0 & 0 & 1 & -1 & 200 \\ 1 & 0 & -1 & 0 & -100 \end{bmatrix}$$

여기에 가우스-조르단 소거법을 적용하면 다음 행렬을 얻는다.

$$\begin{bmatrix} 1 & 0 & 0 & 0 & 100 \\ 0 & 1 & 0 & 0 & -100 \\ 0 & 0 & 1 & -1 & 200 \\ 0 & 0 & 0 & 0 & 0 \end{bmatrix}$$

$x_4 = t$라 놓으면

$x_1 = 100 + t,\ x_2 = -100 + t$

$x_3 = 200 + t,\ x_4 = t$

여기서, t는 임의의 수이다.

(2) $x_4 = t = 0$일 때

$x_1 = 100,\ x_2 = -100,\ x_3 = 200$

(3) $x_4 = t = 100$ 일 때

$x_1 = 200,\ x_2 = 0\ x_3 = 300$

여러분은 예제 2.31의 회로 분석이 도시의 도로의 교통의 흐름이나 용수로 시스템에서 물의 흐름의 문제 해결에 어떻게 쓰이는지 이해할 수 있을 것이다.

회로 분석이 자주 쓰이는 또 다른 회로로 전기회로를 들 수 있다. 전기회로 분석에는 Kirchhoff의 법칙이라고 알려져 있는 전기회로의 2가지 조건을 만족해야 한다.

① 교차점에 유입되는 전류는 반드시 유출된다.

② 한 폐쇄 경로에서 전류 I와 저항 R의 곱은 경로 전체의 총 전압과 같아야 한다.

전기회로에서 전류의 단위는 암페어(amps), 저항의 단위는 옴(ohms), 전류와 저항의 곱의 단위는 볼트(volts)를 사용한다. 전지는 기호 ⊣⊢ 로 나타내는데, 더 긴 세로선이 전류가 흘러나가는 방향을 나타낸다. 저항은 기호 Ω으로 나타낸다. 전류의 방향은 분지의 화살표로 나타낸다.

예제 2.32

다음 그림의 전기회로망에서 전류 I_1, I_2, I_3를 구하라.

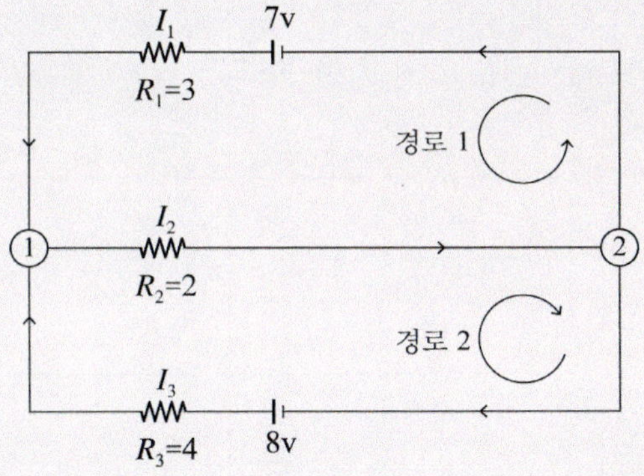

풀이

각 교차점에 키르히호프의 제1법칙을 적용하면

$I_1 + I_3 = I_2$

을 얻고, 제2법칙을 두 경로에 적용하면

$R_1I_1 + R_2I_2 = 3I_1 + 2I_2 = 7$

$R_2I_2 + R_3I_3 = 2I_2 + 4I_3 = 8$

따라서 미지수 I_1, I_2, I_3의 세 개의 방정식으로 이루어진 연립방정식

$I_1 - I_2 + I_3 = 0$

$3I_1 + 2I_2 = 7$

$2I_2 + 4I_3 = 8$

을 얻는다. 가우스-조르단소거법을 첨가행렬

$$\begin{vmatrix} 1 & -1 & 1 & 0 \\ 3 & 2 & 0 & 7 \\ 0 & 2 & 4 & 8 \end{vmatrix}$$

에 적용하면 기약행 사다리꼴

$$\begin{bmatrix} 1 & 0 & 0 & 1 \\ 0 & 1 & 0 & 2 \\ 0 & 0 & 1 & 1 \end{bmatrix}$$

을 얻는다. 그러므로 $I_1 = 1\,amp,\ I_2 = 2\,amps,\ I_3 = 1\,amp$이다.

예제 2.33

다음 그림의 전기회로에서 전류 I_1, I_2, I_3를 구하라.

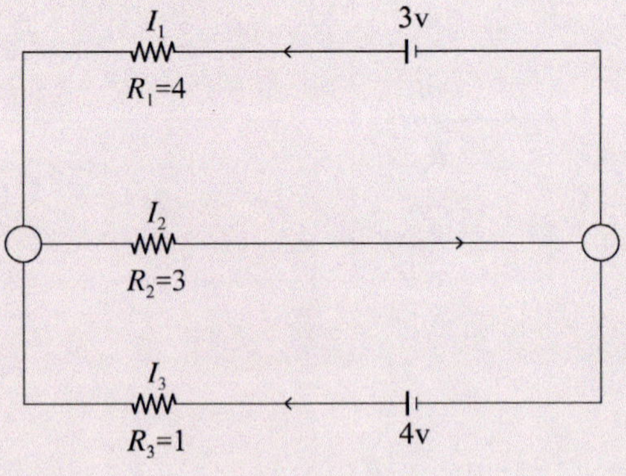

풀이

각 교차점에 키르호프의 제1법칙을 적용하면

$I_1 + I_3 = I_2$

을 얻고, 제2법칙을 두 경로에 적용하면

$R_1I_1 + R_2I_2 = 4I_1 + 3I_2 = 3$

$R_2I_2 + R_3I_3 = 3I_2 + I_3 = 4$

따라서 미지수 I_1, I_2, I_3의 세 개의 방정식으로 이루어진 연립방정식의 첨가 행렬과 가우스-조르단을 사용한 행렬은 다음과 같다.

$$\begin{bmatrix} 1 & -1 & 1 & 0 \\ 4 & 3 & 0 & 3 \\ 0 & 3 & 1 & 4 \end{bmatrix} => \begin{bmatrix} 1 & 0 & 0 & 0 \\ 0 & 1 & 0 & 1 \\ 0 & 0 & 1 & 1 \end{bmatrix}$$

그러므로, $I_1 = 0, I_2 = 1, I_3 = 1$이다.

2.4.3 최소 제곱 회귀분석

선형모형 통계학에서 사용되는 과정을 알아보자. 다음 예는 점들로 주어진 집합에서 가장 근사한 직선을 찾는 방법을 나타낸다.

(1) 최소제곱회귀직선의 정의

점들의 집합 $(x_1, y_1), (x_2, y_2), \cdots, (x_n, y_n)$에 대해서 최소제곱회귀직선,

$$f(x) = b_0 + b_1 x$$

는 오차 제곱의 합을 최소화하는 직선이다.

$$[y_1 - f(x_1)]^2 + [y_2 - f(x_2)]^2 + \cdots + [y_n - f(x_n)]^2$$

점들의 집합에 대한 최소자승회귀직선을 찾기 위해서는 먼저 연립 1차방정식을 세운다.

$$\begin{aligned} y_1 &= f(x_1) + [y_1 - f(x_1)] \\ y_2 &= f(x_2) + [y_2 - f(x_2)] \\ &\vdots \\ y_n &= f(x_n) + [y_n - f(x_n)] \end{aligned}$$

여기서 $[y_i - f(x_i)]$는 y_i를 $f(x_i)$로 근사한 오차라고 생각할 수 있다. 이 오차를 e_i라 하자.

$$e_i = y_i - f(x_i)$$

그러면

$$\begin{aligned} y_1 &= (b_0 + b_1 x_1) + e_1 \\ y_2 &= (b_0 + b_1 x_2) + e_2 \\ &\vdots \\ y_n &= (b_0 + b_1 x_n) + e_n \end{aligned}$$

이라 할 수 있다.

$$Y = \begin{bmatrix} y_1 \\ y_2 \\ \vdots \\ y_n \end{bmatrix}, \quad X = \begin{bmatrix} 1 & x_1 \\ 1 & x_2 \\ \vdots & \vdots \\ 1 & x_n \end{bmatrix}, \quad b = \begin{bmatrix} b_0 \\ b_1 \end{bmatrix}, \quad E = \begin{bmatrix} e_1 \\ e_2 \\ \vdots \\ e_n \end{bmatrix}$$

이라고 하면, n개의 연립 1차방정식을 행렬 방정식 $Y = Xb + E$로 바꿀 수 있다. 행렬 X는 2개의 열을 갖는데 한 열은 1로 되어 있고 다른 열은 x_i들로 되어 있다. 이 행렬 방정식은 최소자승회귀직선의 계수를 찾는데 다음과 같이 사용된다.

(2) 선형회귀에 대한 행렬 형태

회귀모델 $Y = Xb + E$에서 최소제곱회귀직선의 계수는 $\hat{b} = (X^TX)^{-1}X^TY$가 되고 오차 제곱의 합은 E^TE가 된다.

예제 2.34

점들 (1, 1), (2, 2), (3, 4), (4, 4), (5, 6)에 대한 최소 자승 회귀직선을 구하라.

풀이

주어진 점들로부터 행렬

$$X = \begin{bmatrix} 1 & 1 \\ 1 & 2 \\ 1 & 3 \\ 1 & 4 \\ 1 & 5 \end{bmatrix} \text{와 } Y = \begin{bmatrix} 1 \\ 2 \\ 4 \\ 4 \\ 6 \end{bmatrix}$$

을 구한다.

$$X^TX = \begin{bmatrix} 1 & 1 & 1 & 1 & 1 \\ 1 & 2 & 3 & 4 & 5 \end{bmatrix} \begin{bmatrix} 1 & 1 \\ 1 & 2 \\ 1 & 3 \\ 1 & 4 \\ 1 & 5 \end{bmatrix} = \begin{bmatrix} 5 & 15 \\ 15 & 55 \end{bmatrix}$$

$$X^TY = \begin{bmatrix} 1 & 1 & 1 & 1 & 1 \\ 1 & 2 & 3 & 4 & 5 \end{bmatrix} \begin{bmatrix} 1 \\ 2 \\ 4 \\ 4 \\ 6 \end{bmatrix} = \begin{bmatrix} 17 \\ 63 \end{bmatrix}$$

$(X^TX)^{-1}$를 이용하여 계수 행렬 A를 구한다.

$$\hat{b} = (X^TX)^{-1}X^TY = \frac{1}{50}\begin{bmatrix} 55 & -15 \\ -15 & 5 \end{bmatrix}\begin{bmatrix} 17 \\ 63 \end{bmatrix} = \begin{bmatrix} -0.2 \\ 1.2 \end{bmatrix}$$

즉 최소제곱회귀직선은

$$y = -0.2 + 1.2x$$

이다.

2.4 연습문제

1. (a) 그래프가 주어진 점을 지나게 되는 다항식을 구하고, (b) 그 다항식의 그래프를 그리고 주어진 점을 표시하라.

(1) (2, 4), (3, 6), (5, 10)

(2) (2001, 5), (2002, 7), (2003, 12) ($z = x - 2002$로 놓아라.)

2. 다음 그림에서 보이는 바와 같이 수로관을 통해서 (시간당 수천 m^3의 속도로) 물이 흐르고 있다.

(1) x_i, $i = 1, 2, \cdots, 7$로 나타내지는 물의 흐름에 대한 연립방정식을 풀어라.

(2) $x_4 = x_7 = 0$일 때 물의 흐름을 구하라.

(3) $x_5 = 1000$, $x_6 = 0$일 때 물의 흐름을 구하라.

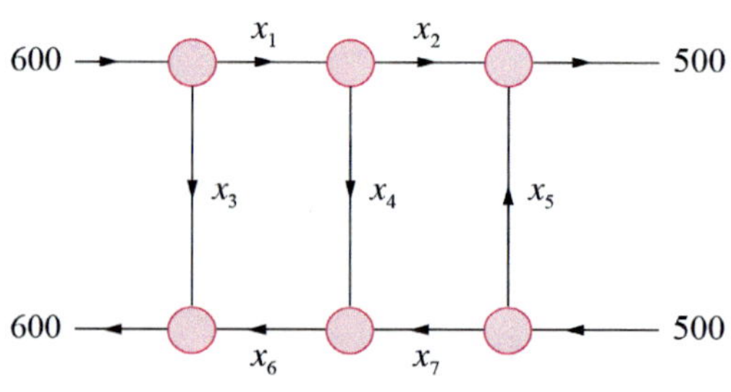

3. 다음 그림의 회로를 나타내는 연립 1차방정식을 세워 풀어라.

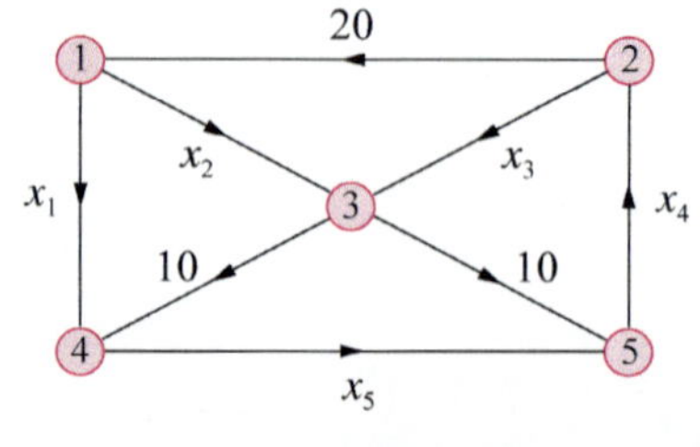

2.4 연습문제

4. (1) 다음 그림의 전기회로망에서 전류 I_1, I_2, I_3을 구하라.

(2) A를 2볼트로 B를 6볼트로 바꾸면 어떻게 달라지는가?

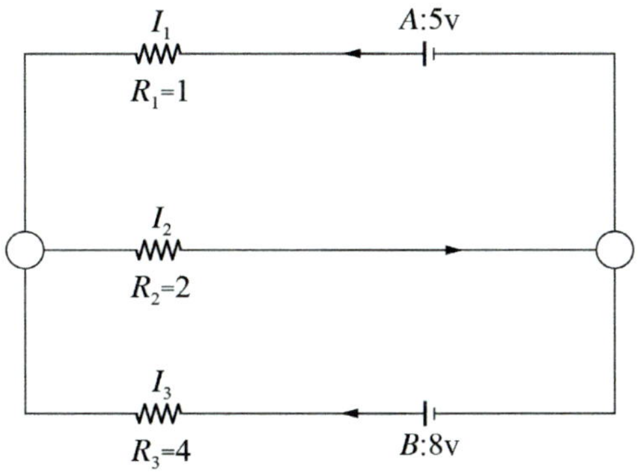

5. 최소제곱회귀직선을 구하라.

(1) (0, 0), (1, 1), (2, 4)

(2) (−2, 0), (−1, 1), (0, 1), (1, 2)

(3) (−5, 1), (1, 3), (2, 3), (2, 5)

(4) (−5, 10), (−1, 8), (3, 6), (7, 4), (5, 5)

2.4 연습문제

6. 가게 주인은 특정 상품의 수요를 가격의 함수로써 알기를 원한다. 3가지의 다른 가격에 대한 매일 판매량은 아래 표와 같다.

가격(x)	\$1.00	\$1.25	\$1.50
수요(y)	450	375	330

(1) 이 자료에 대한 최소제곱회귀직선을 구하라.

(2) 가격이 $\$1.40$일 때의 수요를 구하라.

CHAPTER

03

행렬식

행렬식의 여인자 전개 **3.1**

기본연산과 행렬식 **3.2**

행렬식과 역행렬 **3.3**

행렬식의 응용 **3.4**

3.1 행렬식의 여인자 전개

A가 $(n \times n)$행렬일 때, A의 행렬식이란 A에 대응하는 하나의 수이며, 이것을 $\det(A)$로 표시한다. 행렬식은 **여인자**(cofactor) 아니면 **치환**(permutation)을 가지고 정의하는 것이 보통인데, 이 절에서는 여인자를 정의해 보자. 다음은 (2×2)행렬 A에 대한 행렬식 정의이다.

정의 3.1

$A = (a_{ij})$를 (2×2) 행렬이라고 하자. 이 때 A의 행렬식(determinant)은 다음과 같이 정의한다.

$$\det(A) = a_{11}a_{22} - a_{12}a_{21}$$

행렬식은 다음과 같이 2개의 선분을 그어 표시하기도 한다.

$$\det(A) = \begin{vmatrix} a_{11} & a_{12} \\ a_{21} & a_{22} \end{vmatrix}$$

예제 3.1

다음 행렬의 행렬식을 구하라.

$$A = \begin{bmatrix} 1 & 2 \\ -1 & 3 \end{bmatrix}, B = \begin{bmatrix} 4 & 1 \\ 2 & 1 \end{bmatrix}, C = \begin{bmatrix} 3 & 4 \\ 6 & 8 \end{bmatrix}$$

풀이

$$\det(A) = \begin{vmatrix} 1 & 2 \\ -1 & 3 \end{vmatrix} = 1 \cdot 3 - 2(-1) = 5$$

$$\det(B) = \begin{vmatrix} 4 & 1 \\ 2 & 1 \end{vmatrix} = 4 \cdot 1 - 1 \cdot 2 = 2$$

$$\det(C) = \begin{vmatrix} 3 & 4 \\ 6 & 8 \end{vmatrix} = 3 \cdot 8 - 4 \cdot 6 = 0$$

정의 3.2

A=(a_{ij})를 $(n \times n)$행렬이라고 하자. A에서 r번째 행과 s번째 열을 제거해서 얻는 {(n - 1) × (n - 1)} 행렬을 M_{rs}로 표시하고, M_{rs}를 A의 소행렬이라고 한다. 또 $\det(M_{rs})$를 (r,s)원 a_{rs}의 소행렬식이라 하고, 특히

$$C_{ij} = (-1)^{i+j}\det(\mathrm{M}_{ij})$$

를 (i, j)원 a_{ij}의 여인자라고 한다.

예제 3.2

다음 행렬 A에 대해 소행렬 M_{11}, M_{23}, M_{22}를 구하고, 여인자 C_{11}, C_{23}, C_{32}를 계산하라.

$$A = \begin{bmatrix} 1 & -1 & 2 \\ 2 & 3 & -3 \\ 4 & 5 & 1 \end{bmatrix}$$

풀이

A에서 1행과 1열을 제거하면 M_{11}을 얻는다. 즉 $M_{11} = \begin{bmatrix} 3 & -3 \\ 5 & 1 \end{bmatrix}$

마찬가지로, 소행렬 M_{23}, M_{32}는 각각 다음과 같다.

$$M_{23} = \begin{bmatrix} 1 & -1 \\ 4 & 5 \end{bmatrix}, \ M_{32} = \begin{bmatrix} 1 & 2 \\ 2 & -3 \end{bmatrix}$$

위에서 얻은 소행렬에 대응하는 여인자 $C_{ij} = (-1)^{i+j}\det(\mathrm{M}_{ij})$를 구하면 각각 다음과 같다.

$$C_{11} = (-1)^{1+1}\begin{vmatrix} 3 & -3 \\ 5 & 1 \end{vmatrix} = 3 + 15 = 18$$

$$C_{23} = (-1)^{2+3}\begin{vmatrix} 1 & -1 \\ 4 & 5 \end{vmatrix} = -(5+4) = -9$$

$$C_{32} = (-1)^{3+2}\begin{vmatrix} 1 & 2 \\ 2 & -3 \end{vmatrix} = -(-3-4) = 7$$

이제 여인자를 써서 행렬식을 정의하자.

정의 3.3

$A=(a_{ij})$를 $(n\times n)$행렬이라고 하자. 이 때 A의 행렬식을 다음과 같이 정의한다.

$\det(A)=a_{i1}C_{i1}+a_{i2}C_{i2}+\cdots+a_{in}C_{in}$
(i행에 의한 여인수 전개)

$\det(A)=a_{1j}C_{1j}+a_{2j}C_{2j}+\cdots+a_{nj}C_{nj}$
(j열에 의한 여인수 전개)

단, C_{ij}는 a_{ij}의 여인자이다.($1\le i\le n,\ 1\le j\le n$)

행렬식은 정방행렬에 대해서만 정의된다. 행렬식을 귀납적으로 정의한 점에 주의하기 바란다. 예를 들어, A가 (3×3)행렬이면 $\det(A)=a_{11}C_{11}+a_{12}C_{12}+a_{13}C_{13}$이다. 여인자 C_{11}, C_{12}, C_{13}는 [정의 3.2]로부터 구하면 된다.

마찬가지로, (4×4)행렬의 행렬식은 4개의 (3×3)행렬식의 합으로 표시된다. 이 때 각각의 (3×3)행렬식은 또 3개의 (2×2)행렬식의 합이다.

예제 3.3

다음 행렬 A의 행렬식 $\det(A)$를 계산하라.

$$A=\begin{bmatrix}3&2&1\\2&1&-3\\4&0&1\end{bmatrix}$$

풀이

행렬 A는 (3×3)행렬이므로, [정의 3.3]에서 $n=3$이라 하면 $\det(A)$는 다음과 같다.

$$\det(A)=a_{11}C_{11}+a_{12}C_{12}+a_{13}C_{13}$$
$$=3\begin{vmatrix}1&-3\\0&1\end{vmatrix}-2\begin{vmatrix}2&-3\\4&1\end{vmatrix}+\begin{vmatrix}2&1\\4&0\end{vmatrix}$$
$$=3(1)-2(14)+1(-4)=-29$$

예제 3.4

행렬 A가 다음과 같을 때, det(A)를 계산하라.

$$A=\begin{bmatrix} 1 & 2 & 0 & 2 \\ -1 & 2 & 3 & 1 \\ -3 & 2 & -1 & 0 \\ 2 & -3 & -2 & 1 \end{bmatrix}$$

풀이

A는 (4×4)행렬이므로, [정의 3.3]에서 $n=4$로 놓으면 det(A)는 다음과 같다.

$\det(A)=a_{11}C_{11}+a_{12}C_{12}+a_{13}C_{13}+a_{14}C_{14}=C_{11}+2C_{12}+2C_{14}$

실제로 이것들을 구하면 다음과 같다.

$$C_{11}=(-1)^{1+1}\begin{vmatrix} 2 & 3 & 1 \\ 2 & -1 & 0 \\ -3 & -2 & 1 \end{vmatrix}=2\begin{vmatrix} -1 & 0 \\ -2 & 1 \end{vmatrix}-3\begin{vmatrix} 2 & 0 \\ -3 & 1 \end{vmatrix}+1\begin{vmatrix} 2 & -1 \\ -3 & -2 \end{vmatrix}=-15$$

$$C_{12}=(-1)^{1+2}\begin{vmatrix} -1 & 3 & 1 \\ -3 & -1 & 0 \\ 2 & -2 & 1 \end{vmatrix}=-\left(-1\begin{vmatrix} -1 & 0 \\ 2 & 1 \end{vmatrix}-3\begin{vmatrix} -3 & 0 \\ 2 & 1 \end{vmatrix}+1\begin{vmatrix} -3 & -1 \\ 2 & -2 \end{vmatrix}\right)=-18$$

$$C_{14}=(-1)^{1+4}\begin{vmatrix} -1 & 2 & 3 \\ -3 & -2 & -1 \\ 2 & -3 & -2 \end{vmatrix}=-\left(-1\begin{vmatrix} 2 & -1 \\ -3 & -2 \end{vmatrix}-2\begin{vmatrix} -3 & -1 \\ 2 & -2 \end{vmatrix}+3\begin{vmatrix} -3 & 2 \\ 2 & -3 \end{vmatrix}\right)=-6$$

따라서 $\det(A)=C_{11}+2C_{12}+2C_{14}=-15-36-12=-63$

예제 3.5

다음과 같은 하-삼각행렬의 행렬식을 구하라.

$$A=\begin{bmatrix} 3 & 0 & 0 & 0 \\ 1 & 2 & 0 & 0 \\ 2 & 3 & 2 & 0 \\ 1 & 4 & 5 & 1 \end{bmatrix}$$

풀이

$\det(A)=a_{11}C_{11}+a_{12}C_{12}+a_{13}C_{13}+a_{14}C_{14}$이다. 그런데 $a_{11}=3$, $a_{12}=0$, $a_{13}=0$, $a_{14}=0$

이므로

$$\det(A) = a_{11}C_{11} = 3\begin{vmatrix} 2 & 0 & 0 \\ 3 & 2 & 0 \\ 4 & 5 & 1 \end{vmatrix}$$

$$= 3 \cdot 2\begin{vmatrix} 2 & 0 \\ 5 & 1 \end{vmatrix}$$

$$= 3 \cdot 2 \cdot 2 \cdot 1 = 12$$

[예제 3.5]와 같이 하-삼각행렬의 행렬식은 대각원소를 모두 곱한 값이다. 즉 $\det(A) = 3 \cdot 2 \cdot 2 \cdot 1 = 12$이다. 이 관계는 임의의 하-삼각 행렬에 대해서도 성립한다.

정리 3.1

$A = (a_{ij})$를 $n \times n$하-삼각행렬이라 하면,

$\det(A) = a_{11} \cdot a_{22} \cdots a_{nn}$

증명

만일 A 가 (2×2)하-삼각행렬이라면,

$$\det(A) = \begin{vmatrix} a_{11} & 0 \\ a_{21} & a_{22} \end{vmatrix} = a_{11}a_{22}$$

귀납법으로 증명하기 위해, 임의의 $(k \times k)$하-삼각행렬에 대해서 정리가 성립한다고 가정하자 (단, $2 \le k \le n-1$). 만일 A가 $n \times n$하-삼각행렬이면,

$$\det(A) = \begin{vmatrix} a_{11} & 0 & 0 & \cdots & 0 \\ a_{21} & a_{22} & 0 & \cdots & 0 \\ \vdots & & & & \vdots \\ a_{n1} & a_{n2} & a_{n3} & \cdots & a_{nn} \end{vmatrix} = a_{11}C_{11}, \text{ 여기서 } C_{11} = \begin{vmatrix} a_{22} & 0 & \cdots & 0 \\ a_{31} & a_{32} & \cdots & 0 \\ \vdots & & & \vdots \\ a_{n2} & a_{n3} & \cdots & a_{nn} \end{vmatrix}$$

분명히 C_{11}은 $[(n-1) \times (n-1)]$ 하-삼각행렬의 행렬식이다. 따라서 귀납법의 가정에 의해 $C_{11} = a_{22} \cdot a_{33} \cdots a_{nn}$이다. 결국 $\det(A) = a_{11}a_{22} \cdots a_{nn}$이다.

예제 3.6

I를 $(n \times n)$ 항등행렬이라고 할 때, $\det(I)$를 구하라.

풀이

I는 대각원소가 1인 하-삼각행렬이다. 따라서 [정리 3.1]에 의해,

$\det(I) = 1 \cdot 1 \ \cdots \ 1$(1이 n개)=1

3.1 연습문제

1. 행렬의 행렬식을 구하라.

(1) $\begin{bmatrix} 1 \end{bmatrix}$

(2) $\begin{bmatrix} 2 & 1 \\ 3 & 4 \end{bmatrix}$

(3) $\begin{bmatrix} 5 & 2 \\ -6 & 3 \end{bmatrix}$

(4) $\begin{bmatrix} \lambda-3 & 2 \\ 4 & \lambda-1 \end{bmatrix}$

2. 다음 문제에서 (1) 행렬의 소행렬식, (2) 행렬의 여인수를 구하라.

(1) $\begin{bmatrix} 1 & 2 \\ 3 & 4 \end{bmatrix}$

(2) $\begin{bmatrix} -3 & 2 & 1 \\ 4 & 5 & 6 \\ 2 & -3 & 1 \end{bmatrix}$

3. 행렬의 행렬식을 구하기 위해 여인수 전개를 사용하라.

(1) $\begin{bmatrix} 1 & 4 & -2 \\ 3 & 2 & 0 \\ -1 & 4 & 3 \end{bmatrix}$

(2) $\begin{bmatrix} x & y & 1 \\ 2 & 3 & 1 \\ 0 & -1 & 1 \end{bmatrix}$

(3) $\begin{bmatrix} 2 & 6 & 6 & 2 \\ 2 & 7 & 3 & 6 \\ 1 & 5 & 0 & 1 \\ 3 & 7 & 0 & 7 \end{bmatrix}$

(4) $\begin{bmatrix} 5 & 3 & 0 & 6 \\ 4 & 6 & 4 & 12 \\ 0 & 2 & -3 & 4 \\ 0 & 1 & -2 & 2 \end{bmatrix}$

3.1 연습문제

4. 삼각행렬의 행렬식을 구하라.

(1) $\begin{bmatrix} -2 & 0 & 0 \\ 4 & 6 & 0 \\ -3 & 7 & 2 \end{bmatrix}$

(2) $\begin{bmatrix} 5 & 8 & -4 & 2 \\ 0 & 0 & 6 & 0 \\ 0 & 0 & 2 & -2 \\ 0 & 0 & 0 & -1 \end{bmatrix}$

(3) $\begin{bmatrix} -1 & 4 & 2 & 1 & -3 \\ 0 & 3 & -4 & 5 & 2 \\ 0 & 0 & 2 & 7 & 0 \\ 0 & 0 & 0 & 5 & -1 \\ 0 & 0 & 0 & 0 & 1 \end{bmatrix}$

5. 행렬식이 0이 되도록 하는 λ의 값을 구하라.

(1) $\begin{vmatrix} \lambda-1 & -4 \\ -2 & \lambda+1 \end{vmatrix}$

(2) $\begin{vmatrix} \lambda+1 & 0 & 0 \\ 4 & \lambda & 3 \\ 2 & 8 & \lambda+5 \end{vmatrix}$

6. 방정식을 증명하라.

$$\begin{vmatrix} 1 & 1 & 1 \\ a & b & c \\ a^2 & b^2 & c^2 \end{vmatrix} = (a-b)(b-c)(c-a)$$

7. 다음 방정식을 증명하라.

$$\begin{vmatrix} x & 0 & c \\ -1 & x & b \\ 0 & -1 & a \end{vmatrix} = ax^2 + bx + c$$

3.2 기본연산과 행렬식

이 절에서는 열에 대한 어떤 연산이 행렬식의 계산을 어떻게 간소화하는지의 방법에 대해 설명한다. 여기서 얻는 성질들은 뒤에서 행렬식의 이론이 선형대수에 어떻게 이용되는지를 보이는데 이용될 것이다. 우리는 2장에서 정의한 행에 대한 기본연산과 비슷한 연산을 열에 대해 시행할 것이다. 행렬 A에 대해 다음과 같은 3가지 연산을 열에 대한 기본연산이라고 한다.

① A의 두 열을 교환한다.

② A의 한 열에 0이 아닌 스칼라 c를 곱한다.

③ A의 어떤 열의 스칼라 배를 A의 다른 열에 더한다.

정리 3.2

A가 $n\times n$행렬이면, 다음이 성립한다.

$\det(A^T) = \det(A)$

정리 3.3

$A_1, A_2, \ldots A_n$을 $n\times n$행렬이라고 하자. 만일 A의 두 열(두 행)을 교환한 행렬을 B라고 하면,

$\det(B) = -\det(A)$

이다.

예제 3.7

다음 (2×2)행렬을 가지고 [정리 3.3]을 검증하라.

$$A=\begin{bmatrix} a_{11} & a_{12} \\ a_{21} & a_{22} \end{bmatrix}$$

풀이

A의 1열과 2열을 교환한 행렬을 B라고 하면, $B=\begin{bmatrix} a_{12} & a_{11} \\ a_{22} & a_{21} \end{bmatrix}$ 이 때

$\det(B)=a_{12}a_{21}-a_{11}a_{22}=-(a_{11}a_{22}-a_{12}a_{21})=-\det(A)$이다.

예제 3.8

다음 행렬의 행렬식을 구하라.

$$A=\begin{bmatrix} 1 & 3 & 1 \\ 2 & 0 & 4 \\ 1 & 2 & 3 \end{bmatrix}, B=\begin{bmatrix} 3 & 1 & 1 \\ 0 & 2 & 4 \\ 2 & 1 & 3 \end{bmatrix}, C=\begin{bmatrix} 1 & 1 & 3 \\ 2 & 4 & 0 \\ 1 & 3 & 2 \end{bmatrix}, F=\begin{bmatrix} 1 & 1 & 3 \\ 4 & 2 & 0 \\ 3 & 1 & 2 \end{bmatrix}$$

풀이

행렬 A를 $A=[A_1, A_2, A_3]$로 표시하면, $B=[A_2, A_1, A_3]$, $C=[A_1, A_3, A_2]$로 표시된다. [정리 3.3]에 따라서 계산하면, $\det(A)=-10$이다. 행렬 B와 C는 A의 두 열을 교환하면 얻을 수 있으므로,

$\det(B)=\det(C)=-\det(A)=10$

F는 다음과 같이 A에서 2번 열을 교환해야 얻을 수 있다. 즉

$A \to G=[A_2, A_1, A_3] \to F=[A_3, A_1, A_2]$

따라서 [정의 3.3]에 의해 $\det(G)=-\det(A)$, $\det(F)=-\det(G)$이므로,
$\det(F)=\det(A)=-10$이다.

정리 3.4

A를 $n \times n$행렬이라고 하자. A의 k열(행)에 스칼라 c를 곱한 행렬을 B라고 하면,

$$\det(B) = c\det(A)$$

이다.

예제 3.9

아래의 행렬을 가지고 [정리 3.4]가 성립하는 것을 검증하라.

$$A = \begin{bmatrix} a_{11} & a_{12} \\ a_{21} & a_{22} \end{bmatrix}$$

풀이

다음과 같은 행렬 A'와 A''를 생각하자.

$$A' = \begin{bmatrix} ca_{11} & a_{12} \\ ca_{21} & a_{22} \end{bmatrix}, A'' = \begin{bmatrix} a_{11} & ca_{12} \\ a_{21} & ca_{22} \end{bmatrix}$$

분명히 $\det(A') = ca_{11}a_{22} - ca_{21}a_{12} = c(a_{11}a_{22} - a_{21}a_{12}) = cdet(A)$이다.

마찬가지로, $\det(A'') = ca_{11}a_{22} - ca_{21}a_{12} = c(a_{11}a_{22} - a_{21}a_{12}) = cdet(A)$

이것은 행렬 A에 대해 [정리 3.4]이 성립하는 것을 말한다.

예제 3.10

다음 행렬 A의 대해 G, H, J의 행렬식을 각각 구하라.

$$A = \begin{bmatrix} 1 & 3 & 1 \\ 2 & 0 & 4 \\ 1 & 2 & 3 \end{bmatrix}, G = \begin{bmatrix} 2 & 3 & 1 \\ 4 & 0 & 4 \\ 2 & 2 & 3 \end{bmatrix}, H = \begin{bmatrix} 2 & -3 & 1 \\ 4 & 0 & 4 \\ 2 & -2 & 3 \end{bmatrix}, J = \begin{bmatrix} 2 & -3 & 2 \\ 4 & 0 & 8 \\ 2 & -2 & 6 \end{bmatrix}$$

풀이

만일 $A = [A_1, A_2, A_3]$라면,

[예제 3.8]에서와 같이 $G = [2A_1, A_2, A_3]$, $H = [2A_1, -A_2, A_3]$

그리고 $J=[2A_1, -A_2, 2A_3]$이다. [정리 3.4]에 의해 $\det(G)=2\det(A)$이고 [예제 3.8]에 의해 $\det(A)=-10$이므로, $\det(G)=-20$이다.

다음에, H는 G의 2열에 -1을 곱한 것이므로, $\det(H)=-\det(G)=20$이다. 끝으로, H의 3열에 2배 하면 J가 되므로,

$$\det(J)=2\det(H)=40$$

이다.

정리 3.5

A를 $n\times n$행렬, c를 스칼라라고 하면, 다음 관계가 성립한다.

$$\det(cA)=c^n\det(A)$$

예제 3.11

A가 다음과 같을 때, $\det(3A)$를 구하라.

$$A=\begin{bmatrix}1&2\\4&1\end{bmatrix}$$

풀이

분명히 $\det(A)=-7$이다. 따라서 [정리 3.5]에 의해 $\det(3A)=3^2\det(A)=-63$이다. 실제로,

$$3A=\begin{bmatrix}3&6\\12&3\end{bmatrix}$$

이고, $\det(3A)=(3\times3)-(6\times12)=-63$이다.

정리 3.6

A, B, C를 모두 $n \times n$행렬이라고 하자. 만일 A의 s번째 열(행)이 B와 C의 s번째 열(행)의 합과 같고, A, B, C의 나머지 모든 열(행)이 모두 같다고 하면,

$\det(A) = \det(B) + \det(C)$

이다.

예제 3.12

A, B, C가 (2×2)행렬일 때, [정리 3.6]을 검증하라.

풀이

A, B, C는 다음과 같은 (2×2)행렬로, A의 1열이 B와 C의 1열의 합과 같다고 하자.

$$B = \begin{bmatrix} b_1 & \alpha \\ b_2 & \beta \end{bmatrix}, C = \begin{bmatrix} c_1 & \alpha \\ c_2 & \beta \end{bmatrix}, A = \begin{bmatrix} b_1 + c_1 & \alpha \\ b_2 + c_2 & \beta \end{bmatrix}$$

$\det(A)$를 계산하면 다음과 같다.

$$\begin{aligned} \det(A) &= (b_1 + c_1)\beta - \alpha(b_2 + c_2) \\ &= (b_1\beta - \alpha b_2) + (c_1\beta - \alpha c_2) \\ &= \det(B) + \det(C) \end{aligned}$$

예제 3.13

행렬 A, B, C가 다음과 같을 때, $\det(A)$를 구하라. 단 $\det(B) = 22$, $\det(C) = 29$이다.

$$A = \begin{bmatrix} 1 & 3 & 2 \\ 0 & 4 & 7 \\ 2 & 1 & 8 \end{bmatrix}, B = \begin{bmatrix} 1 & 1 & 2 \\ 0 & 2 & 7 \\ 2 & 0 & 8 \end{bmatrix}, C = \begin{bmatrix} 1 & 2 & 2 \\ 0 & 2 & 7 \\ 2 & 1 & 8 \end{bmatrix}$$

풀이

A, B, C의 열 벡터들을 살펴볼 때, $A_1 = B_1 = C_1$, $A_3 = B_3 = C_3$이다. 따라서 [정리 3.6]에 의해 det(A)는 다음과 같다.

$\det(A) = \det(B) + \det(C) = 22 + 29 = 51$

정리 3.7

A를 $n \times n$행렬이라고 하자. 만일 A의 j번째 열(행)이 A의 k번째 열(행)의 배수이면,

$\det(A) = 0$

이다.

증명

$A = [A_1, \ldots, A_j, \ldots, A_k, \ldots, A_n]$이고 $A_j = cA_k$라고 가정하자. 만일 $B = [A_1, A_2, \ldots cA_k, \ldots A_k, A_n]$이라면, [정리 3.4]에 의해 det(A) = cdet(B)이다. B의 j번째 열과 k번째 열을 교환하면, 행렬은 그대로 있지만 행렬식은 부호가 바뀐다(정리 3.3). 따라서 det(B) = −det(B)이다. 이것은 det(B) = 0 인 경우에 한해서 일어난다. 따라서 $\det(A) = c\det(B) = c \times 0 = 0$이다.

정리 3.8

A를 $n \times n$행렬이라고 하자. A의 k번째 열(행)의 상수배를 j번째 열(행)에 더해도 행렬식은 변하지 않는다.

증명

$A = \{A_1, A_2, \ldots, A_j, \ldots, A_k, \ldots, A_n\}$ 이라 하자. 지금 $B = \{A_1, A_2, \ldots, A_j + cA_k, \ldots, A_k, \ldots, A_n\}$, $Q = \{A_1, A_2, \ldots, cA_k, \ldots, A_k, \ldots, A_n\}$ 이라면 [정리 3.6]에 의해 $\det(B) = \det(A) + \det(Q)$이다. 그런데 [정리 3.7]에 의해 $\det(Q) = 0$이므로, $\det(B) = \det(A)$이다.

예제 3.14

열에 대한 기본 연산으로 다음 (4×4) 행렬의 행렬식을 구하라.

$$A=\begin{bmatrix}1 & 2 & 0 & 2\\ -1 & 2 & 3 & 1\\ -3 & 2 & -1 & 0\\ 2 & -3 & -2 & 1\end{bmatrix}$$

풀이

여인자들의 합으로 전개하여 이 행렬의 행렬식이 −63이라는 것은 이미 알고 있다. 먼저 $A=\{A_1, A_2, A_3, A_4\}$로 표시하자. 만일 A_2를 A_2-2A_1으로 바꾸면, 행렬 A의 (1, 2)원은 0이 되게 할 수 있다. 마찬가지로, A_4를 A_4-2A_1으로 바꾸면 (1, 4)의 원소가 0이 된다.

[정리 3.8]에 의해 행렬식은 불변이다. 실제로 이것을 계산해 보면 다음과 같다.

$$\det(A)=\begin{vmatrix}1 & 2 & 0 & 2\\ -1 & 2 & 3 & 1\\ -3 & 2 & -1 & 0\\ 2 & -3 & -2 & 1\end{vmatrix}=\begin{vmatrix}1 & 0 & 0 & 2\\ -1 & 4 & 3 & 1\\ -3 & 8 & -1 & 0\\ 2 & -7 & -2 & 1\end{vmatrix}=\begin{vmatrix}1 & 0 & 0 & 0\\ -1 & 4 & 3 & 3\\ -3 & 8 & -1 & 6\\ 2 & -7 & -2 & -3\end{vmatrix}$$

따라서 $\det(A)$는 다음과 같이 된다.

$$\det(A)=\begin{vmatrix}4 & 3 & 3\\ 8 & -1 & 6\\ -7 & -2 & -3\end{vmatrix}$$

이번에는 이 행렬식의 (1, 2)원과 (1, 3)원을 0으로 만들어 보자. 분수가 생기지 않게 하기 위해, 먼저 2, 3열을 각각 4배 한다.(정리 3.4 이용). 다음에 1열의 −3배를 각각 2열과 3열에 더해 계산하면 다음과 같이 된다.

$$\det(A)=\begin{vmatrix}4 & 3 & 3\\ 8 & -1 & 6\\ -7 & -2 & -3\end{vmatrix}=\frac{1}{16}\begin{vmatrix}4 & 12 & 12\\ 8 & -4 & 24\\ -7 & -8 & -12\end{vmatrix}=\frac{1}{16}\begin{vmatrix}4 & 0 & 0\\ 8 & -28 & 0\\ -7 & 13 & 9\end{vmatrix}$$

이것을 계산하면, $\det(A)=-63$을 얻는다.

예제 3.15

열에 대한 기본 연산으로 다음 행렬의 행렬식을 구하라.

$$A=\begin{bmatrix}0 & 1 & 3 & 1\\ 1 & -2 & -2 & 2\\ 3 & 4 & 2 & -2\\ 4 & 3 & -1 & 1\end{bmatrix}$$

풀이

가우스의 소거법에서와 같이 경우에 따라서는 열을 교환할 필요가 있다. 먼저 1열과 2열을 교환한다.

$$\det(A)=\begin{vmatrix}0 & 1 & 3 & 1\\ 1 & -2 & -2 & 2\\ 3 & 4 & 2 & -2\\ 4 & 3 & -1 & 1\end{vmatrix}=-\begin{vmatrix}1 & 0 & 3 & 1\\ -2 & 1 & -2 & 2\\ 4 & 3 & 2 & -2\\ 3 & 4 & -1 & 1\end{vmatrix}$$

새로 얻은 1열을 가지면, 1행의 나머지 원소들을 0으로 만들 수 있다. 즉

$$\det(A)=-\begin{vmatrix}1 & 0 & 0 & 0\\ -2 & 1 & 4 & 4\\ 4 & 3 & -10 & -6\\ 3 & 4 & -10 & -2\end{vmatrix}=-\begin{vmatrix}1 & 4 & 4\\ 3 & -10 & -6\\ 4 & -10 & -2\end{vmatrix}$$

다시 1열을 가지고 1행의 원을 0으로 만들면,

$$\det(A)=-\begin{vmatrix}1 & 0 & 0\\ 3 & -22 & -18\\ 4 & -26 & -18\end{vmatrix}=-\begin{vmatrix}-22 & -18\\ -26 & -18\end{vmatrix}=18\begin{vmatrix}-22 & 1\\ -26 & 1\end{vmatrix}$$

$\det(A)=72$이다.

3.2 연습문제

1. 다음 문제에서 (a) $|A|$, (b) $|B|$, (c) AB, (d) $|AB|$를 구하라. 그리고 $|A||B|=|AB|$를 확인하라.

(1) $A=\begin{bmatrix}-2 & 1\\ 4 & -2\end{bmatrix},\ B=\begin{bmatrix}1 & 1\\ 0 & -1\end{bmatrix}$

(2) $A=\begin{bmatrix}-1 & 2 & 1\\ 1 & 0 & 1\\ 0 & 1 & 0\end{bmatrix},\ B=\begin{bmatrix}-1 & 0 & 0\\ 0 & 2 & 0\\ 0 & 0 & 3\end{bmatrix}$

2. 다음 문제에서 (a) $|A|$, (b) $|B|$, (c) $|A+B|$를 하라. $|A|+|B|\neq|A+B|$를 확인하라.

$A=\begin{bmatrix}-1 & 1\\ 2 & 0\end{bmatrix},\ B=\begin{bmatrix}1 & -1\\ -2 & 0\end{bmatrix}$

3. 다음 문제에서 (a) $|A^T|$, (b) $|A^2|$, (c) $|AA^T|$, (d) $|2A|$, (e) $|A^{-1}|$를 구하라.

(1) $A=\begin{bmatrix}6 & -11\\ 4 & -5\end{bmatrix}$

(2) $A=\begin{bmatrix}2 & 0 & 5\\ 4 & -1 & 6\\ 3 & 2 & 1\end{bmatrix}$

4. A, B를 차수 4의 정방행렬이라 하자. $|A|=-5$, $|B|=3$일 때, (1) $|AB|$, (2) $|A^3|$, (3) $|3B|$, (4) $|(AB)^T|$, (5) $|A^{-1}|$를 구하라.

5. A, B를 차수 4의 정방행렬이라 하자. $|A|=4$, $|B|=2$일 때, (1) $|BA|$, (2) $|B^2|$, (3) $|2A|$, (4) $|(AB)^T|$, (5) $|B^{-1}|$를 구하라.

3.2 연습문제

6. 행렬식을 사용하여 그 행렬이 정칙인지 아닌지를 결정하라.

(1) $\begin{bmatrix} 5 & 4 \\ 10 & 8 \end{bmatrix}$

(2) $\begin{bmatrix} 14 & 5 & 7 \\ -2 & 0 & 3 \\ 1 & -5 & -10 \end{bmatrix}$

(3) $\begin{bmatrix} \frac{1}{2} & \frac{3}{2} & 2 \\ \frac{2}{3} & -\frac{1}{3} & 0 \\ 1 & 1 & 1 \end{bmatrix}$

(4) $\begin{bmatrix} 1 & 0 & -8 & 0 \\ 0 & 8 & -1 & 10 \\ 0 & 0 & 0 & 1 \\ 0 & 0 & 0 & 2 \end{bmatrix}$

7. 1차방정식계가 유일한 해를 갖는지 어떤지를 결정하기 위해 계수행렬의 행렬식을 구하라.

(1) $x_1 - x_2 + x_3 = 4$
$2x_1 - x_2 + x_3 = 6$
$3x_1 - 2x_2 + 2x_3 = 0$

(2) $2x_1 + x_2 + 3x_3 + x_4 = 5$
$x_1 + x_2 - 3x_3 - 4x_4 = -1$
$2x_1 + 2x_2 + 2x_3 - 3x_4 = 2$
$x_1 + 5x_2 + 6x_3 = 3$

8. A가 정칙이 아니도록 k의 값을 구하라.

(1) $A = \begin{bmatrix} k-1 & 3 \\ 2 & k-2 \end{bmatrix}$

(2) $A = \begin{bmatrix} 1 & 0 & 3 \\ 2 & -1 & 0 \\ 4 & 2 & k \end{bmatrix}$

9. $\begin{vmatrix} a+b & a & a \\ a & a+b & a \\ a & a & a+b \end{vmatrix} = b^2(3a+b)$를 증명하라.

3.3 행렬식과 역행렬

3.3.1 행렬의 수반행렬

행렬 A의 여인수 C_{ij}는 A의 i행과 j열을 제거해 만든 행렬의 행렬식의 $(-1)^{i+j}$배이다. A가 정방행렬이면 A의 여인수 행렬은 다음과 같다.

$$\begin{bmatrix} C_{11} & C_{12} & \cdots & C_{1n} \\ C_{21} & C_{22} & \cdots & C_{2n} \\ \vdots & \vdots & \cdots & \vdots \\ C_{n1} & C_{n2} & \cdots & C_{nn} \end{bmatrix}$$

이 행렬의 전치행렬을 A의 수반행렬(adjoint)이라 하고 $adj(A)$로 표시한다.

$$adj(A) = \begin{bmatrix} C_{11} & C_{21} & \cdots & C_{n1} \\ C_{12} & C_{22} & \cdots & C_{n2} \\ \vdots & \vdots & \cdots & \vdots \\ C_{1n} & C_{2n} & \cdots & C_{nn} \end{bmatrix}$$

예제 3.16

$A = \begin{bmatrix} -1 & 3 & 2 \\ 0 & -2 & 1 \\ 1 & 0 & -2 \end{bmatrix}$ 의 수반행렬을 구하라.

풀이

여인수 C_{11}은 다음과 같이 주어진다.

$$\begin{bmatrix} -1 & 3 & 2 \\ 0 & -2 & 1 \\ 1 & 0 & -2 \end{bmatrix} \rightarrow C_{11} = (-1)^2 \begin{vmatrix} -2 & 1 \\ 0 & -2 \end{vmatrix} = 4$$

이 과정을 계속하여 A의 여인수행렬을 얻는다.

$$\begin{bmatrix} \begin{vmatrix} -2 & 1 \\ 0 & -2 \end{vmatrix} & -\begin{vmatrix} 0 & 1 \\ 1 & -2 \end{vmatrix} & \begin{vmatrix} 0 & -2 \\ 1 & 0 \end{vmatrix} \\ -\begin{vmatrix} 3 & 2 \\ 0 & -2 \end{vmatrix} & \begin{vmatrix} -1 & 2 \\ 1 & -2 \end{vmatrix} & -\begin{vmatrix} -1 & 3 \\ 1 & 0 \end{vmatrix} \\ \begin{vmatrix} 3 & 2 \\ -2 & 1 \end{vmatrix} & -\begin{vmatrix} -1 & 2 \\ 0 & 1 \end{vmatrix} & \begin{vmatrix} -1 & 3 \\ 0 & -2 \end{vmatrix} \end{bmatrix} = \begin{bmatrix} 4 & 1 & 2 \\ 6 & 0 & 3 \\ 7 & 1 & 2 \end{bmatrix}$$

이 행렬의 전치행렬은 A의 수반행렬이다.

$$adj(A) = \begin{bmatrix} 4 & 6 & 7 \\ 1 & 0 & 1 \\ 2 & 3 & 2 \end{bmatrix}$$

정리 3.9

A가 $n \times n$가 역행렬이면 $A^{-1} = \dfrac{1}{\det(A)} adj(A)$이다.

증명

A와 그것의 수반행렬의 곱은 A의 행렬식과 I_n의 곱과 같다는 것을 먼저 증명한다. 곱

$$A[adj(A)] = \begin{bmatrix} a_{11} & a_{12} & \cdots & a_{1n} \\ a_{21} & a_{22} & \cdots & a_{2n} \\ \vdots & \vdots & & \vdots \\ a_{i1} & a_{i2} & \cdots & a_{in} \\ \vdots & \vdots & & \vdots \\ a_{n1} & a_{n2} & \cdots & a_{nn} \end{bmatrix} \begin{bmatrix} C_{11} & C_{21} & \cdots & C_{j1} & \cdots & C_{n1} \\ C_{12} & C_{22} & \cdots & C_{j2} & \cdots & C_{n2} \\ \vdots & \vdots & & \vdots & & \vdots \\ C_{1n} & C_{2n} & \cdots & C_{jn} & \cdots & C_{nn} \end{bmatrix}$$

을 생각하자. 이 곱의 i행과 j열의 성분은 $a_{i1}C_{j1} + a_{i2}C_{j2} + \cdots + a_{in}C_{jn}$이다. $i = j$이면 이 합은 i행을 따라서 A의 여인수 전개이다. 이는 이 합이 A의 행렬식이라는 것을 의미한다. 다른 한편 $i \neq j$이면 그 합은 0이다. 그러므로

$$A[adj(A)] = \begin{vmatrix} \det(A) & 0 & \cdots & 0 \\ 0 & \det(A) & \cdots & 0 \\ \vdots & \vdots & & \vdots \\ 0 & 0 & \cdots & \det(A) \end{vmatrix} = \det(A)I$$

A가 가역이므로 $\det(A) \neq 0$이고

$$\frac{1}{\det(A)} A[adj(A)] = I$$

또는

$$A\left[\frac{1}{\det(A)}adj(A)\right]=I$$

양변에 A^{-1} 를 곱하면

$$A^{-1}A\left[\frac{1}{\det(A)}adj(A)\right]=A^{-1}I$$

이고

$$\frac{1}{\det(A)}adj(A)=A^{-1}$$

이다.

예제 3.17

$A=\begin{bmatrix}-1 & 3 & 2\\ 0 & -2 & 1\\ 1 & 0 & -2\end{bmatrix}$ 의 수반행렬을 사용해 A 의 역행렬을 구하라.

풀이

이 행렬의 행렬식 $|A|=3$이다. A의 수반행렬을 사용해 A^{-1}를 구하면

$$A^{-1}=\frac{1}{|A|}adj(A)=\frac{1}{3}\begin{bmatrix}4 & 6 & 7\\ 1 & 0 & 1\\ 2 & 3 & 2\end{bmatrix}=\begin{bmatrix}\frac{4}{3} & 2 & \frac{7}{3}\\ \frac{1}{3} & 0 & \frac{1}{3}\\ \frac{2}{3} & 1 & \frac{2}{3}\end{bmatrix}$$

이다. A^{-1}임을 다음과 같이 확인할 수 있다.

$$AA^{-1}=\begin{bmatrix}-1 & 3 & 2\\ 0 & -2 & 1\\ 1 & 0 & -2\end{bmatrix}\begin{bmatrix}\frac{4}{3} & 2 & \frac{7}{3}\\ \frac{1}{3} & 0 & \frac{1}{3}\\ \frac{2}{3} & 1 & \frac{2}{3}\end{bmatrix}=\begin{bmatrix}1 & 0 & 0\\ 0 & 1 & 0\\ 0 & 0 & 1\end{bmatrix}$$

예제 3.18

$A=\begin{bmatrix}3 & 2 & -1\\ 1 & 6 & 3\\ 2 & -4 & 0\end{bmatrix}$ 의 수반행렬을 사용해 A 의 역행렬을 구하라.

풀이

$A=\begin{bmatrix}3 & 2 & -1\\ 1 & 6 & 3\\ 2 & -4 & 0\end{bmatrix}$이라 할 때, A의 각 성분의 여인수는

$C_{11}=12$, $C_{12}=6$, $C_{13}=-16$

$C_{21}=4$, $C_{22}=2$, $C_{23}=16$

$C_{31}=12$, $C_{32}=-10$, $C_{33}=16$

따라서 A의 여인수행렬은 $\begin{bmatrix}12 & 6 & -16\\ 4 & 2 & 16\\ 12 & -10 & 16\end{bmatrix}$이고, A의 전치여인수행렬,

즉 A의 수반행렬은 다음과 같다.

$$adj(A)=\begin{bmatrix}12 & 4 & 12\\ 6 & 2 & -10\\ -16 & 16 & 16\end{bmatrix}$$

$\det(A)=64$이므로, 따라서 A^{-1}은 다음과 같다.

$$A^{-1}=\frac{1}{\det(A)}adj(A)=\frac{1}{64}\begin{bmatrix}12 & 4 & 12\\ 6 & 2 & -10\\ -16 & 16 & 16\end{bmatrix}$$

3.3.2 Cramer공식

3.3.1절에서는 열이나 행에 대한 기본연상이 행렬식에 미치는 영향에 대해 알아봤다. 이 절에서는 이러한 결과들을 이용해 행렬식과 비정칙 행렬과의 관계, 행렬식과 선형 방정식계 $A\mathrm{x}=b$와의 관계를 알아본다. 우리는 아래에 나오는 정리들의 증명에 필요한 다음 [정리 3.10]부터 시작한다.

정리 3.10

$A = \{A_1, ..., A_{i-1}, A_i, A_{i+1}, ..., A_n\}$을 $(n \times n)$행렬이라 하고, b를 R^n의 임의의 벡터라고 하자. 또 각 $i(1 \le i \le n)$에 대해 B_i를 다음과 같은 $(n \times n)$행렬이라 하자.

$$B_i = [A_1, ... A_{i-1}, b, A_{i+1}, ... A_n]$$

선형계 $A\mathrm{x} = b$가 무모순이고, x_i를 해의 i번째 성분이라 하면, 다음 관계가 성립한다.

$$x_i \det(A) = \det(B_i) \tag{1}$$

증명

i = 1 인 경우에 대해서만 (1)식을 증명하기로 한다. 선형계 $A\mathrm{x} = b$는 무모순이라고 가정하였으므로 다음과 같은 $x_1, x_2, ..., x_n$이 존재한다.

$$x_1 A_1 + x_1 A_2 + ... + x_n A_n = b$$

행렬식의 성질에 의해 다음 식을 얻는다.

$$\begin{aligned} x_1 \det(A) &= \det[x_1 A_1, A_2, ..., A_n] \\ &= \det[b - x_2 A_2, - \cdots - x_n A_n, A_2, ..., A_n] \\ &= \det[b, A_2, ..., A_n] - x_2 \det[A_2, A_2, ..., A_n] \\ &\quad - ... - x_n \det[A_n, A_2, ..., A_n] \end{aligned}$$

그런데 [정리 3.3]에 의해 처음 행렬식을 제외하고 나머지 행렬식들은 모두 0이므로 다음을 얻는다.

$$x_1 \det(A) = \det[b, A_2, \cdots, A_n]$$

따라서 (1)식은 $i = 1$인 경우에 성립하는 것이 증명되었다. 임의의 $i(2 \le i \le n)$에 대해서도 같은 방법으로 증명된다.

다음 정리에서 보듯, [정리 3.10]을 이용하면 비정칙 행렬의 행렬식은 0이라는 것을 알 수 있다.

정리 3.11

A가 비정칙인 $(n \times n)$행렬이면, $\det(A) = 0$이다.

증명

A가 비정칙이므로 $A\mathrm{x} = 0$는 비자명해를 갖는다.

x_i를 비자명해의 i번째 성분이라고 하자. 단, $x_i \neq 0$일 때, [정리 3.10]에 의해

$x_i \det(A) = \det(B)$

이다. 단

$B = [A_1, \ldots, A_{i-1}, 0, A_{i+1}, \ldots, A_n]$

이다. 그런데 [정리 3.4]에 의해 det(B)의 값은 0이기 때문에, 그리고 $x_i \neq 0$이므로, $\det(A) = 0$ 이어야 한다.

정리 3.12

A와 B가 $(n \times n)$행렬이면, $\det(AB)$는 다음과 같다.

$\det(AB) = \det(A)\det(B)$

예제 3.19

다음 행렬 A, B에 대하여 $\det(AB) = \det(A)\det(B)$ 임을 직접 계산해 확인하라.

$$A = \begin{bmatrix} 2 & 1 \\ 1 & 3 \end{bmatrix},\ B = \begin{bmatrix} -1 & 3 \\ 2 & -2 \end{bmatrix}$$

풀이

$\det(A) = 5,\ \det(B) = -4$이다. 또

$$AB = \begin{bmatrix} 0 & 4 \\ 5 & -3 \end{bmatrix}$$

이므로, $\det(A) = -20 = (5)(-4) = \det(A)\det(B)$이다.

정리 3.13

만일 A가 정칙인 $(n \times n)$행렬이라 하면, $\det(A) \neq 0$이다. $\det(A^{-1}) = 1/\det(A)$이다.

증명

A가 정칙이므로 A^{-1}가 존재하며, $AA^{-1} = I$이다.

[정리 3.12]에 의해 $I = \det(I) = \det(AA^{-1}) = \det(A)\det(A^{-1})$이다.

따라서 $\det(A) \neq 0$이고 $\det(A^{-1}) = 1/\det(A)$ 이다.

$(n \times n)$행렬 A가 비정칙이기 위한 필요충분조건은 $\det(A) = 0$임을 알 수 있다.

정리 3.14

Cramer의 공식 $A = \{A_1, A_2, \cdots A_n\}$을 $(n \times n)$정칙행렬, b를 R^n의 임의의 벡터라고 하자. 행렬 B_i를 $B_i = [A_1, \dots, A_{i-1}, b, A_{i+1}, \dots, A_n]$이라 하면, $A\mathrm{x} = b$의 해 i번째 성분 x_i는 다음과 같다.

$$x_i = \frac{\det(B_i)}{\det(A)} \tag{2}$$

증명

A가 정칙이므로 $\det(A) \neq 0$이다. 이 때 정리 3.10의 (1)식에서 (2)식을 곧 얻을 수 있다.

예제 3.20

Cramer의 공식을 써서 다음을 풀어라.

$3x_1 + 2x_2 = 4$

$5x_1 + 4x_2 = 6$

풀이

주어진 선형계를 $A\mathrm{x} = b$라고 하면, 행렬 A와 Cramer의 공식에서의

$B_1 = [b, A_2]$와 $B_2 = [A_1, b]$은 각각 다음과 같다.

$A=\begin{bmatrix}3&2\\5&4\end{bmatrix}$, $B_1=\begin{bmatrix}4&2\\6&4\end{bmatrix}$, $B_2=\begin{bmatrix}3&4\\5&6\end{bmatrix}$

여기서 $\det(A)=2, \det(B_1)=5, \det(B_2)=-2$이므로, (2)식에 의해 구하는 해는 다음과 같다.

$x_1=\frac{4}{2}=2, x_2=\frac{-2}{2}=-1$

예제 3.21

Cramer의 공식으로 다음 선형계를 풀어라.

$$x_1-x_2+x_3=0$$
$$x_1+x_2-2x_3=1$$
$$x_1+2x_2+x_3=6$$

풀이

주어진 선형계를 $A\mathrm{x}=b$라고 하면 다음을 얻는다.

$A=\begin{bmatrix}1&-1&1\\1&1&-2\\1&2&1\end{bmatrix}$, $B_1=\begin{bmatrix}0&-1&1\\1&1&-2\\6&2&1\end{bmatrix}$, $B_2=\begin{bmatrix}1&0&1\\1&1&-2\\1&6&1\end{bmatrix}$, $B_3=\begin{bmatrix}1&-1&0\\1&1&1\\1&2&6\end{bmatrix}$

여기서 $\det(A)=9$, $\det(B_1)=9$, $\det(B_2)=18$, $\det(B_3)=9$이다. 따라서 (2)식에 의해 해는 다음과 같다.

$x_1=\frac{9}{9}=1, x_2=\frac{18}{9}=2, x_3=\frac{9}{9}=1$

계산적 도구, 즉 선형계 $A\mathrm{x}=b$를 푸는 관점에서 보면 Cramer의 공식은 가우스의 소거법보다는 효율적이지 않다. 그러나 Cramer의 공식은 이론적인 응용에서 중요한 역할을 한다. 예를 들어 매개변수의 변분법, 연분수(continued fraction)의 이론, 최상의 근사치의 특성화 같은 이론 등에서 Cramer의 공식이 중요한 역할을 한다.

3.3 연습문제

1. 행렬 A의 수반행렬을 구하라. 가능하면 A의 역행렬도 구하라.

(1) $A=\begin{bmatrix}1&2\\3&4\end{bmatrix}$

(2) $A=\begin{bmatrix}1&0&0\\0&2&6\\0&-4&-12\end{bmatrix}$

(3) $A=\begin{bmatrix}-3&-5&-7\\2&4&3\\0&1&-1\end{bmatrix}$

2. 가능하면 1차 연립 방정식을 푸는데 크라멜의 법칙을 사용하라.

(1) $x_1+2x_2=5$
$-x_1+x_2=1$

(2) $3x_1+4x_2=-2$
$5x_1+3x_2=4$

(3) $4x_1-x_2-x_3=1$
$2x_1+2x_2+3x_3=10$
$5x-2x_2-2x_3=-1$

(4) $3x_1+4x_2+4x_3=11$
$4x_1-4x_2+6x_3=11$
$6x_1-6x_2=3$

3. x, y에 관한 1차 방정식계를 풀기 위해 크라멜의 법칙을 사용하라.

$kx+(1-k)y=1$
$(1-k)x+ky=3$

k의 어떤 값에 대해 해가 없을까?

4. 다음의 행렬의 역행렬을 구하라.

(1) $\begin{bmatrix}1&2&-1\\-1&1&2\\2&-1&1\end{bmatrix}$

(2) $\begin{bmatrix}1&2&-1&2\\2&2&-1&1\\-1&-1&1&-1\\2&1&-1&2\end{bmatrix}$

3.3 연습문제

5. 다음 선형연립방정식 중 0이 아닌 해를 갖는 것을 구하라.

(1) $x-2y+z=0$
$2x+3y+z=0$
$3x+y+2z=0$

(2) $x+2y+w=0$
$x+2y+3z=0$
$z+2w=0$

(3) $x+y-z=0$
$2x+y+2z=0$
$3x-y+z=0$

(4) $x+y+2z+w=0$
$2x-y+z-w=0$
$3x+y+2z+3w=0$
$z+w=0$

6. 다음 방정식을 풀어라.

$$\begin{vmatrix} x & 1 & 1 \\ 0 & x & 1 \\ 0 & 0 & x \end{vmatrix} = 27$$

3.4 행렬식의 응용

3.4.1 면적, 체적, 직선과 평면의 방정식

행렬식은 해석 기하학에 많은 응용을 갖고 있다. 몇 가지를 여기서 제시하고자 한다.

(1) $xy-$평면에서의 삼각형의 면적

꼭짓점이 $(x_1, y_1), (x_2, y_2), (x_3, y_3)$인 삼각형의 면적은 다음과 같다.

$$\text{면적} = \pm \frac{1}{2} det \begin{vmatrix} x_1 & y_1 & 1 \\ x_2 & y_2 & 1 \\ x_3 & y_3 & 1 \end{vmatrix}$$

여기서 부호(±)는 양의 면적을 주기 위하여 선택된다.

증명

$y_i > 0$인 경우에 증명한다. $x_1 \leqq x_3 \leqq x_2$라 하고 아래의 그림에서 보는 바와 같이 (x_1, y_1), (x_2, y_2)를 연결하는 선분의 위쪽에 (x_3, y_3)가 있다고 하자. 꼭짓점이 다음과 같은 3개의 사다리꼴을 생각하자.

사다리 꼴 1 : $(x_1, 0), (x_1, y_1), (x_3, y_3), (x_3, 0)$

사다리 꼴 2 : $(x_3, 0), (x_3, y_3), (x_2, y_2), (x_2, 0)$

사다리 꼴 3 : $(x_1, 0), (x_1, y_1), (x_2, y_2), (x_2, 0)$

주어진 삼각형의 면적은 첫 2개의 사다리꼴의 면적의 합에서 세 번째 사다리꼴의 면적을 뺀 것이다.

$$
\begin{aligned}
\text{면적} &= \frac{1}{2}(y_1+y_3)(x_3-x_1)+\frac{1}{2}(y_3+y_2)(x_2-x_3)-\frac{1}{2}(y_1+y_2)(x_2-x_1) \\
&= \frac{1}{2}(x_1y_2+x_2y_3+x_3y_1-x_1y_3-x_2y_1-x_3y_2) \\
&= \frac{1}{2}\begin{vmatrix} x_1 & y_1 & 1 \\ x_2 & y_2 & 1 \\ x_3 & y_3 & 1 \end{vmatrix}
\end{aligned}
$$

꼭짓점들이 $x_1 \leqq x_3 \leqq x_2$ 순서로 있지 않거나 꼭짓점 (x_3, y_3)가 다른 두 꼭짓점을 연결하는 선분 위쪽에 있지 않으면 공식은 면적의 음수를 줄 수 있다.

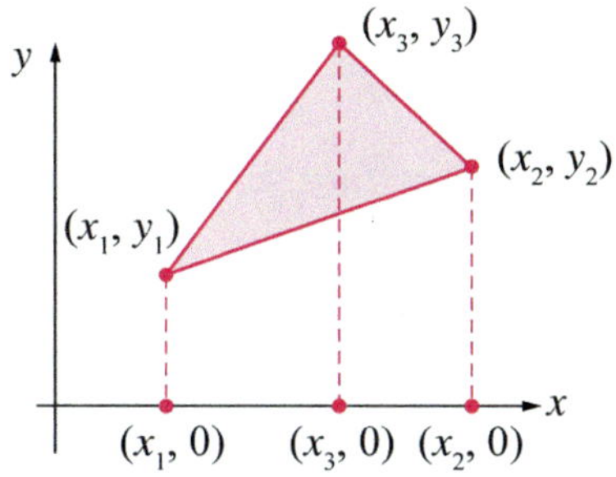

예제 3.22

꼭짓점이 (1, 0), (2, 2), (4, 3)인 삼각형의 면적을 구하라.

풀이

$$\frac{1}{2}\begin{vmatrix} 1 & 0 & 1 \\ 2 & 2 & 1 \\ 4 & 3 & 1 \end{vmatrix} = -\frac{3}{2}$$

이므로 삼각형의 면적이 $\frac{3}{2}$이다.

[예제 3.22]에서 세 점이 같은 직선 위에 있다고 하자. 그런 세 점에 면적 공식을 적용하면 어떤 것이 일어날 것인가? 답은 행렬식이 0인 것이 될 것이다. 예를 들어 동일 직선위에 있는 (0, 1), (2, 2), (4, 3)을 생각하자.

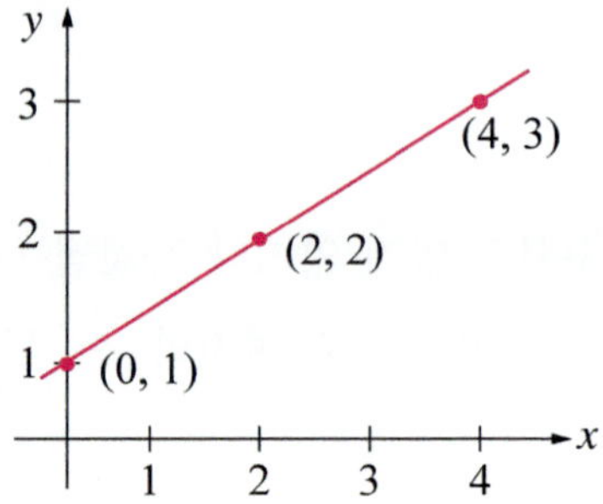

이 세 점을 꼭짓점으로 갖는 삼각형의 면적을 주는 행렬식은

$$\frac{1}{2}\begin{vmatrix} 0 & 1 & 1 \\ 2 & 2 & 1 \\ 4 & 3 & 1 \end{vmatrix} = 0$$

이다. 이와 같이 $xy-$평면 위의 세 점이 같은 직선 위에 있으면 삼각형의 면적에 관한 공식에서 행렬식은 0이 된다.

(2) $xy-$평면에서 동일직선 위의 점들에 관한 테스트

세 점 (x_1, y_1), (x_2, y_2), (x_3, y_3)가 동일 직선 위에 있기 위한 필요충분조건은

$$\det\begin{bmatrix} x_1 & y_1 & 1 \\ x_2 & y_2 & 1 \\ x_3 & y_3 & 1 \end{bmatrix} = 0$$

두 개의 서로 다른점 (x_1, y_1), (x_2, y_2)를 지나는 직선의 방정식은

$$\det\begin{bmatrix} x & y & 1 \\ x_1 & y_1 & 1 \\ x_2 & y_2 & 1 \end{bmatrix} = 0$$

이다.

예제 3.23

두 점 (2, 4), (-1, 3)을 지나는 직선의 방정식을 구하라.

풀이

$$\begin{vmatrix} x & y & 1 \\ 2 & 4 & 1 \\ -1 & 3 & 1 \end{vmatrix} = 0$$

이 행렬식을 계산하기 위하여 1행에 대해 여인수 전개를 하면

$$x\begin{vmatrix} 4 & 1 \\ 3 & 1 \end{vmatrix} - y\begin{vmatrix} 2 & 1 \\ -1 & 1 \end{vmatrix} + 1\begin{vmatrix} 2 & 4 \\ -1 & 3 \end{vmatrix} = 0$$

$$x - 3y + 10 = 0$$

그러므로 직선의 방정식은 $x - 3y = -10$이다.

삼각형의 면적에 대한 공식은 3차원 공간에서 직접적으로 일반화 할 수 있다.

(3) 사면체의 체적

꼭짓점이 (x_1, y_1, z_1), (x_2, y_2, z_2), (x_3, y_3, z_3), (x_4, y_4, z_4)인 사면체의 체적은

$$\text{체적} = \pm\frac{1}{6}det\begin{bmatrix} x_1 & y_1 & z_1 & 1 \\ x_2 & y_2 & z_2 & 1 \\ x_3 & y_3 & z_3 & 1 \\ x_4 & y_4 & z_4 & 1 \end{bmatrix}$$

이다. 여기서 부호 ±는 양의 체적을 주도록 선택된다.

예제 3.24

꼭짓점이 (0, 4, 1), (4, 0, 0), (3, 5, 2), (2, 2, 5)인 사면체의 체적을 구하라

풀이

체적에 관한 공식을 사용하여

$$\frac{1}{6}\begin{vmatrix} 0 & 4 & 1 & 1 \\ 4 & 0 & 0 & 1 \\ 3 & 5 & 2 & 1 \\ 2 & 2 & 5 & 1 \end{vmatrix} = \frac{1}{6}(-72) = -12$$

이므로 사면체의 체적은 12이다.

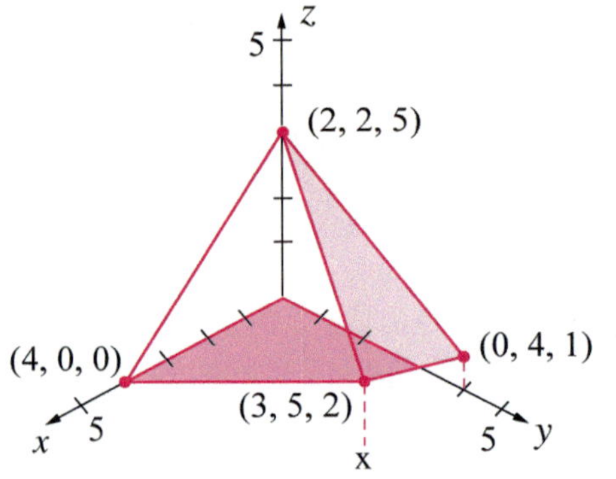

3차원 공간에서 네 점이 같은 평면 위에 있으면 체적에 관한 공식에서 행렬식은 0이다.

(4) 공간에서 점들이 동일평면 위에 있는 것에 관한 테스트

네 점 $(x_1, y_1, z_1), (x_2, y_2, z_2), (x_3, y_3, z_3), (x_4, y_4, z_4)$가 같은 평면 위에 있기 위한 필요충분조건은

$$\det\begin{bmatrix} x_1 & y_1 & z_1 & 1 \\ x_2 & y_2 & x_2 & 1 \\ x_3 & y_3 & z_3 & 1 \\ x_4 & y_4 & z_4 & 1 \end{bmatrix} = 0$$

(5) 평면 방정식의 세 점 형식

3개의 서로 다른 점 (x_1, y_1, z_1), (x_2, y_2, z_2), (x_3, y_3, z_3)을 지나는 평면의 방정식은

$$\det\begin{bmatrix} x & y & z & 1 \\ x_2 & y_2 & z_2 & 1 \\ x_3 & y_3 & z_3 & 1 \\ x_4 & y_4 & z_4 & 1 \end{bmatrix} = 0$$

이다.

예제 3.25

세 점 (0, 1, 0), (-1, 3, 2), (-2, 0, 1)을 지나는 평면의 방정식을 구하라.

풀이

세 점을 지나는 평면의 방정식의 행렬식의 공식을 사용하여

$$\begin{vmatrix} x & y & z & 1 \\ 0 & 1 & 0 & 1 \\ -1 & 3 & 2 & 1 \\ -2 & 0 & 1 & 1 \end{vmatrix} = 0$$

이므로

$$4x - 3y + 5z = -3$$

이다.

3.4 연습문제

1. 주어진 꼭짓점을 갖는 삼각형의 면적을 구하라.

 (1) (0, 0), (2, 0), (0, 3) (2) (−1, 2), (2, 2), (−2, 4)

2. 점들이 일직선 위에 있는가를 결정하라.

 (1) (1, 2), (3, 4), (5, 6) (2) (−2, 5), (0, −1), (3, −9)

3. 주어진 점들을 지나는 직선의 방정식을 구하라.

 (1) (0, 0), (3, 4) (2) (−2, 3), (−2, −4)

4. 주어진 꼭짓점을 갖는 사면체의 체적을 구하라.

 (1) (1, 0, 0), (0, 1, 0), (0, 0, 1), (1, 1, 1)

 (2) (3, −1, 1), (4, −4, 4), (1, 1, 1), (0, 0, 1)

5. 점들이 같은 평면 위에 있는가 결정하라.

 (1) (−4, 1, 0), (0, 1, 2), (4, 3, −1), (0, 0 ,1)

 (2) (0, 0, −1), (0, −1, 0), (1, 1, 0), (2, 1, 2)

6. 주어진 점들을 지나는 평면의 방정식을 구하라.

 (1) (1, −2, 1), (−1, −1, 7), (2, −1, 3)

 (2) (0, 0, 0), (1, −1, 0), (0, 1, −1)

CHAPTER 04

벡터

벡터의 정의 4.1

벡터의 노음 및 연산 4.2

벡터의 내적 4.3

벡터곱 4.4

3차원 공간의 직선과 평면 4.5

4.1 벡터의 정의

수학의 응용에서 나타나는 대부분은 한 수치로 나타낼 수 있다. 예를 들면, 길이, 질량, 온도, 에너지, 면적 등이다. 이런 수치를 스칼라라 한다. 속도, 가속도, 힘 등과 같이 양을 표시하기 위해서는 크기뿐만 아니라 방향의 개념을 필요로 한다. 이와 같은 양을 벡터(Vector)라 한다.

(1) 벡터의 기하적 표현

평면에서 벡터는 방향을 가진 선분이다.

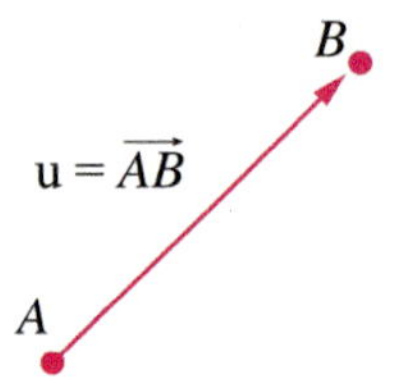

[그림 4.1] 기하적 표현

[그림 4.1]에서 보는 봐와 같이 방향을 가진 화살표인 벡터로 나타낸다.

이 경우 화살표의 출발점 A를 벡터의 시초점이라 하고, 화살표의 종점 B를 종점으로 나타내며, $\overrightarrow{AB}$로 표시한다. $\overline{AB}$의 길이를 벡터의 크기 또는 길이라 정의하고 $|\overrightarrow{AB}|$로 나타낸다. 예컨대, [그림 4.1]와 같이, 벡터 u의 시초점이 A이고, 종점이 B인 경우

$$\mathrm{u} = \overrightarrow{AB}$$

로 쓰기도 한다. 벡터가 [그림 4.2]와 같이 같은 방향과 같은 길이를 가질 때 이들은 동치라 한다.

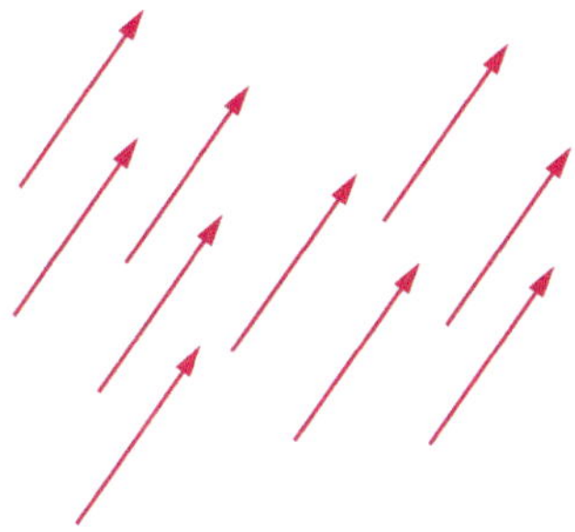

[그림 4.2]

(2) 벡터의 결합

질점이 점 A로부터 B로 움직인다고 가정하면 이에 해당하는 변위벡터는 $\overrightarrow{AB}$이다. 그런 다음 [그림 4.3]에서처럼 방향을 바꾸어 점 B에서 C로 움직이는 효과와 같다. 이 결과에 의한 변위벡터 $\overrightarrow{AC}$를 $\overrightarrow{AB}$와 $\overrightarrow{BC}$의 합이라고 하고

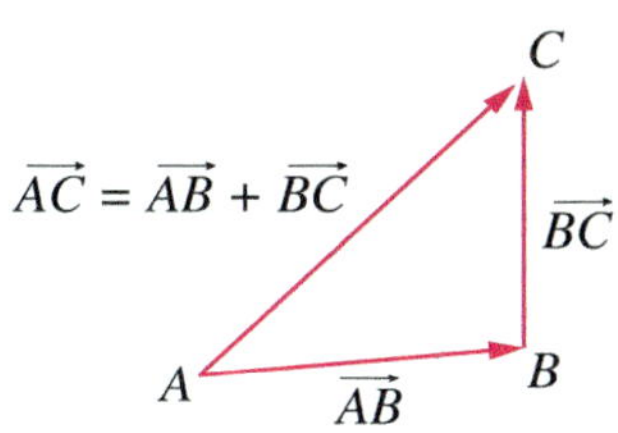

[그림 4.3]

$$\overrightarrow{AC} = \overrightarrow{AB} + \overrightarrow{BC}$$

로 쓴다.

일반적으로 두 벡터 u와 v의 합을 다음과 같이 정의한다.

정의 4.1

두 벡터 u와 v에 대해 v의 시점이 u의 끝점과 일치한다고 가정하면, 합 u + v는 벡터이고 시점 u의 시점과 같고 끝점은 v의 끝점과 같다.

[그림 4.4(a)]는 벡터의 합을 나타낸다. 이 그림을 보면 벡터의 합의 정의를 때때로 삼각형 법칙이라 하는 이유를 알 수 있다.

[그림 4.4(b)]는 [그림 4.3]의 벡터 u, v와 같은 벡터를 이용하여 u의 시점에서 시작하는 또 다른 v를 표시했다. 이들을 이용해 평행사변형을 그리면 $\mathrm{u}+\mathrm{v}=\mathrm{v}+\mathrm{u}$가 됨을 알 수 있다. 벡터 u와 v의 시점이 같으면 $\mathrm{u}+\mathrm{v}$는 u와 v를 변으로 하는 평행사변형의 대각선과 같다.(이를 평행사변형 법칙이라 한다.)

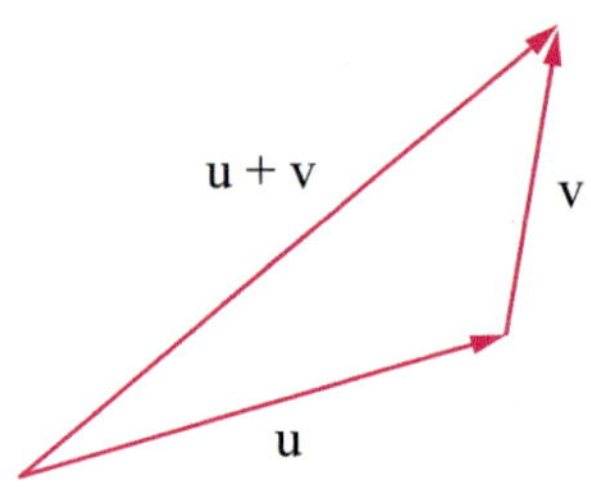

[그림 4.4 (a)]

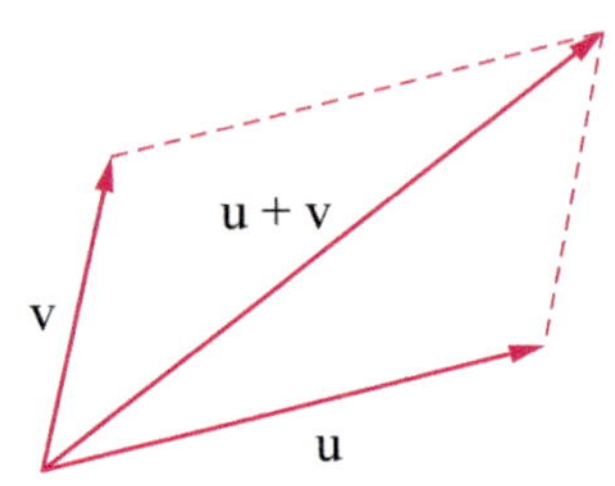

[그림 4.4 (b)]

a가 스칼라이고, v가 벡터이면 $a\mathrm{v}$는 길이가 v의 길이에 $|a|$를 곱한 것과 같고, $a>0$이면 v와 같은 방향이고, $a<0$이면 v와 반대 방향의 벡터이다.

$a=0$이면 $a\mathrm{v}=0$, 즉 영벡터이다.

벡터의 스칼라배의 정의는 [그림 4.5]에 설명되어 있다.

0이 아닌 두 벡터가 다른 벡터의 스칼라배이면, 두 벡터는 평행하다고 정의한다. 특별히 벡터 $-\mathrm{v}=(-1)\mathrm{v}$는 v와 길이가 같지만 방향이 반대인 벡터이다. 이를 v의 음벡터라 한다

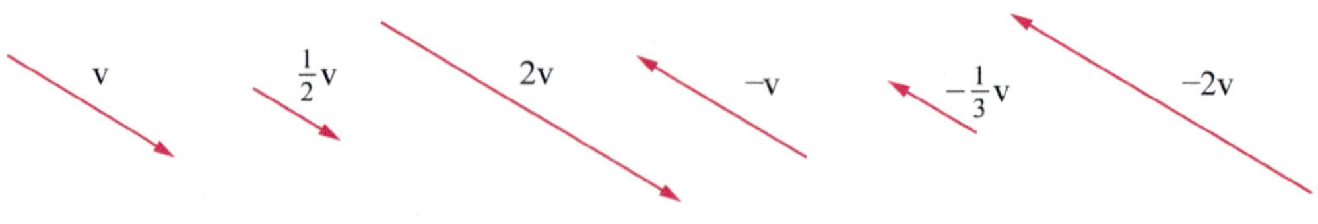

[그림 4.5]

두 벡터의 차(difference)를 $u-v=u+(-v)$를 의미한다. 따라서 먼저 v의 음벡터 $-v$를 그린 다음 [그림 4.6]과 같이 평행사변형 법칙을 이용하여 $-v$를 u에 더하면 $u-v$를 얻는다. 다른 방법을 이용하면 $v+(u-v)=u$이므로 벡터 $u-v$를 v에 더하면 u를 얻는다. 따라서 [그림 4.6]와 같이 삼각형법칙을 이용하면 $u-v$를 얻을 수 있다.

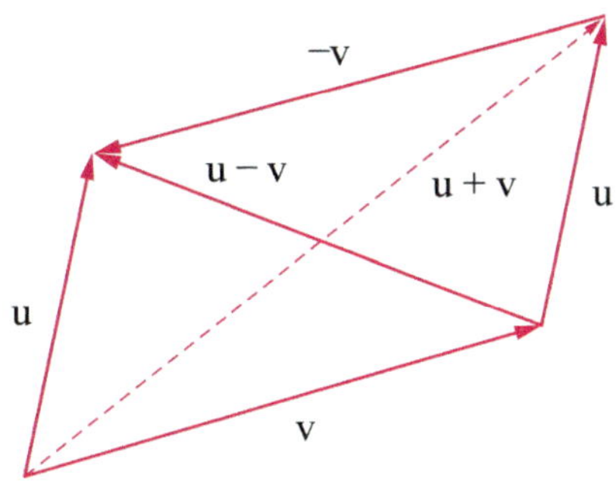

[그림 4.6]

예제 4.1

벡터 a와 b가 [그림 4.7]와 같을 때 a−2b를 그려라.

풀이

먼저 b와 방향이 반대이고 길이가 2배인 벡터 −2b를 그린 다음, [그림 4.8]과 같이 −2b의 시작점이 a의 끝점과 같도록 하여 삼각형 법칙을 이용하면 a+(−2b)를 그릴 수 있다.

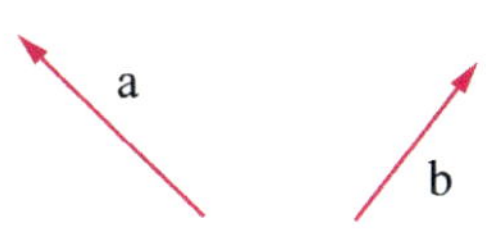

[그림 4.7]

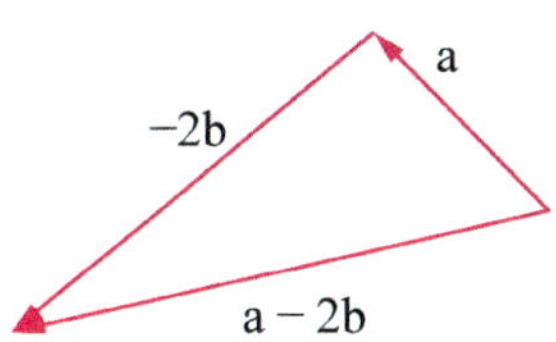

[그림 4.8]

(3) 좌표 평면에서 벡터 성분

벡터를 포함하는 여러 가지 문제는 직교좌표계를 도입함으로써 간단하게 되는 경우가 많다. v를 평면상의 벡터라 할 때 이것을 표시하기 위해 [그림 4.9]에서와 같이 직교좌표계의 원점을 시초점이 되게 위치시키자. 그리고 v의 종점의 좌표 (v_1, v_2)를 v의 성분(components of v)이라 부르고,

$$\mathrm{v} = (v_1, v_2)$$

로 쓰기도 한다.

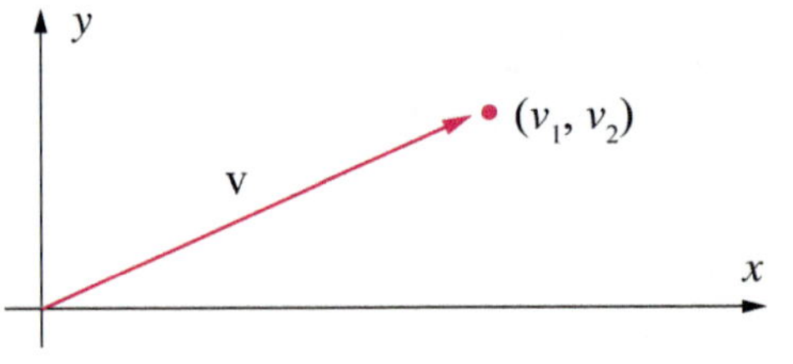

[그림 4.9]

동치인 벡터 v와 w를 그 시초점이 원점이 되도록 하면 그 종점은 일치하게 된다. 또한 역으로 성분이 같은 2개의 벡터는 그 방향이나 길이도 같으므로 동치이다. 즉 2개의 벡터 $\mathrm{v} = (v_1, v_2)$와 $\mathrm{w} = (\omega_1, \omega_2)$가 동치이기 위해서는 $v_1 = \omega_1$이고 $v_2 = \omega_2$로 되는 것이 필요충분조건이다.

벡터끼리의 합이나 벡터의 스칼라곱이라는 벡터의 연산을 그 성분을 사용해서 표현하기는 쉽다.

$$\mathrm{v} + \mathrm{w} = (v_1 + \omega_1,\ v_2 + \omega_2) \tag{1}$$

$\mathrm{v} = (v_1, v_2)$이고 k를 임의의 스칼라라 하면

$$k\mathrm{v} = (kv_1,\ kv_2) \tag{2}$$

이다.

$\mathrm{v} - \mathrm{w} = \mathrm{v} + (-1)\mathrm{w}$이기 때문에 공식 (1)과 (2)로부터 $\mathrm{v} - \mathrm{w} = (v_1 - \omega_1,\ v_2 - \omega_2)$이다.

예제 4.2

v = (1, -3), w = (4, 2) 일 때, v+w, 2v, -w, v-w를 구하라.

풀이

$\mathrm{v}+\mathrm{w}=(1+4,-3+2)=(5,-1)$

$2\mathrm{v}=2(1,-3)=(2,-6)$

$-\mathrm{w}=-(4,2)=(-4,-2)$

$\mathrm{v}-\mathrm{w}=\mathrm{v}+(-\mathrm{w})=(1-4,-3+(-2))=(-3,-5)$

(4) 3차원 공간의 벡터

평면상의 벡터가 2개의 실수를 나열하여 표시할 수 있는 바와 같이 3차원 공간 벡터에 대해서 직교좌표계(rectangular coordinate system)를 도입함으로써 3개의 실수를 나열해서 표시할 수 있다.

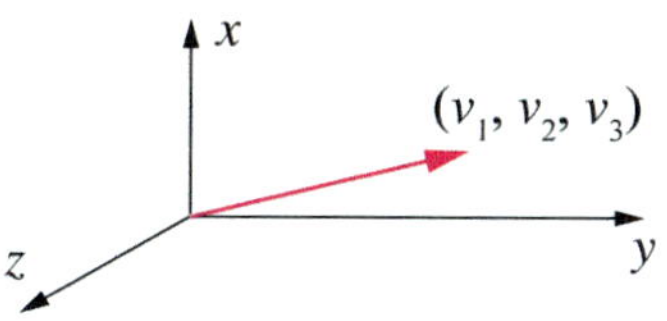

[그림 4.10]

[그림 4.10]에서와 같이 3차원 공간 내에 벡터 v가 직각좌표계의 원점에 그 시초점이 있도록 위치하면 종점의 좌표를 v의 성분(components of v)이라 하고 $\mathrm{v}=(v_1, v_2, v_3)$로 표기한다. 3차원 공간 내의 두 벡터를 $\mathrm{v}=(v_1, v_2, v_3)$, $\mathrm{w}=(\omega_1, \omega_2, \omega_3)$라 하면 평면상의 벡터에 사용되었던 바와 똑같다.

v와 w가 동치이기 위해서는 $v_1=w_1, v_2=w_2, v_3=w_3$인 것이 필요충분조건이다.

$$\mathrm{v}+\mathrm{w}=(v_1+w_1, v_2+w_2, v_3+w_3) \quad (\text{단, } k\text{는 임의의 스칼라})$$

$$k\mathrm{v}=(kv_1, kv_2, kv_3)$$

예제 4.3

v = (1, -3, 2), w = (4, 2, 1)이라 할 때, v+w, 2v, -w, v-w를 구하라.

풀이

$v+w=(5,-1,3)$, $2v=(2,-6,4)$, $-w=(-4,-2,-1)$,

$v-w=v+(-w)=(-3,-5,1)$

벡터 $\overrightarrow{P_1P_2}$의 시초점을 $P_1(x_1, y_1, z_1)$, 종점을 $P_2(x_2, y_2, z_2)$라고 할 때 $\overrightarrow{P_1P_2}$ = $(x_2-x_1,\ y_2-y_1,\ z_2-z_1)$

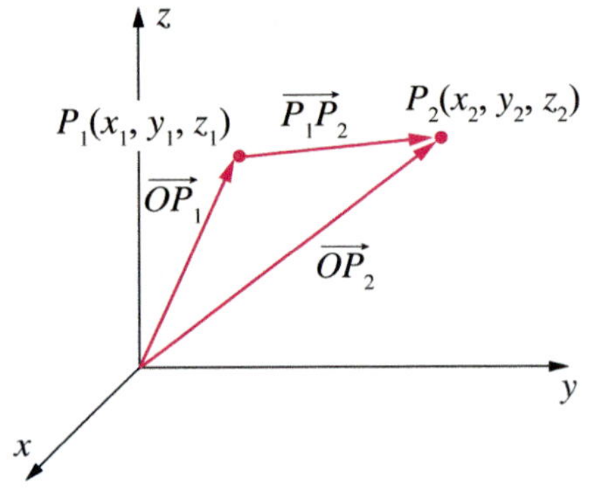

[그림 4.11]

즉 $\overrightarrow{P_1P_2}$의 성분은 좌표를 종점의 좌표에서 시초점의 좌표를 빼서 얻어진다. [그림 4.11]을 이용하여 벡터 $\overrightarrow{P_1P_2}$는 벡터 $\overrightarrow{OP_2}$와 $\overrightarrow{OP_1}$의 차라고 생각할 수 있으므로, $\overrightarrow{P_1P_2}=\overrightarrow{OP_2}-\overrightarrow{OP_1}=(x_2, y_2, z_2)-(x_1, y_1, z_1)=(x_2-x_1, y_2-y_1, z_2-z_1)$이다.

예제 4.4

다음의 주어진 시초점 P_1, 종점 P_2를 갖는 벡터의 성분을 구하라.

(1) $P_1(4, 8)$, $P_2(3, 7)$

(2) $P_1(3, -7, 2)$, $P_2(-2, 5, -4)$

풀이

(1) $\overrightarrow{P_1P_2} = \overrightarrow{OP_2} - \overrightarrow{OP_1} = (-1, -1)$

(2) $\overrightarrow{P_1P_2} = \overrightarrow{OP_2} - \overrightarrow{OP_1} = (-5, 12, -6)$

4.1 연습문제

1. 다음 그림에 주어진 u, v를 보고 다음을 도시하라.

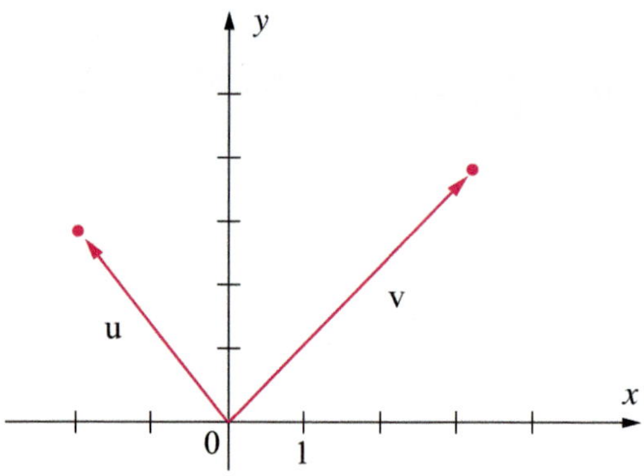

(1) 2u　　(2) u + v

(3) v - 2u　　(4) 2u + v

2. 주어진 벡터 u, v에 대해 2u, −3v u+v, 3u+4v를 구하라.

(1) u = (2, 7)　v = (3, 1)

(2) u = 2i,　v = 3i − 2j

3. 좌표계를 그리고 다음에 주어진 좌표점의 위치를 정하라.

(1) (3, 4, 5)

(2) (−3, −4, 5)

(3) (−3, 0, 0)

4.1 연습문제

4. 원점을 시초점으로 갖는 다음 벡터를 그려라.

(1) $v_1 = (3, 6)$ (2) $v_2 = (3, 0)$

(3) $v_3 = (0, 0, -3)$

5. 다음에 주어진 시초점 P_1과 종점 P_2를 갖는 벡터의 성분을 구하라.

(1) $P_1(4, 8)$, $P_2(3, 7)$

(2) $P_1(3, -7, 2)$, $P_2(-2, 5, -4)$

6. u = (-3, 1, 2), v = (4, 0, -8), w = (6, -1, -4)라 할 때 다음 벡터의 성분을 구하라.

(1) $v - w$ (2) $-v + u$

(3) $-3(v - 8w)$

7. u, v와 w를 문제 6의 벡터라 할 때 2u - v + x = 7x + w를 만족하는 벡터 x의 성분을 구하라.

8. 다음 등식을 만족하는 모든 스칼라 c_1, c_2와 c_3를 구하라.

$$c_1(1, 2, 0) + c_2(2, 1, 1) + c_3(0, 3, 1) = (0, 0, 0)$$

9. 점 P의 좌표를 (2, 3, -2), 점 Q의 좌표를 (7, -4, 1)이라 할 때

(1) P와 Q를 연결하는 선분의 중점을 구하라.

(2) P와 Q를 연결하는 선분을 3:1로 내분하는 점을 구하라.

4.2 벡터의 노음 및 연산

벡터 v의 길이를 v의 노음(Norm)이라 부르고, |v|로 표시한다. 벡터 $v=(x, y)$의 노음을 피타고라스의 정리를 이용해, $|v|=\sqrt{x^2+y^2}$ 으로 정의한다. 마찬가지로 피타고라스의 정리를 쓰면 두 점 $P_1(x_{1,} y_1)$, $P_2(x_{2,} y_2)$가 주어졌을 때 그 두 점 사이의 거리는 d는 벡터 $\overrightarrow{P_1P_2}$의 노음이다. 따라서 $\overrightarrow{P_1P_2}=(x_2-x_{1,} y_2-y_1)$ 이므로 $|\overrightarrow{P_1P_2}|=\sqrt{(x_2-x_1)^2+(y_2-y_1)^2}$ 으로 주어진다.

예제 4.5

각 벡터의 크기를 구하라.

(1) $u=(2, -3)$

(2) $v=(5, 0)$

(3) $w=\left(\frac{3}{5}, \frac{4}{5}\right)$

풀이

(1) $|u| = \sqrt{2^2+(-3)^2} = \sqrt{13}$

(2) $|v|= \sqrt{5^2+0^2} = \sqrt{25} = 5$

(3) $|w|= \sqrt{(\frac{3}{5})^2+(\frac{4}{5})^2} = \sqrt{\frac{9}{25}+\frac{16}{25}} = 1$

예제 4.6

$P_1(2,3)$, $P_2(4,6)$이면 두 점 사이의 거리를 구하라.

풀이

$|\overrightarrow{P_1P_2}| = \sqrt{(4-2)^2+(6-3)^2} = \sqrt{13}$

3차 공간에서의 벡터 $v=(x,y,z)$의 노음은 [그림 4.12]와 피타고라스 정리에 의해서 $|v|^2 = (OR)^2+(RP)^2=(OQ)^2+(OS)^2+(RP)^2=x^2+y^2+z^2$이 된다. 따라서 $|v| = \sqrt{x^2+y^2+z^2}$ 또 두 점 $P_1(x_1,\ y_1,\ z_1)$과 $P_2(x_2,\ y_2,\ z_2)$가 주어졌을 때 $\overrightarrow{P_1P_2}=(x_2-x_1, y_2-y_1, z_2-z_1)$ 이므로, $\overrightarrow{P_1P_2}$의 노음은

$$|\overrightarrow{P_1P_2}| = \sqrt{(x_2-x_1)^2+(y_2-y_1)^2+(z_2-z_1)^2}$$

로 주어진다.

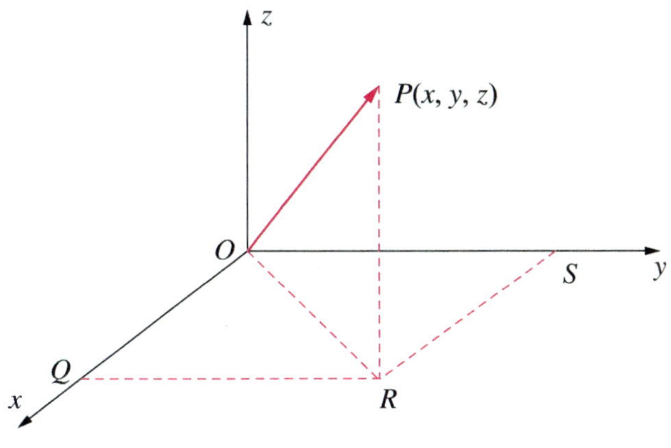

[그림 4.12]

길이가 1인 벡터를 단위벡터(unit vector)라 한다. 이제 v가 영벡터가 아닐 때, 벡터

$$u = \frac{v}{|v|}$$

는 v−방향의 단위벡터가 된다.

예제 4.7

$v = (2,\ 3)$의 단위벡터를 구하라.

풀이

$|v| = \sqrt{2^2 + 3^2} = \sqrt{13}$, $u = \frac{1}{\sqrt{13}}(2, 3) = (\frac{2}{\sqrt{13}}, \frac{3}{\sqrt{13}})$

4.2 연습문제

1. 시점이 P_1, 종점이 P_2인 벡터의 성분을 구하라.

(1) $P_1(3,\ 5)\ P_2(2,\ 8)$　　(2) $P_1(6,\ 5,\ 8)\ P_2(8,\ -7,\ -3)$

2. 시점이 P_1 종점이 P_2인 벡터 v의 길이 |v|를 구하고, v를 도시하라.

(1) $P_1(1,0,0)$, $P_2(4,2,0)$　　(2) $P_1(3,-2,1)$, $P_2(1,2,-4)$

(3) $P_1(8,6,1)$, $P_2(-8,6,1)$

3. u와 v가 다음과 같을 때 u+v, u−v 및 3u−2v를 각각 구하라.

(1) u = (2,3), v = (−2,5)　　(2) u = (1,2,−3), v = (0,1,−2)

4. X=(1,−2,3), Y=(−3,1,3), Z = (x,−1,y) 및 U = (3,u,2)라 할 때 다음의 각각의 경우에 x, y, u를 구하라.

(1) $Z=\frac{1}{2}X$　　(2) Z+U=X

(3) Z+U=Y

5. 주어진 두 점 사이의 거리를 구하라.

(1) (2,3) (4,5)　　(2) (−3,2) (0,1)

6. 주어진 두 점 사이의 거리를 구하라.

(1) (1,−1,2) (3,0,2)　　(2) (−3,2) (0,1)

4.2 연습문제

7. u=(1,−3,2) v=(1,1,0) w=(2,2,−4)일 때 다음을 구하라.

(1) $|\mathrm{u}+\mathrm{v}|$　　(2) $|-2\mathrm{u}|+2|\mathrm{v}|$

(3) $\frac{1}{|\mathbf{w}|}\cdot\mathbf{w}$

8. u=(1,2,3) v=(2,−3,1) w=(3,2,−1)일 때 다음과 같은 벡터의 성분을 구하라.

(1) u−v

(2) 2u−(v+w)

(3) $c_1\mathrm{u}+c_2\mathrm{v}+c_3\mathrm{w}=(6, 14, -2)$를 만족하는 스칼라 c_1, c_2, c_3를 구하라.

9. $P_1(1,1,2)$ $P_2(6,-7,3)$이 주어졌을 때

(1) 두 점 P_1과 P_2 사이의 거리를 구하라.

(2) 시점이 P_1이고 종점이 P_2인 벡터를 구하라.

(3) (2)에서 벡터를 u라 할 때 $|3\mathrm{u}|$를 구하라.

(4) $\frac{\mathrm{u}}{|\mathrm{u}|}$를 계산하고, $\frac{\mathrm{u}}{|\mathrm{u}|}$의 노음(Norn)이 1이 됨을 보여라.

(5) $|k\mathrm{u}|=3$이 되는 k의 모든 값을 구하라.

(6) (4)를 이용하여 v=(1,1,1)과 같은 방향을 갖는 단위벡터를 구하라.

10. u−방향의 단위벡터를 구하라.

(1) u = (1, 2, 1)　　(2) u = (0, −1, 2, −1)

4.3 벡터의 내적

정의 4.2

$u = \langle a_1, b_1 \rangle, v = \langle a_2, b_2 \rangle$ 벡터라 할 때 u, v의 내적 $u \bullet v$를

$u \bullet v = a_1 a_2 + b_1 b_2$

으로 정의한다. 내적은 벡터가 아니고 스칼라이다.

예제 4.8

다음 내적 $u \bullet v$를 구하라.

(1) $u = \langle 3, -2 \rangle, v = \langle 4, 5 \rangle$

(2) $u = 2i + j, v = 5i - 6j$

풀이

(1) $u \bullet v = (3)(4) + (-2)(5) = 2$

(2) $u \bullet v = (2)(5) + (1)(-6) = 4$

정리 4.1

(1) $u \cdot v = v \cdot u$

(2) $(au) \cdot v = a(u \cdot v) = u \cdot (av)$

(3) $(u+v) \cdot w = u \cdot w + v \cdot w$

(4) $|u|^2 = u \cdot u$

증명

(1), (2), (3)은 생략하고 (4)를 증명하자.

$u = \langle a, b \rangle$라 하자.

$u \bullet u = \langle a, b \rangle \bullet \langle a, b \rangle = a^2 + b^2 = |u|^2$

정리 4.2

θ가 u와 v의 사잇각이라면

$$\mathrm{u} \cdot \mathrm{v} = |\mathrm{u}||\mathrm{v}|\cos\theta$$

증명

이제 영벡터가 아닌 두 벡터 u, v 그리고 사잇각 θ가 주어졌을 때 [그림 4.13]에서 삼각형의 코사인법칙을 적용하면

$$|\mathrm{u}-\mathrm{v}|^2 = |\mathrm{u}|^2 + |\mathrm{v}|^2 - 2|\mathrm{u}||\mathrm{v}|\cos\theta$$

$$\begin{aligned}|\mathrm{u}-\mathrm{v}|^2 &= (\mathrm{u}-\mathrm{v}) \cdot (\mathrm{u}-\mathrm{v}) \\ &= \mathrm{u} \cdot \mathrm{u} - \mathrm{u} \cdot \mathrm{v} - \mathrm{v} \cdot \mathrm{u} + \mathrm{v} \cdot \mathrm{v} \\ &= |\mathrm{u}|^2 - 2(\mathrm{u} \cdot \mathrm{v}) + |\mathrm{v}|^2\end{aligned}$$

$$|\mathrm{u}|^2 - 2(\mathrm{u} \cdot \mathrm{v}) + |\mathrm{v}|^2 = |\mathrm{u}|^2 + |\mathrm{v}|^2 - 2|\mathrm{u}||\mathrm{v}|\cos\theta$$

$$-2(\mathrm{u} \cdot \mathrm{v}) = -2|\mathrm{u}||\mathrm{v}|\cos\theta$$

$$\mathrm{u} \cdot \mathrm{v} = |\mathrm{u}||\mathrm{v}|\cos\theta$$

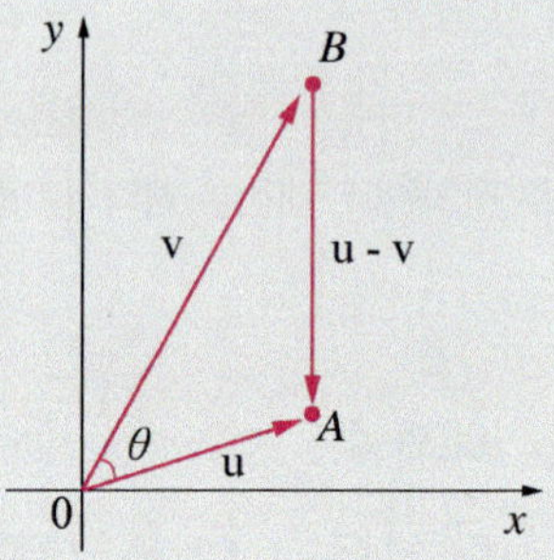

[그림 4.13]

예제 4.9

$\mathrm{u} = \langle 2, 5 \rangle$와 $\mathrm{v} = \langle 4, -3 \rangle$에 대하여 u와 v가 이루는 각도를 구하라.

풀이

$$\cos\theta = \frac{\mathrm{u} \cdot \mathrm{v}}{|\mathrm{u}||\mathrm{v}|} = \frac{(2)(4)+(5)(-3)}{\sqrt{4+25}\sqrt{16+9}} = \frac{-7}{5\sqrt{29}}$$

$$\theta = \cos^{-1}\left(\frac{-7}{5\sqrt{29}}\right) \approx 105.1^\circ$$

예제 4.10

$u = \langle 2, -1, 1 \rangle$ $v = \langle 1, 1, 2 \rangle$에 대해서 u • v와 u와 v가 이루는 각도 θ를 구하라.

풀이

$u \cdot v = u_1v_1 + u_2v_2 + u_3v_3 = (2)(1) + (-1)(1) + (1)(2) = 3$

주어진 벡터에 대해서 $|u| = |v| = \sqrt{6}$ 이고

$\cos\theta = \frac{u \cdot v}{|u||v|} = \frac{3}{\sqrt{6}\sqrt{6}} = \frac{1}{2}$ 따라서 $\theta = 60^\circ$ 이다.

0이 아닌 두 벡터 u와 v사이의 각이 $\frac{\pi}{2}$일 때, u와 v는 서로 수직(perpendicular) 또는 서로 직교(orthogonal)한다고 말한다.

$u \cdot v = |u||v|\cos\left(\frac{\pi}{2}\right) = 0$이고, 역으로 $u \cdot v = 0$이면 $\cos\theta = 0$이므로, $\theta = \frac{\pi}{2}$이다. 영벡터는 모든 벡터에 수직인 것으로 생각한다. 그러므로 다음 방법에 의해 두 벡터가 직교하는지 결정할 수 있다.

예제 4.11

$2i + 2j - k$가 $5i - 4j + 2k$에 수직임을 보여라.

풀이

$(2i + 2j - k) \cdot (5i - 4j + 2k) = 2(5) + 2 \times (-4) + (-1)(2) = 0$이므로 두 벡터는 수직이다.

[그림 4.14]는 같은 시점 P를 갖는 두 벡터 a와 u를 $\overrightarrow{PQ}$와 $\overrightarrow{PR}$로 표현하고 있다. S를 R에서 $\overrightarrow{PQ}$를 포함하는 직선에 내린 수선의 발이라고 할 때, $\overrightarrow{PS}$로 표시된 벡터를 a위로의 u의 벡터 사영(vector projection)이라 부른다.(이를 벡터 u의 그림자로 생각할 수 있다).

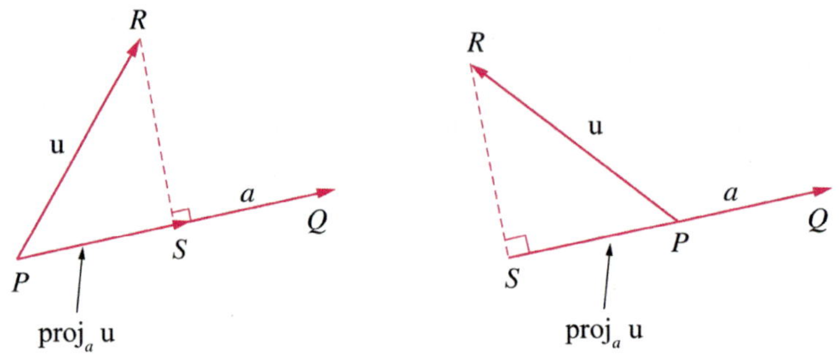

[그림 4.14]

a위로의 u의 스칼라 사영(또는 a방향의 u의 성분)은 θ가 a와 u사이의 각일 때, $|\text{u}|\cos\theta$로 정의한다([그림 4.15] 참조). $\frac{\pi}{2} < \theta \leq \pi$일 때 이것은 음수가 됨을 확인하라. 식:

$$a \cdot \text{u} = |a|\,|\text{u}|\cos\theta = |a|(|\text{u}|\cos\theta)$$

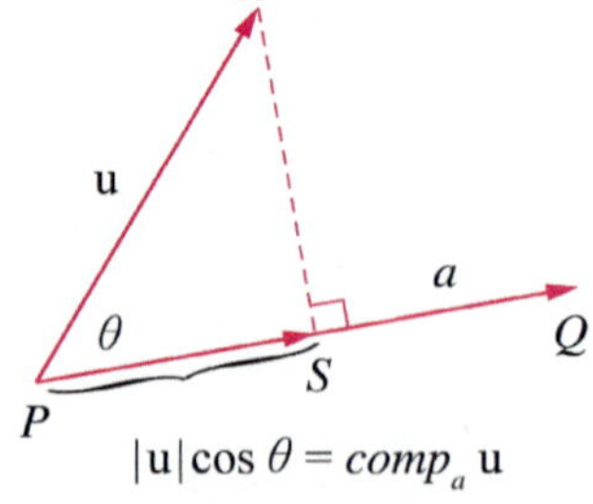

[그림 4.15]

는 a와 u의 내적이 a의 길이에 a위로의 u의 스칼라 사영을 곱한 것으로 설명될 수 있음을 보여준다.

$$|\mathrm{u}|\cos\theta = \frac{a \cdot \mathrm{u}}{|a|} = \frac{a}{|a|} \cdot \mathrm{u}$$

이므로 a방향의 u의 성분은 a와 방향이 같은 단위벡터와 u와의 내적임을 알 수 있다. 이것을 요약하면,

a 위로의 u의 스칼라 사영 : $comp_a\mathrm{u} = \dfrac{a \cdot \mathrm{u}}{|a|}$

a 위로의 u의 벡터 사영 : $proj_a\mathrm{u} = \dfrac{a \cdot \mathrm{u}}{|a|}\dfrac{a}{|a|} = \dfrac{a \cdot \mathrm{u}}{|a|^2}a$

벡터 사영은 a방향으로의 단위 벡터에 스칼라 사영을 곱한 것과 같다는 것을 기억하자.

예제 4.12

$a = \langle -2, 3, 1 \rangle$ 위로의 $\mathrm{u} = \langle 1, 1, 2 \rangle$의 스칼라 사영과 벡터 사영을 구하라.

풀이

$|a| = \sqrt{(-2)^2 + 3^2 + 1^2} = \sqrt{14}$ 이므로 a 위로의 u의 스칼라 사영은

$$comp_a\,\mathrm{u} = \frac{a \cdot \mathrm{u}}{|a|} = \frac{(-2)(1) + 3(1) + 1(2)}{\sqrt{14}} = \frac{3}{\sqrt{14}}$$

이다.

벡터 사영은 이 스칼라 사영을 a방향의 단위벡터에 곱한 것이다.

$$proj_a\mathrm{u} = \frac{3}{\sqrt{14}}\frac{a}{|a|} = \frac{3}{14}a = \frac{3}{14}(-2,3,1) = (-\frac{3}{7}, \frac{9}{14}, \frac{3}{14})$$

예제 4.13

$\mathrm{u} = \langle 2,\ -1, 3 \rangle$ 이고, $a = \langle 4,\ -1, 2 \rangle$ 라 하자. a에 따르는 u의 벡터성분과 a에 직교하는 u의 벡터성분을 구하라.

풀이

$\mathrm{u} \cdot a = (2)(4) + (-1)(-1) + (3)(2) = 15$

$|a|^2 = 4^2 + (-1)^2 + 2^2 = 21$

따라서, a를 따르는 u의 벡터사영은

$$proj_a \mathrm{u} = \frac{\mathrm{u} \cdot a}{|a|^2} a = \frac{15}{21}(4, -1, 2) = (\frac{20}{7}, -\frac{5}{7}, \frac{10}{7})$$

이고, a에 직교하는 u의 벡터성분은

$$\mathrm{u} - proj_a \mathrm{u} = (2, -1, 3) - (\frac{20}{7}, -\frac{5}{7}, \frac{10}{7}) = (-\frac{6}{7}, -\frac{2}{7}, \frac{11}{7})$$

검산으로서 독자는 벡터 $\mathrm{u} - proj_a\mathrm{u}$와 $proj_a \mathrm{u}$ 가 이들의 내적이 0임을 밝힘으로써 수직임을 밝힐 수 있다.

4.3 연습문제

1. u • v를 계산하라.

(1) u = ⟨ 3,1 ⟩, v = ⟨ 2,4 ⟩

(2) u = ⟨ 2, −1, 3 ⟩, v = ⟨ 0, 2, 4 ⟩

2. 다음 벡터 사이의 각을 구하라

(1) a = 3i−2j, b = i+j

(2) a = 3i +j -4k, b =−2i+2j+k

3. 주어진 벡터들이 직교하는지 밝혀라.

(1) a = ⟨4,−1,1⟩, b = ⟨2,4,4⟩

(2) a = 6i+2j, b = −i+3j

4. 주어진 벡터와 직교하는 벡터를 찾아라.

(1) ⟨2,−1⟩

(2) 6i+2j−k

5. $comp_a$u와 $proj_a$u를 찾아라.

(1) u = ⟨2,1⟩, a = ⟨3,4⟩

(2) u = 3i+j, a = 4i−3j

(3) u = ⟨2,0,−2⟩, a = ⟨0,−3,4⟩

4.3 연습문제

6. 다음의 u와v가 이루는 각을 각각 구하라.

(1) $\mathrm{u} = \langle 2,3 \rangle$, $\mathrm{v} = \langle 5,-7 \rangle$

(2) $\mathrm{u} = \langle 1,-5,4 \rangle$, $\mathrm{v} = \langle 3,3,3 \rangle$

7. 다음의 u에서 a로의 정사영 벡터와 정사영 벡터에 직교하는 u벡터사영을 구하라.

(1) $\mathrm{u} = \langle 6,2 \rangle$, $a = \langle 3,-9 \rangle$

(2) $\mathrm{u} = \langle 3,1,-7 \rangle$, $a = \langle 1,0,5 \rangle$

8. 문제 7의 각각에서 a에 직교하는 u벡터의 성분을 구하라.

9. 다음 각각에서 $|proj_a \mathrm{u}|$를 구하라.

(1) $\mathrm{u} = \langle 1,-2 \rangle$, $a = \langle -4,-3 \rangle$

(2) $\mathrm{u} = \langle 3,-2,6 \rangle$, $a = \langle 1,2,-7 \rangle$

10. u=⟨1,0,1⟩과 v=⟨0,1,1⟩의 모두에 직교하는 단위벡터를 구하라.

4.4 벡터곱

기하학, 물리학과 공학의 여러 가지 문제에 대한 벡터의 응용에 있어서 3차원 공간에서 주어진 두 벡터에 수직이 되는 벡터를 구성하는 방법을 설명한다.

4.3절에서부터 2차원 또는 3차원 공간에 있어서 두 벡터의 내적은 스칼라였음을 상기하자. 이제 벡터곱이 벡터를 구성하는 벡터 곱셈의 하나인 형태를 정의하겠지만, 이것은 오직 3차원 공간에서만이 적용 가능하다.

정의 4.3

3차원 공간의 벡터 $\mathrm{u}=(u_1,\ u_2,\ u_3)$와 $\mathrm{v}=(v_1,\ v_2,\ v_3)$에서 $\mathrm{u}\times\mathrm{v}=(u_2v_3-u_3v_2,\ u_3v_1-u_1v_3,\ u_1v_2-u_2v_1)$을 u와 v의 외적 또는 벡터곱(cross product)이라 한다. 행렬식을 이용하면

$$\mathrm{u}\times\mathrm{v}=\left(\begin{vmatrix} u_2 & u_3 \\ v_2 & v_3 \end{vmatrix}, -\begin{vmatrix} u_1 & u_3 \\ v_1 & v_3 \end{vmatrix}, \begin{vmatrix} u_1 & u_2 \\ v_1 & v_2 \end{vmatrix}\right)$$

로도 정의한다.

예제 4.14

$\mathrm{u}=\langle 1, 2, -2\rangle$, $\mathrm{v}=\langle 3, 0, 1\rangle$이라 하고서 $\mathrm{u}\times\mathrm{v}$를 구하라.

풀이

$$\mathrm{u}\times\mathrm{v}=\left(\begin{vmatrix} 2 & -2 \\ 0 & 1 \end{vmatrix}, -\begin{vmatrix} 1 & -2 \\ 3 & 1 \end{vmatrix}, \begin{vmatrix} 1 & 2 \\ 3 & 0 \end{vmatrix}\right)=(2,\ -7,\ -6)$$

정리 4.3

벡터곱과 내적의 관계

u,v와 w를 3차원 공간의 벡터라 할 때 다음이 성립한다.

(1) u · (u×v)=0

(2) v · (u×v)=0

(3) $|\mathrm{u} \times \mathrm{v}|^2 = |\mathrm{u}|^2 |\mathrm{v}|^2 - (\mathrm{u} \bullet \mathrm{v})^2$

(4) u×(v×w)=(u · w)v−(u · v)w

(5) (u×v)×w=(u · w)v−(v · w)u

증명

증명(1): ($\mathrm{u} = (u_1, u_2, u_3)$이고, $\mathrm{v} = (v_1, v_2, v_3)$라 하면 다음이 성립한다.

$$\begin{aligned} \mathrm{u} \bullet (\mathrm{u} \times \mathrm{v}) &= (u_1, u_2, u_3) \bullet (u_2v_3 - u_3v_2, u_3v_1 - u_1v_3, u_1v_2 - u_2v_1) \\ &= u_1(u_2v_3 - u_3v_2) + u_2(u_3v_1 - u_3v_1) + u_3(u_1v_2 - u_2v_1) = 0. \end{aligned}$$

증명(2): (1)와 같다.

증명(3): $|\mathrm{u} \bullet \mathrm{v}|^2 = (u_2v_3 - u_3v_2)^2 + (u_3v_1 - u_1v_3)^2 + (u_1v_2 - u_2v_1)^2$이고

$|\mathrm{u}|^2 |\mathrm{v}|^2 - (\mathrm{u} \bullet \mathrm{v})^2 = (u_1^2 + u_2^2 + u_3^2)(v_1^2 + v_2^2 + v_3^2) - (u_1v_1 + u_2v_2 + u_3v_3)^2$이므로

이들이 일치함을 밝힘으로써 증명된다.

증명 (4)와 (5): 생략

예제 4.15

$\mathrm{u} \times \mathrm{v}$는 u와 v에 수직임을 보여라.

풀이

$\mathrm{u} \times \mathrm{v} = (2, -7, -6)$이고

$\mathrm{u} \bullet (\mathrm{u} \times \mathrm{v}) = (1)(2) + (2)(-7) + (-2)(-6) = 0$

$\mathrm{v} \bullet (\mathrm{u} \times \mathrm{v}) = (3)(2) + (0)(-7) + (1)(-6) = 0$

이므로, [정리 4.3] (1), (2)에서 확인된 바와 같은 $\mathrm{u} \times \mathrm{v}$는 u, v의 각각에 직교한다.

정리 4.4

벡터곱의 성질

u, v, w를 3차원 공간의 벡터, k를 임의의 스칼라라 할 때 다음이 성립한다.

(1) $u \times v = -(v \times u)$

(2) $u \times (v+w) = (u \times v) + (u \times w)$

(3) $(u+v) \times w = (u \times w) + (v \times w)$

(4) $k(u \times v) = (ku) \times v = u \times (kv)$

(5) $u \times 0 = 0 \times u = 0$ (0벡터)

(6) $u \times u = 0$

벡터 $i = (1,0,0)$, $j = (0,1,0)$, $k = (0,0,1)$을 생각하자. 이들 벡터는 어느 것이나 길이가 1이고 좌표축 상에 존재한다([그림 4.16] 참조). 이들의 특수한 벡터를 3차원 공간의 3개의 표준 단위 벡터(standard unit vectors)라 부른다. 3차원 공간의 임의의 벡터 $v = (v_1, v_2, v_3)$는 i, j, k를 사용해 나타내면,

$v = (v_1, v_2, v_3) = v_1(1,0,0) + v_2(0,1,0) + v_3(0,0,1) = v_1 i + v_2 j + v_3 k$로 쓸 수 있다.

예컨대 $(2, -3, 4) = 2i - 3j + 4k$이다.

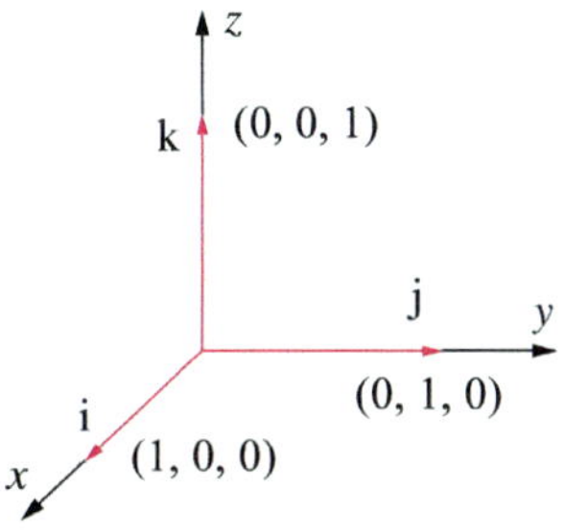

[그림 4.16]

벡터곱에 관한 행렬식 형식 또한 단위벡터 i, j, k를 사용하여 $u \times v$를 다음과 같이 3×3행렬식 형태의 기호로 표현할 수도 있다. 즉

$$u \times v = \begin{vmatrix} i & j & k \\ u_1 & u_2 & u_3 \\ v_1 & v_2 & v_3 \end{vmatrix} = \begin{vmatrix} u_2 & u_3 \\ v_2 & v_3 \end{vmatrix} i - \begin{vmatrix} u_1 & u_3 \\ v_1 & v_3 \end{vmatrix} j + \begin{vmatrix} u_1 & u_2 \\ v_1 & v_2 \end{vmatrix} k$$

예제 4.16

$u=(1,2,-2), v=(3,0,1)$이라 할 때 $u \times v$을 구하라.

풀이

$$u \times v = \begin{vmatrix} i & j & k \\ 1 & 2 & -2 \\ 3 & 0 & 1 \end{vmatrix} = 2i - 7j - 6k$$

---

(1) 벡터곱의 기하학적 의미

u와 v가 3차원 공간의 벡터이면 u • v의 노음은 유용한 기하학적 해석을 갖는다. [정리 4.3]에서 주어진 라그랑주의 항등식은

$$|u \times v|^2 = |u|^2|v|^2 - (u \cdot v)^2$$

이었다. u와 v가 이루는 각을 θ라 하면 $u \cdot v = |u||v|\cos\theta$로 쓸 수 있으므로 위 식을 변형하면,

$$\begin{aligned} |u \times v|^2 &= |u|^2|v|^2 - |u|^2|v|^2\cos^2\theta \\ &= |u|^2|v|^2(1-\cos^2\theta) \\ &= |u|^2|v|^2\sin^2\theta \end{aligned}$$

로 된다. $0 \le \theta \le \pi$이므로 $\sin\theta \ge 0$이다. 따라서,

$$|u \times v| = |u||v|\sin\theta$$

라는 공식이 얻어진다. 그런데 $|v|\sin\theta$란 u와 v가 만드는 평행사변형의 높이로 되어 있다([그림 4.17 참조]). 따라서 이 평행사변형의 넓이

A=(밑변)(높이)$=|u||v|\sin\theta = |u \times v|$로 주어진다.

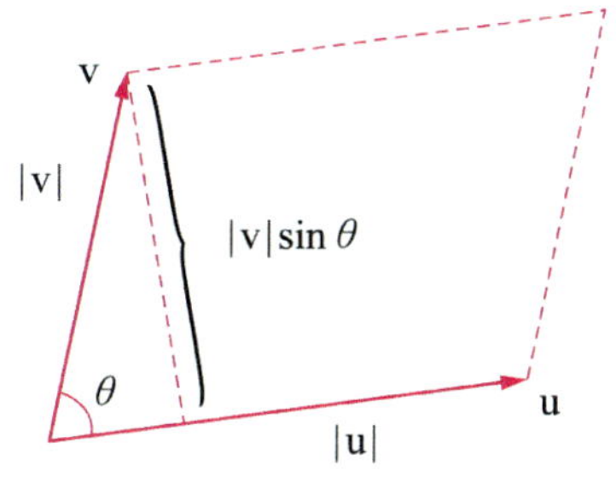

[그림 4.17]

정리 4.5

평행사변형의 넓이

u와 v가 3차원 공간의 벡터이면 $|\mathbf{u} \times \mathbf{v}|$는 u와 v가 만드는 평행사변형의 넓이와 같다.

예제 4.17

점 $P_1(2,2,0)$, $P_2(-1,0,2)$와 $P_3(0,4,3)$으로 결정되는 3각형의 넓이를 구하라.

풀이

$\overrightarrow{P_1P_2}=(-3,-2,2)$이고 $\overrightarrow{P_1P_3}=(-2,2,3)$이므로

$\overrightarrow{P_1P_2}\times\overrightarrow{P_1P_3}=(-10,5,-10)$ 따라서

$$A=\frac{1}{2}|\overrightarrow{P_1P_2}\times\overrightarrow{P_1P_3}|=\frac{1}{2}(15)=\frac{15}{2}$$

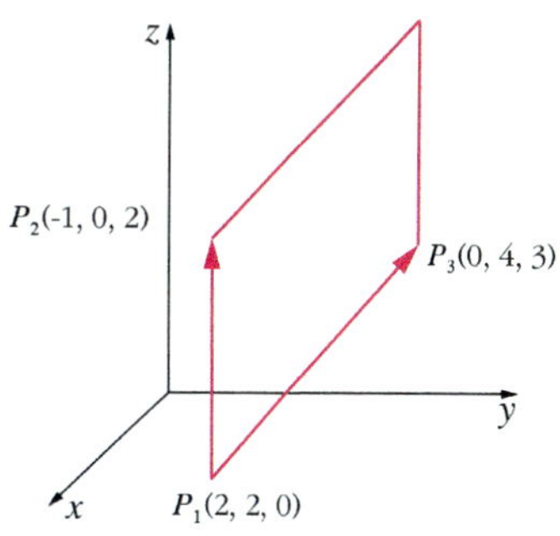

[그림 4.18]

(2) 스칼라 3중적

정의 u, v와 w를 3차원 공간의 벡터라 할 때 u • (v×w)를 u, v와 w의 스칼라 3중적(scalar triple product)이라 한다.

$\mathrm{u}=(u_1, u_2, u_3)$, $\mathrm{v}=(v_1, v_2, v_3)$와 $\mathrm{w}=(w_1, w_2, w_3)$의 스칼라 3중적은 공식

$$\mathrm{u} \cdot (\mathrm{v} \times \mathrm{w}) = \begin{vmatrix} u_1 & u_2 & u_3 \\ v_1 & v_2 & v_3 \\ w_1 & w_2 & w_3 \end{vmatrix}$$

로 계산될 수 있다.

$$\begin{aligned} \mathrm{u} \cdot (\mathrm{v} \times \mathrm{w}) &= u \cdot \left(\begin{vmatrix} v_2 & v_3 \\ w_2 & w_3 \end{vmatrix} i - \begin{vmatrix} v_1 & v_3 \\ w_1 & w_3 \end{vmatrix} j + \begin{vmatrix} v_1 & v_2 \\ w_1 & w_3 \end{vmatrix} k \right) \\ &= \begin{vmatrix} v_2 & v_3 \\ w_2 & w_3 \end{vmatrix} u_1 - \begin{vmatrix} v_1 & v_3 \\ w_1 & w_3 \end{vmatrix} u_2 + \begin{vmatrix} v_1 & v_2 \\ w_1 & w_2 \end{vmatrix} u_3 = \begin{vmatrix} u_1 & u_2 & u_3 \\ v_1 & v_2 & v_3 \\ w_1 & w_2 & w_3 \end{vmatrix} \end{aligned}$$

이다.

예제 4.18

벡터 $\mathrm{u}=3\mathrm{i}-2\mathrm{j}-5\mathrm{k}$, $\mathrm{v}=\mathrm{i}+4\mathrm{j}-4\mathrm{k}$, $\mathrm{w}=3\mathrm{j}+2\mathrm{k}$의 스칼라 3중적 u • (v×w)를 계산하라.

풀이

$$\mathrm{u} \cdot (\mathrm{v} \times \mathrm{w}) = \begin{vmatrix} 3 & -2 & -5 \\ 1 & 4 & -4 \\ 0 & 3 & 2 \end{vmatrix} = 3\begin{vmatrix} 4 & -4 \\ 3 & 2 \end{vmatrix} - (-2)\begin{vmatrix} 1 & -4 \\ 0 & 2 \end{vmatrix} + (-5)\begin{vmatrix} 1 & 4 \\ 0 & 3 \end{vmatrix} = 60 + 4 - 15 = 49$$

(3) 행렬식의 기하학적 의미

정리 4.6

(1) 행렬식

$\det\begin{bmatrix} u_1 & u_2 \\ v_1 & v_2 \end{bmatrix}$의 절대값은 2차원 공간의 벡터 $\mathrm{u}=(u_1,u_2)$와 $\mathrm{v}=(v_1,v_2)$가 만드는 평행사변형의 넓이와 같다([그림 4.19] (1) 참조).

(2) 행렬식

$\det\begin{bmatrix} u_1 & u_2 & u_3 \\ v_1 & v_2 & v_3 \\ w_1 & w_2 & w_3 \end{bmatrix}$의 절대값은 3차원 공간의 벡터 $\mathrm{u}=(u_1,u_2,u_3)$, $\mathrm{v}=(v_1,v_2,v_3)$와 $\mathrm{w}=(w_1,w_2,w_3)$가 만드는 평행육면체의 부피와 같다([그림 4.19] (2) 참조).

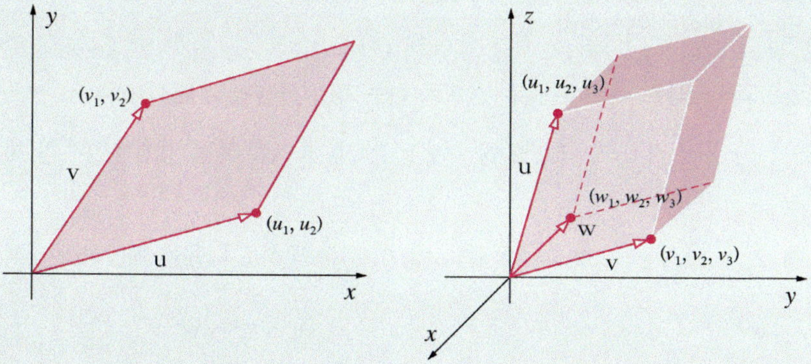

(1) (2)

[그림 4.19]

4.4 연습문제

1. 외적 $u \times v$를 계산하라.

(1) $u = (1, 2, -1), v = (1, 0, 2)$

(2) $u = 2i - k, v = 4j + k$

2. 2개의 주어진 벡터에 직교하는 2개의 단위벡터를 구하라.

(1) $u = (1, 0, 4), v = (1, -4, 2)$

(2) $u = -2i + 3j - 3k, v = 2i - k$

3. 다음 면적과 체적을 계산하라.

(1) (2,3)과 (1,4)를 이웃하는 두 변으로 하는 평행사변형의 면적

(2) (2,1,0), (−1,2,0)과 (1,1,2)를 이웃하는 세 변으로 하는 평행육면체의 체적

4. $u = (3, 2, -1), v = (0, 2, -3), w = (2, 6, 7)$이라 하고 다음을 계산하라.

(1) $v \times w$

(2) $(u \times v) \times w$

(3) $u \times (v - 2w)$

5. 다음 벡터 u와 v 모두에 직교하는 벡터를 구하라.

(1) $u = (-6, 4, 2), v = (3, 1, 5)$

(2) $u = (-2, 1, 5), v = (3, 0, -3)$

4.4 연습문제

6. 다음 u와 v가 만드는 평행사변형의 넓이를 구하라.

(1) $u=(1, -1, 2), v=(0, 3, 1)$

(2) $u=(2, 3, 0), v=(-1, 2, -2)$

(3) $u=(3, -1, 4), v=(6, -2, 8)$

7. 다음 u, v, w에 대한 스칼라 3중적 $u \cdot (v \times w)$를 구하라.

(1) $u=(-1, 2, 4), v=(3, 4, -2), w=(-1, 2, 5)$

(2) $u=(3, -1, 6), v=(2, 4, 3), w=(5, -1, 2)$

8. 다음 u, v와 w를 변으로 갖는 평행육면체의 부피를 구하라.

(1) $u=(2, -6, 2), v=(0, 4, -2), w=(2, 2, -4)$

(2) $u=(3, 1, 2), v=(4, 5, 1), w=(1, 2, 4)$

4.5 3차원 공간의 직선과 평면

4.5.1 점 A($\vec{a}$)를 지나고 $\vec{b}$에 평행한 직선

위치벡터가 $\overrightarrow{OA}=\vec{a}$인 점 A를 A($\vec{a}$)와 같이 나타내기도 한다.

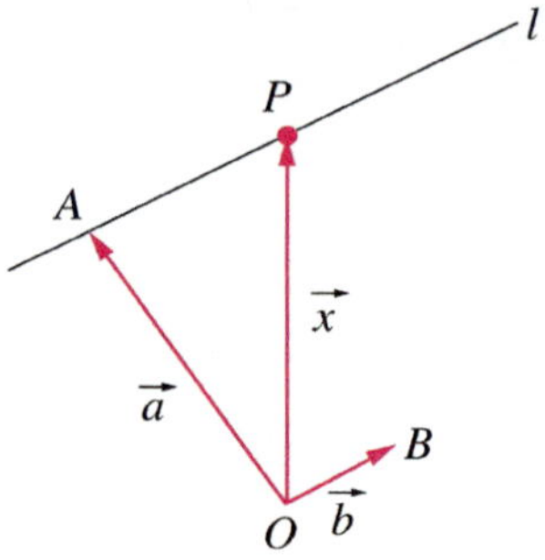

[그림 4.20]

세 점 A, B, P의 위치벡터를 각각 $\vec{a}, \vec{b}, \vec{x}$라 하면

$$\overrightarrow{AP}=t\overrightarrow{OB} \Leftrightarrow \overrightarrow{OP}-\overrightarrow{OA}=t\overrightarrow{OB} \Leftrightarrow \vec{x}-\vec{a}=t\vec{b},\ \therefore \vec{x}=\vec{a}+t\vec{b}(t\text{는 임의의 실수}) \quad (1)$$

역으로 (1)로 나타내어지는 벡터 $\vec{x}$에 대해 $\overrightarrow{OP}=\vec{x}$인 점 P를 잡으면 $\overrightarrow{AP}=t\vec{b}$ 곧, $\overrightarrow{AP}//\vec{b}$이므로 점 P는 직선 l위의 점이다. 이 때 (1)을 점 $A(\vec{a})$를 지나 $\overrightarrow{OB}=\vec{b}$에 평행한 직선의 벡터방정식이라 한다.

여기에서 $\vec{x}=(x, y, z)$, $\vec{a}=(x_1, y_1, z_1)$, $\vec{b}=(l, m, n)$이므로 이것을 (1)에 대입하면

$$(x, y, z)=(x_1, y_1, z_1)+t(l, m, n)$$
$$\therefore x=x_1+tl,\ y=y_1+tm,\ z=z_1+tn \quad (2)$$

를 얻는다. 역도 성립하므로 (2)는 직선 l의 방정식이다. 이제 (2)의 식을 변형해 보자.

$$x - x_1 = tl,\, y - y_1 = tm,\, z - z_1 = tn$$

$$\therefore \frac{x - x_1}{l} = t,\, \frac{y - y_1}{m} = t,\, \frac{z - z_1}{n} = t$$

$$\therefore \frac{x - x_1}{l} = \frac{y - y_1}{m} = \frac{z - z_1}{n}$$

예제 4.19

다음 각 조건을 만족시키는 직선의 방정식을 구하라.

(1) 점 (1,2,3)을 지나고 벡터 $\vec{d}$=(2,−1,3)에 평행한 직선

(2) 점 (2,3,4)을 지나고 방향벡터가 $\vec{d}$=(1,4,0)인 직선

(3) 점 (−1,0,2)를 지나고 방향비가 3:4:2인 직선

(4) 점 (−2,1,−4)를 지나고 원점과 점 (1,2,3)을 지나는 직선에 평행한 직선

풀이

(1) $x_1 = 1,\ y_1 = 2,\ z_1 = 3,\ l = 2,\ m = -1,\ n = 3$인 경우이므로

$$\frac{x-1}{2} = \frac{y-2}{-1} = \frac{z-3}{3}$$

(2) $x_1 = 2,\ y_1 = 3,\ z_1 = 4,\ l = 1,\ m = 4,\ n = 0$인 경우이므로

$$\frac{x-2}{1} = \frac{y-3}{4} = \frac{z-4}{0} \text{ 곧, } x-2 = \frac{y-3}{4},\, z = 4$$

(3) 방향비가 3:4:2⇔벡터 $\vec{d}$=(3,4,2)에 평행이므로

$$\frac{x+1}{3} = \frac{y-0}{4} = \frac{z-2}{2} \text{ 곧, } \frac{x+1}{3} = \frac{y}{4} = \frac{z-2}{2}$$

(4) 점(−2,1,−4)를 지나고 $\vec{d}$=(1,2,3)에 평행한 직선이므로

$$\frac{x+2}{1} = \frac{y-1}{2} = \frac{z+4}{3} \text{ 곧, } x+2 = \frac{y-1}{2} = \frac{z+4}{3}$$

4.5.2 두 점 $A(\vec{a})$, $B(\vec{b})$를 지나는 직선

마찬가지로 아래 그림에서 두 점 $\mathrm{A}(\vec{a})$, $\mathrm{B}(\vec{b})$를 지나는 직선 위의 임의의 점 P는 다음 관계를 만족시킨다. $\overrightarrow{AP}= t\overrightarrow{AB}$ (t는 임의의 실수) 따라서, 세 점 A, B, P의 위치벡터를 각각 $\vec{a}, \vec{b}, \vec{x}$라 하면,

$\overrightarrow{AP}= t\overrightarrow{AB} \Leftrightarrow \overrightarrow{OP}- \overrightarrow{OA}= t(\overrightarrow{OB}- \overrightarrow{OA}) \Leftrightarrow \vec{x}- \vec{a}= t(\vec{b}- \vec{a})$

$$\vec{x}= \vec{a}+ t(\vec{b}- \vec{a}) \tag{3}$$

$\therefore \vec{x}= (1-t)\vec{a}+ t\vec{b}$ (t는 임의의 실수)로 나타내지고 이 식이 두 점 $\mathrm{A}(\vec{a})$, $\mathrm{B}(\vec{b})$를 지나는 직선의 벡터방정식이다.

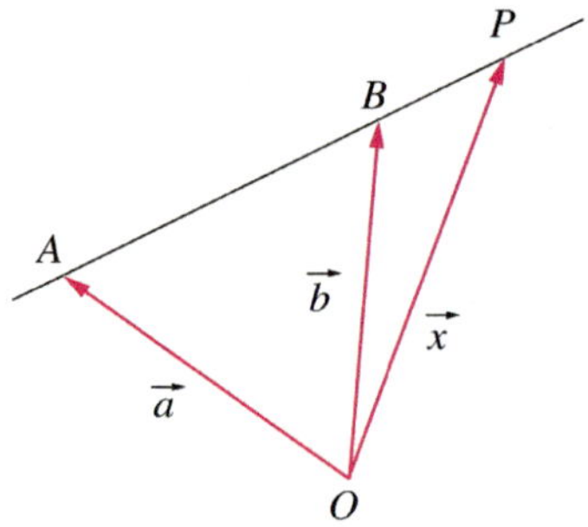

[그림 4.21]

여기에서 $\vec{x}= (x,y,z)$, $\vec{a}= (x_1, y_1, z_1)$, $\vec{b}= (x_2,y_2,z_2)$이므로 이것을 (2)에 대입하면

$$(x,y,z) = (x_1, y_1, z_1) + t(x_2 - x_1, y_2 - y_1, z_2 - z_1)$$

$$\therefore x = x_1 + t(x_2 - x_1),\ y = y_1 + t(y_2 - y_1),\ z = z_1 + t(z_2 - z_1)$$

$\therefore x - x_1 = t(x_2 - x_1), y - y_1 = t(y_2 - y_1), z - z_1 = t(z_2 - z_1)$ 여기에서 t를 소거하면 다음 방정식을 얻는다.

$$\frac{x - x_1}{x_2 - x_1} = \frac{y - y_1}{y_2 - y_1} = \frac{z - z_1}{z_2 - z_1}$$

예제 4.20

다음 두 점을 지나는 직선의 방정식을 구하라.

(1) (2,3,4), (4,2,1)

(2) (3,2,4), (2,1,5)

(3) (3,4,2), (2,1,2)

(4) (4,3,1), (4,3,5)

풀이

(1) $\dfrac{x-2}{4-2}=\dfrac{y-3}{2-3}=\dfrac{z-4}{1-4}\quad\therefore\dfrac{x-2}{2}=\dfrac{y-3}{-1}=\dfrac{z-4}{-3}$

(2) $\dfrac{x-3}{2-3}=\dfrac{y-2}{1-2}=\dfrac{z-4}{5-4}\quad\therefore\dfrac{x-3}{-1}=\dfrac{y-2}{-1}=z-4$

(3) $\dfrac{x-3}{2-3}=\dfrac{y-4}{1-4}=\dfrac{z-2}{2-2}\quad\therefore\dfrac{x-3}{-1}=\dfrac{y-4}{-3}=\dfrac{z-2}{0}\quad\therefore x-3=\dfrac{y-4}{3}, z=2$

(4) $\dfrac{x-4}{4-4}=\dfrac{y-3}{3-3}=\dfrac{z-1}{5-1}\quad\therefore\dfrac{x-4}{0}=\dfrac{y-3}{0}=\dfrac{z-1}{4}\quad\therefore x=4, y=3$

4.5.3 두 직선의 위치관계

$$\frac{x-x_1}{l_1}=\frac{y-y_1}{m_1}=\frac{z-z_1}{n_1},\quad \frac{x-x_2}{l_2}=\frac{y-y_2}{m_2}=\frac{z-z_2}{n_2}$$

평행: $\dfrac{l_1}{l_2}=\dfrac{m_1}{m_2}=\dfrac{n_1}{n_2}$

수직: $l_1 l_2+m_1 m_2+n_1 n_2=0$

사잇각: $\cos\theta=\dfrac{l_1 l_2+m_1 m_2+n_1 n_2}{\sqrt{l_1^2+m_1^2+n_1^2}\,\sqrt{l_2^2+m_2^2+n_2^2}}$

예제 4.21

좌표 공간에 다음 두 직선이 있다.

$$\frac{x-3}{m}=\frac{y-2}{n}=\frac{z-1}{2},\ \frac{x+2}{5}=\frac{y+1}{2}=\frac{z-4}{1}$$

(1) 이 두 직선이 평행할 때 $m,\ n$의 값을 구하라.

(2) 이 두 직선이 수직일 때 $m,\ n$ 사이의 관계식을 구하라.

풀이

(1) $\frac{m}{5}=\frac{n}{2}=\frac{2}{1}$ 에서 $m=10, n=4$

(2) $m \cdot 5+n \cdot 2+2 \cdot 1=0$에서 $5m+2n+2=0$

예제 4.22

다음 각 물음에 답하라.

(1) 직선 $2(x-1)=-3(y+1)=6(z-7)$에 평행하고 점 A(2,3,5)를 지나는 직선의 방정식을 구하라.

(2) 점 A (-1,2,3)을 지나고 x축, y축, z축의 양의 부분과 이루는 각이 각각 60°, 45°, 60° 인 직선의 방정식을 구하라.

풀이

(1) 준 식에서 $\frac{x-1}{3}=\frac{y+1}{-2}=\frac{z-7}{1}$ 이므로 이 직선과 평행한 직선의 방향비는 $3:(-2):1$이다.

$$\therefore \frac{x-2}{3}=\frac{y-3}{-2}=\frac{z-5}{1} \quad 곧,\ \frac{x-2}{3}=\frac{y-3}{-2}=z-5$$

(2) 방향벡터는 $\vec{d}=(\cos 60^\circ, \cos 45^\circ, \cos 60^\circ)$이므로 방향비는

$$\cos 60^\circ : \cos 45^\circ : \cos 60^\circ = \frac{1}{2}:\frac{1}{\sqrt{2}}:\frac{1}{2}=1:\sqrt{2}:1$$

$$\therefore \frac{x+1}{1}=\frac{y-2}{\sqrt{2}}=\frac{z-3}{1} \quad 곧,\ x+1=\frac{y-2}{\sqrt{2}}=z-3$$

4.5.4 점 $A(\vec{a})$를 지나고 벡터 $\vec{h}$에 수직인 평면

이를테면 한 점 $A(x_1, y_1, z_1)$을 지나고 벡터 $\vec{h}=(a, b, c)$에 수직인 평면 α의 방정식을 생각해보자. 평면 α위의 임의의 점 $P(x, y, z)$라 하면 $\overrightarrow{AP}\perp\vec{h}$이므로

$$\overrightarrow{AP}\cdot\vec{h}=0$$

$(\overrightarrow{OP}-\overrightarrow{OA})\cdot\vec{h}=0$이므로 여기서 $\overrightarrow{OP}=\vec{x}$, $\overrightarrow{OA}=\vec{a}$라 하면,

$$(\vec{x}-\vec{a})\cdot\vec{h}=0 \tag{4}$$

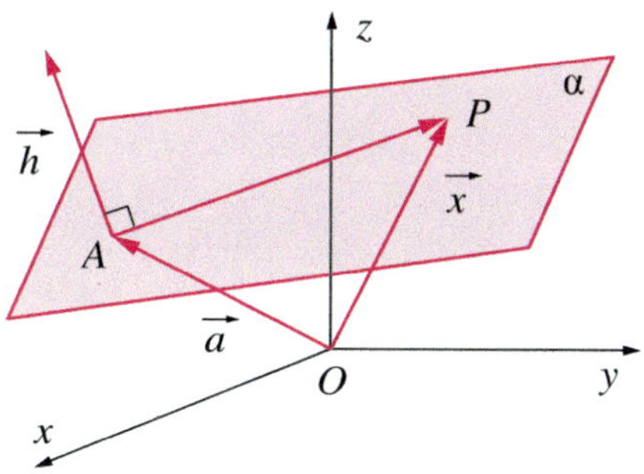

[그림 4.22]

여기에서

$$\vec{x}=(x, y, z),\ \vec{a}=(x_1, y_1, z_1),\ \vec{h}=(a, b, c)$$

이므로 (4)는 다음과 같이 나타낼 수 있다.

$$(x-x_1, y-y_1, z-z_1)\cdot(a, b, c)=0,\ \therefore a(x-x_1)+b(y-y_1)+c(z-z_1)=0$$

예제 4.23

다음 각 조건을 만족시키는 평면의 방정식을 구하라.

(1) 점 (1,2,3)을 지나고 $\vec{h}$=(4,3,-2)에 수직인 평면

(2) 점 (1,2,3)을 지나고 $\vec{h}$=(1,1,1)을 법선벡터로 하는 평면

풀이

(1) $x_1=1,\ y_1=2,\ z_1=3$이고 $a=4,\ b=3,\ c=-2$인 경우이므로

$4(x-1)+3(y-2)-2(z-3)=0 \quad \therefore 4x+3y-2z-4=0$

(2) $x_1=1,\ y_1=2,\ z_1=3$이고 $a=1,\ b=1,\ c=1$인 경우이므로

$1 \cdot (x-1)+1 \cdot (y-2)+1 \cdot (z-3)=0 \quad \therefore x+y+z-6=0$

예제 4.24

다음 각 물음에 답하라.

(1) 점 A(3,-2,4)를 지나고 평면 $2x+y-3z=4$에 평행한 평면 α의 방정식을 구하라.

(2) 점 A(1,1,1)을 지나고 두 평면 $x-y-2z=3$, $2x+y+z=0$에 각각 수직인 평면 α의 방정식을 구하라.

풀이

(1) 평면 α는 점 $A(3,-2,4)$를 지나고 법선벡터가 $\vec{h}=(2,1,-3)$인 평면이므로

$2(x-3)+1 \cdot (y+2)-3 \cdot (z-4)=0 \quad \therefore 2x+y-3z+8=0$

(2) 평면 α의 방정식을 $ax+by+cz+d=0$으로 놓으면 점 (1,1,1)을 지나므로

$a+b+c+d=0$ (1)

평면 $x-y-2z=3$에 수직이므로 $a-b-2c=0$ (2)

평면 $2x+y+z=0$에 수직이므로 $2a+b+c=0$ (3)

(2),(3)을 b, c에 관해 풀면 $b=-5a, c=3a$ 이것을 (1)에 대입하면 $d=a$따라서 평면 α의 방정식은

$ax-5ay+3az+a=0,\quad a\neq 0$

이므로 $x-5y+3z+1=0$

4.5.5 두 평면간에 위치관계

$$a_1x + b_1y + c_1z = d_1$$
$$a_2x + b_2y + c_2z = d_2$$

평행: $\dfrac{a_1}{a_2} = \dfrac{b_1}{b_2} = \dfrac{c_1}{c_2}$

수직: $a_1 a_2 + b_1 b_2 + c_1 c_2 = 0$

사잇각: $\cos\ \theta = \dfrac{a_1 a_2 + b_1 b_2 + c_1 c_2}{\sqrt{a_1^2 + b_1^2 + c_1^2}\ \sqrt{a_2^2 + b_2^2 + c_2^2}}$

예제 4.25

좌표공간에 다음 두 평면이 있다.

$ax + 2y + bz + 5 = 0,\ 2x + 3y - 4z + 1 = 0$

(1) 두 평면이 평행할 때 상수 a, b의 값을 구하라.

(2) 두 평면이 수직일 때 상수 a, b의 값을 구하라.

풀이

(1) 두 평면이 평행하면 $\dfrac{a}{2} = \dfrac{2}{3} = \dfrac{b}{-4}$, $\therefore a = \dfrac{4}{3}, b = -\dfrac{8}{3}$

(2) 두 평면이 수직이면 $a \cdot 2 + 2 \cdot 3 + b(-4) = 0$, $\therefore a - 2b + 3 = 0$

4.5 연습문제

1. 주어진 직선의 매개변수방정식과 직선의 방정식을 구하라.

(1) $(1,2,-3)$을 지나고 $(2,-1,4)$와 평행한 직선

(2) $(2,1,3)$과 $(4,0,4)$를 지나는 직선

(3) $(1,4,1)$을 지나고 직선 $x=2-3t$, $y=4$, $z=6+t$에 평행한 직선

(4) $(1,2,-1)$을 지나고 평면 $2x-y+3z=12$에 수직인 직선

2. 다음 직선들이 평행한지 직교하는지 말하고 두 직선의 사잇각을 구하라.

(1) $\begin{cases} x=1-3t \\ y=2+4t \\ z=-6+t \end{cases}$ $\begin{cases} x=1+2s \\ y=2-2s \\ z=-6+s \end{cases}$

(2) $\begin{cases} x=1+2t \\ y=3 \\ z=-1+t \end{cases}$ $\begin{cases} x=2-s \\ y=10+5s \\ z=3+2s \end{cases}$

(3) $\begin{cases} x=-1+2t \\ y=3+4t \\ z=-6t \end{cases}$ $\begin{cases} x=3-s \\ y=1-2s \\ z=3s \end{cases}$

3. 다음 조건을 만족하는 평면의 방정식을 구하라.

(1) 점 $(1,3,2)$를 포함하고 법선벡터가 $\langle 2,-1,5\rangle$인 평면

(2) 점 $(2,0,3)$, $(1,1,0)$, $(3,2,-1)$을 포함하는 평면

(3) 점 $(3,-2,1)$을 포함하고 평면 $x+3y-4z=2$에 평행한 평면

(4) 점 $(3,0,-1)$을 포함하고 평면 $x+2y-z=2$와 $2x-z=1$에 수직인 평면

4.5 연습문제

4. 평면들이 만나는 직선을 구하라.

(1) $2x-y-z=4$와 $3x-2y+z=0$

(2) $3x+4y=1$과 $x+y-z=3$

5. 주어진 점과 평면 또는 평면과 평면 사이의 거리를 구하라.

(1) 점 $(2,0,1)$과 평면 $2x-y+2z=4$

(2) 점 $(0,-1,1)$과 평면 $2x-3y=2$

(3) 평면 $x+3y-2z=3$과 $x+3y-2z=1$

6. 다음에 주어진 점 P를 지나고 n을 법선벡터로 갖는 평면방정식의 점-법선형을 구하라.

(1) $P(-1,3,2):n=(-2,1,-1)$

(2) $P(1,1,4):n=(1,9,8)$

7. 아래에 주어진 각각의 두 평면은 평행한가를 결정하라.

(1) $4x-y+2z=5$와 $7x-2y+4z=8$

(2) $x-4y-3z-2=0$과 $2x-12y-9z-7=0$

8. 다음 두 평면은 수직인가를 결정하라.

(1) $3x-y+z-4=0$, $x+2z=-1$

(2) $x-2y+3z=4$, $-2x+5y+4z=-1$

4.5 연습문제

9. 다음에 주어진 두 평면의 교선의 매개변수방정식을 구하라.

(1) $7x-2y+3z=-2$와 $-3x+y+2z+5=0$

(2) $2x+3y-5z=0$과 $y=0$

10. 점 (-2,1,7)을 지나며 직선 $x-4=2t$, $y+2=3t$, $z=-5t$에 수직인 평면의 방정식을 구하라.

11. 점 (3,-6,7)을 지나며 평면 $5x-2y+z-5=0$에 평행한 평면의 방정식을 구하라.

12. 점 (-2,1,5)를 지나고 평면 $4x-2y+2z=-1$과 $3x+3y-6z=5$에 수직인 평면의 방정식을 구하라.

13. 점(1,-1,2)와 직선 $x=t$, $y=t+1$, $z=-3+2t$를 포함하는 평면의 방정식을 구하라.

14. 점(-1,-4,-2)와 (0,-2,2)에서부터 같은 거리에 있는 점으로 이루어지는 평면의 방정식을 구하라.

15. 다음 각각에서 주어진 점과 평면 사이의 거리를 구하라.

(1) $(-1,2,1)$; $2x+3y-4z=1$

(2) $(0,3,-2)$; $x-y-z=3$

CHAPTER

05

벡터공간

벡터공간 **5.1**

부분공간 **5.2**

1차 독립 **5.3**

기저와 차원 **5.4**

행렬의 계수와 연립 1차방정식 **5.5**

5.1 벡터공간

행렬의 경우와 같이 벡터에 실수를 곱하는 것을 스칼라곱이라고 한다[R^n**에서의 스칼라는 항상 실수이다. 특별히 이 장에서의 스칼라(scalar)는 항상 실수를 의미한다**]. 벡터의 합과 스칼라곱을 위와 같이 정의할 때 R^n의 원들 사이에는 다음과 같은 중요한 성질들이 성립한다는 것을 쉽게 검증할 수 있다.

정리 5.1

만일 u, v, w가 R^n의 벡터이고 a, b가 스칼라이면 다음이 성립한다.

[닫힘 성질]

1) $\mathrm{u}+\mathrm{v}$는 R^n의 원이다.

2) $a\mathrm{u}$는 R^n의 원이다.

[가법에 관한 성질]

3) $\mathrm{u}+\mathrm{v}=\mathrm{v}+\mathrm{u}$

4) $\mathrm{u}+(\mathrm{v}+\mathrm{w})=(\mathrm{u}+\mathrm{v})+\mathrm{w}$

5) R^n은 영벡터 0를 포함하고 R^n의 임의의 원 u에 대해 $\mathrm{u}+0=\mathrm{u}$이다.

6) R^n의 모든 벡터 u에 대해 $\mathrm{u}+(-\mathrm{u})=0$인 벡터 $-\mathrm{u}$가 존재한다.

[스칼라곱에 관한 성질]

7) $a(b\mathrm{u})=(ab)\mathrm{u}$

8) $a(\mathrm{u}+\mathrm{v})=a\mathrm{u}+a\mathrm{v}$

9) $(a+b)\mathrm{u}=a\mathrm{u}+b\mathrm{u}$

10) R^n의 모든 u에 대하여 $1\mathrm{u}=\mathrm{u}$이다.

4장에서 배웠듯이, 일반적으로 어떤 집합이 [정리 5.1]을 만족할 때 그 집합을 벡터 공간(vector space)이라고 한다. 따라서 n이 양의 정수일 때 R^n은 벡터공간이다.

예제 5.1

공간 내의 기하벡터 전체의 집합 R^3는 보통 벡터연산에 대하여 벡터공간이다. 또 평면상의 기하벡터 전체의 집합 R^2도 벡터공간이다.

예제 5.2

실수를 원소로 하는 $m \times n$의 행렬 전체의 집합 $M_{m,n}$는 행렬의 연산(행렬의 덧셈 및 스칼라곱)에 관하여 벡터공간이 된다. $m \times n$ 영행렬은 영벡터 O이 되고, X가 $m \times k$행렬 A라면 −A는 [정리 5.1]의 (6)에서 벡터가 −X가 된다. 나머지 공리들은 [정리 5.1]에 의해서 만족된다.

예제 5.3

V를 R^2의 1사분면에 있는 (즉, $x \geq 0, y \geq 0$) 모든 점 (x, y)의 집합이라고 하자. 그러면 V는 (8)와 (9)을 만족하지 않으므로 R^2의 보통의 연산 하에서는 벡터공간이 되지 않는다. 가령 V의 점 $x = (1, 1)$은 V에 있지만 $(-1)x = -x = (-1, -1)$은 V에 있지 않게 된다.

예제 5.4

다음 연산을 만족하는 실수의 모든 순서쌍 (x, y)의 집합

$(x, y) + (x', y') = (x + x' + 1, y + y' + 1), a(x, y) = (ax, ay)$

이 벡터공간인가?

풀이

[정리 5.1]의 (8)에서

$a((x,y)+(x',y'))=a(x+x'+1,y+y'+1)=(ax+ax'+a,ay+ay'+a)$

$a(x,y)+a(x',y')=(ax,ay)+(ax',ay')=(ax+ax'+1,ay+ay'+1)$

즉 $a((x,y)+(x',y'))\neq a((x,y)+(x',y'))$

도 성립하지 않는다. 벡터공간이 아니다.

예제 5.5

행렬의 덧셈과 스칼라곱을 만족하는 형식이 $\begin{bmatrix} a & 1 \\ 1 & b \end{bmatrix}$인 모든 2×2행렬의 집합이 벡터공간인가?

풀이

[정리 5.1]에서 (1), (2), (3), (6)이 성립하지 않으므로 벡터공간이 아니다.

예제 5.6

다음 연산을 만족하는 $(1,x)$형식인 실수의 모든 순서쌍의 집합

$(1,y)+(1,y')=(1,y+y')$, $k(1,y)=(1,ky)$가 벡터공간임을 보여라.

풀이

[정리 5.1]의 연산을 모두 만족하므로 벡터공간이다.

5.1 연습문제

1. 주어진 집합이 지적된 연산과 함께 벡터공간이지를 결정하라. 만일 아니면 만족하지 않는 10개의 벡터공간 공리들 중 적어도 하나 이상을 지적하라.

   (1) 표준연산이 주어진 $M_{4,6}$

   (2) 표준연산이 주어진 모든 5차 다항식들의 집합

   (3) 표준연산이 주어진 집합 $\{(x, x) : x$는 실수$\}$

   (4) 표준연산이 주어진 $\begin{bmatrix} a & b \\ c & 0 \end{bmatrix}$ 형태의 모든 2×2 행렬들의 집합

2. R^2와 R^3에서 덧셈과 스칼라 곱의 표준 정의를 사용하는 것보다 이 두 연산을 아래와 같이 정의됐다고 가정하자. 벡터공간인가를 보여라.

   (1) $(x_1, y_1) + (x_2, y_2) = (x_1 + x_2, y_1 + y_2)$ $\quad a(x, y) = (ax, y)$

   (2) $(x_1, y_1) + (x_2, y_2) = (x_1, 0)$, $c(x, y) = (cx, cy)$

   (3) $(x_1, y_1) + (x_2, y_2) = (x_1 + x_2, y_1 + y_2)$
   $a(x, y) = (\sqrt{a}\,x, \sqrt{a}\,y)$

   (4) $(x_1, y_1, z_1) + (x_2, y_2, z_2) = (x_1 + x_2, y_1 + y_2, z_1 + z_2)$
   $a(x, y, z) = (ax, y, z)$

   (5) $(x_1, y_1) + (x_2, y_2) = (x_1 + x_2, y_1 + y_2)$
   $a(x, y) = (2ax, 2ay)$

3. 연산이 $(x_1, y_1) + (x_2, y_2) = (x_1x_2, y_1y_2)$와 $a(x_1, y_1) = (ax_1, ay_1)$로 주어진 집합 R^2가 벡터공간인지를 결정하라. 만일 그렇다면 각 벡터공간 공리들을 증명하고, 아니라면 만족되지 않는 모든 벡터공간 공리들을 서술하라.

5.2 부분공간

(1) R^n의 부분공간

다음에는 R^n의 부분집합 W가 [정리 5.1]의 모든 조건을 만족하는 경우(R^n을 W로 바꾸어 놓는다.)에 대해 알아보자. 이 때 W를 R^n의 부분공간(subspace)이라고 한다. 이를테면, R^3에서 다음과 같은 부분집합 W를 생각해 보자.

$$W = \left\{ \mathrm{x} : \mathrm{x} = \begin{bmatrix} x_1 \\ x_2 \\ 0 \end{bmatrix}, \text{단 } x_1,\ x_2 \text{는 실수} \right\}$$

기하학적으로 W는 $xy-$평면을 나타낸다([그림 5.1] 참조). 따라서 W는 R^2를 나타낸다고 볼 수 있다. W가 [정리 5.1]의 모든 조건을 만족하는 것은 아주 쉬운 일이다. 이와 같이 W는 R^3의 부분공간이다. 다음 정리는 R^n의 부분집합 W가 부분공간인지 아닌지를 판정하는데 편리한 기준을 제공한다.

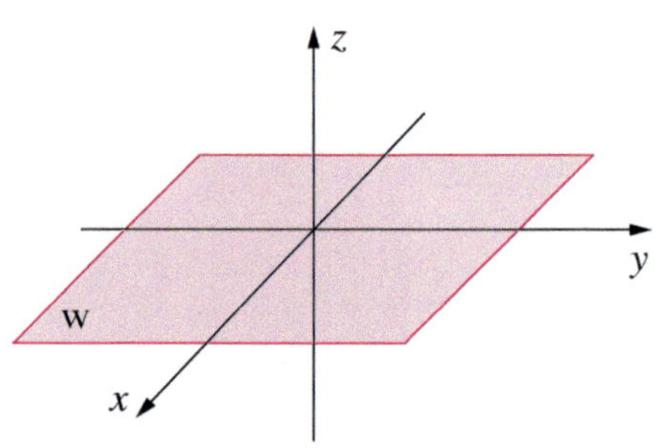

[그림 5.1] W는 R^3의 부분집합이다.

정리 5.2

R^n의 부분집합 W가 R^n의 부분공간이기 위한 필요 충분조건은 다음과 같다.

1) W는 영벡터 0를 포함한다.

2) u, v가 W의 원이면, u + v도 W의 원이다.

3) u가 W의 원이면, 임의의 스칼라 a에 대하여 au도 W의 원이다.

예제 5.7

V=R^3이라 할 때 다음의 W는 V의 부분공간이 아니다.

(1) $W=\{(a,b,c)|a \geqq 0\}$

(2) $W=\{(a,b,c)|a^2+b^2+c^2 \leq 1\}$

(3) $W=\{(a,b,c)|a,b,c \in Q\}$

풀이

(1) u=(1,2,3)∈W이고 $k=-5 \in R$라 하면 ku=$-5(1,2,3)=(-5,-10,-15)$ 이다.
그런데 −5는 음수이므로 ku∉W 따라서 W는 V의 부분공간이 아니다.

(2) u=(1,0,0)∈W, v=(0,1,0)라 하면 u+v=(1,0,0)+(0,1,0)=(1,1,0)이다.
그런데 $1^2+1^2+0^2=2>1$이므로 u+v∉W 따라서 W는 V의 부분공간이 아니다.

(3) u=(1,2,3)∈W이고, $k=\sqrt{2}$ ∈R라 하면
ku=$\sqrt{2}(1,2,3)=(\sqrt{2},2\sqrt{2},3\sqrt{2})$이다.
따라서 ku∉W이므로 W는 V의 부분공간이 아니다.

예제 5.8

$W=\{(a,b,a+b)|a,b \in R\}$일 때 W는 R^3의 부분공간이다.

풀이

u=(a_1,b_1,a_1+b_1), v=(a_2,b_2,a_2+b_2)라 하면

u+v=(a_1,b_1,a_1+b_1)+$(a_2,b_2,a_2+b_2)=(a_1+a_2, b_1+b_2, [(a_1+a_2)+(b_1+b_2)])\in W$

또, k를 임의의 스칼라라 할 때

$k(a_1,b_1,a_1+b_1)=(ka_1,kb_1,k(a_1+b_1))=(ka_1,kb_1,(ka_1+kb_1))\in W$

따라서 W는 R^3의 부분공간이다.

예제 5.9

모든 2×2 행렬의 집합을 V라 하고, 보통 행렬의 덧셈과 스칼라곱을 두 연산이라 하자. a, b, c, d가 실수 일 때 $\begin{bmatrix} a & b \\ 0 & c \end{bmatrix}$의 모양을 갖는 모든 2×2 행렬의 집합을 W라 할 때, W가 V의 부분공간임을 보여라.

풀이

W의 두 원소

$$\mathrm{U}=\begin{bmatrix} a_1 & b_1 \\ 0 & c_1 \end{bmatrix},\ \mathrm{V}=\begin{bmatrix} a_2 & b_2 \\ 0 & c_2 \end{bmatrix}$$

를 생각하면

$$\mathrm{U}+\mathrm{V}=\begin{bmatrix} a_1+a_2 & b_1+b_2 \\ 0 & c_1+c_2 \end{bmatrix}$$

따라서 $\mathrm{U}+\mathrm{V}\in\mathrm{W}$ 이고, 또 k가 임의의 스칼라일 때

$$k\mathrm{U}=\begin{bmatrix} ka_1 & kb_1 \\ 0 & kc_1 \end{bmatrix}\in\mathrm{W}$$

따라서 W 는 V 의 부분공간이 된다.

예제 5.10

W는 다음과 같이 정의된 R^3 의 부분공간이다.

$$\mathrm{W} = \left\{ \mathrm{x} : \mathrm{x} = \begin{bmatrix} x_1 \\ x_2 \\ x_3 \end{bmatrix},\ x_2 = 2x_1,\ x_3 = 3x_1, \text{단 } x_1\text{은 임의의 실수} \right\}$$

W가 R^3 의 부분공간임을 보여라. 또 W가 나타내는 기하학적 도형이 무엇인지 말하라.

풀이

x가 W의 벡터이기 위한 대수적 조건은 $x_2 = 2x_1$과 $x_3 = 3x_1$이다. 분명히 영벡터 0은 이 조건들을 만족한다. 따라서 0은 W의 원이다. 이제 u와 v가 W의 원이라고 하자.

$\mathrm{u} = \begin{bmatrix} u_1 \\ u_2 \\ u_3 \end{bmatrix},\ \mathrm{v} = \begin{bmatrix} v_1 \\ v_2 \\ v_3 \end{bmatrix}$라면, 다음이 성립한다.

$u_2 = 2u_1,\ u_3 = 3u_1 ; v_2 = 2v_1,\ v_3 = 3v_1$

그리고 u와 v의 합 $\mathrm{u+v} = \begin{bmatrix} u_1 + v_1 \\ u_2 + v_2 \\ u_3 + v_3 \end{bmatrix}$의 성분 사이에는

$u_2 + v_2 = 2u_1 + 2v_1 = 2(u_1 + v_1), u_3 + v_3 = 3u_1 + 3v_1 = 3(u_1 + v_1)$

인 관계가 성립한다. 따라서 u+v는 W에 속한다.

마찬가지로, 임의의 스칼라 a에 대해 $a\mathrm{u} = \begin{bmatrix} au_1 \\ au_2 \\ au_3 \end{bmatrix}$이고,

$au_2 = a(2u_1) = 2au_1, au_3 = a(3u_1) = 3(au_1)$

이다. 따라서 au는 W의 원이다. 정리 5.2에 의해 W는 R^3의 부분공간이다. 기하학적으로 W는 원점을 지나는 직선이며, 그 방정식은 다음과 같다.

$x = x_1,\ y = 2x_1,\ z = 3x_1$

이 직선의 그래프는 [그림 5.2]와 같다.

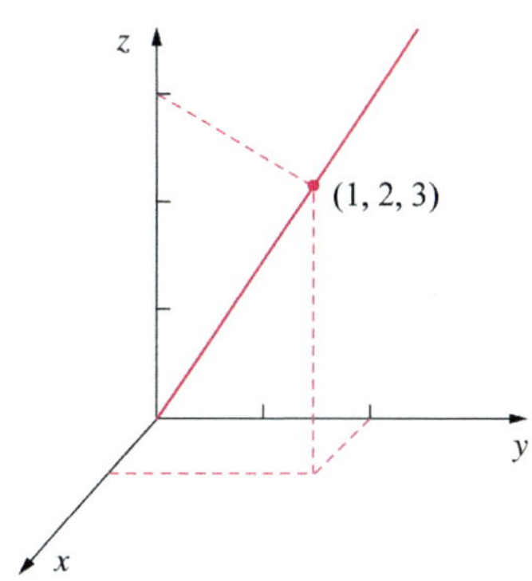

[그림 5.2]

예제 5.11

R^3의 부분집합 W를 다음과 같이 정의하라.

$$W = \left\{ \mathrm{x} : \mathrm{x} = \begin{bmatrix} x_1 \\ x_2 \\ 1 \end{bmatrix},\ x_1, x_2 \text{는 임의의 실수} \right\}$$

이 때 W는 R^3의 부분공간이 아님을 보여라.

풀이

지금 u, v가 W의 원소이고

$$\mathrm{u} = \begin{bmatrix} x_1 \\ x_2 \\ 1 \end{bmatrix},\ \mathrm{v} = \begin{bmatrix} y_1 \\ y_2 \\ 1 \end{bmatrix}$$

이라고 하자. 이 때 u+v는 다음과 같다.

$$\mathrm{u} + \mathrm{v} = \begin{bmatrix} x_1 + y_1 \\ x_2 + y_2 \\ 2 \end{bmatrix}$$

이와 같이 u+v의 셋째 좌표는 1이 아니므로 u+v는 W의 원소가 아니다. 마찬가지로

$$a\mathrm{u} = \begin{bmatrix} ax_1 \\ ax_2 \\ a \end{bmatrix}$$

$a \neq 1$이면, au가 w의 원이 아니다.

따라서 W는 R^3의 부분공간이 아니다.

5.2 연습문제

1. W가 V의 부분공간임을 증명하라. 각 경우에서 V는 표준연산을 갖는다고 가정하자.

(1) $W=\{(x_1, x_2, x_3, 0) \mid x_1, x_2, x_3$는 실수$\}$ $V=R^4$

(2) W는 $\begin{bmatrix} 0 & a \\ b & 0 \end{bmatrix}$ 형태의 모든 2×2 행렬들의 집합 $V=M_{2,3}$

(3) W는 R^3의 벡터들 중에서 세 번째 성분을 -1로 가지는 모든 벡터들의 집합

(4) $W=\{(x_1, 0, x_3) \mid x_1$과 x_3는 실수$\}$

(5) $W=\{(a, \mathrm{b}, a+2\mathrm{b}) \mid a$와 b는 실수$\}$

(6) $W=\{(x_1, x_2, x_1x_2) \mid x_1$와 x_2는 실수$\}$

2. W가 V의 부분공간인가 보여라

(1) $W=\{(a, b, 0) | a, b$는 실수$\}$

(2) $W=\{(a, b, c) | a+b+c=0\}$

(3) $W=\{(x_1, x_2, x_3) | x_3=2x_1-x_2\}$

(4) $W=\{(x_1, x_2) | x_2=1\}$

5.3 1차 독립

5.3.1 1차 결합

정의 5.1

벡터 v가 벡터 $\mathrm{v}_1, \mathrm{v}_2, \cdots, \mathrm{v}_r$및 스칼라 $k_1, k_2, \cdots, k_r$의 항으로 $\mathrm{v} = k_1\mathrm{v}_1 + k_2\mathrm{v}_2 + \cdots + k_r\mathrm{v}_r$의 형태로 표현될 때, v를 $\mathrm{v}_1, \mathrm{v}_2, \cdots, \mathrm{v}_r$의 1차 결합(linear combination)이라 한다.

예제 5.12

$\mathrm{v}_1 = (1,1,1)$, $\mathrm{v}_2 = (1,2,3)$ 및 $\mathrm{v}_3 = (2,-1,1)$을 R^3의 벡터라 하자. 벡터 $\mathrm{v} = (1,-2,5)$가 $\mathrm{v}_1, \mathrm{v}_2, \mathrm{v}_3$의 1차 결합임을 보여라.

풀이

$\mathrm{v} = k_1\mathrm{v}_1 + k_2\mathrm{v}_2 + k_3\mathrm{v}_3$를 만족하는 실수 k_1, k_2, k_3를 찾을 수 있어야 한다. 따라서

$$
\begin{aligned}
(1,-2,5) &= k_1(1,1,1) + k_2(1,2,3) + k_3(2,-1,1) \\
&= (k_1, k_1, k_1) + (k_2, 2k_2, 3k_2) + (2k_3, -k_3, k_3) \\
&= (k_1 + k_2 + 2k_3, k_1 + 2k_2 - k_3, k_1 + 3k_2 + k_3)
\end{aligned}
$$

가 된다. 대응하는 원소끼리 정리하면 연립방정식

$k_1 + k_2 + 2k_3 = 1$, $k_1 + 2k_2 - k_3 = -2$, $k_1 + 3k_2 + k_3 = 5$

가 되므로, 이 방정식을 풀면 $k_1 = -6, k_2 = 3, k_3 = 2$이 되는데, 이것은 $\mathrm{v}_1, \mathrm{v}_2, \mathrm{v}_3$의 1차 결합임을 뜻한다.

따라서 $\mathrm{v} = -6\mathrm{v}_1 + 3\mathrm{v}_2 + 2\mathrm{v}_3$이다.

예제 5.13

$v_1 = (1,-3,2)$, $v_2 = (2,-4,-1)$ 및 $v_3 = (1,-5,7)$을 R^3을 R^3의 벡터라 하자. 벡터 $v = (2,-5,3)$은 v_1, v_2, v_3의 1차 결합이 아님을 보여라.

풀이

$$(2,-5,3) = k_1(1,-3,2) + k_2(2,-4,-1) + k_3(1,-5,7)$$
$$= (k_1 + 2k_2 + k_3, -3k_1 - 4k_2 - 5k_3, 2k_1 - k_2 + 7k_3)$$

가 되고,

$$k_1 + 2k_2 + k_3 = 2, \ -3k_1 - 4k_2 - 5k_3 = -5, \ 2k_1 - k_2 + 7k_3 = 3$$

은 해를 갖지 않는다. 즉 위의 연립방정식을 만족시키는 실수 k_1, k_2, k_3는 존재하지 않기 때문에 1차 결합이 아니다.

5.3.2 생성집합

W는 R^n의 부분집합, S를 W의 부분집합이라고 하자. 위에서 알아본 바에 의하면, S가 W의 기저가 되기 위해서는 W의 모든 벡터는 S의 벡터의 일차결합으로 표시되어야 한다.

정의 5.2

W는 R^n의 부분공간이고 $S = \{w_1, \cdots, w_m\}$을 W의 부분집합이라고 하자. 만일 다음과 같이 W의 모든 벡터가 S의 벡터의 일차결합으로 표시되면, S를 W의 생성집합 또는 S가 W를 생성한다고 말한다.

$$w = a_1 w_1 + \cdots + a_m w_m$$

앞 절에서 사용한 기호를 써서 [정의 5.2]를 다시 설명하면, $Sp(S) = W$일 때 S는 W의 생성집합(spanning sets)이다. 이를테면 R^3에서 단위 벡터들로 된 집합

$S=\{(e_1, e_2, e_3)\}$는 분명히 R^3의 생성집합이다. 만일 R^3의 벡터가 v가

$$\mathrm{v}=\begin{bmatrix} a \\ b \\ c \end{bmatrix}$$

이면, $\mathrm{v}=ae_1+be_2+ce_3$이다. 아래의 두 보기에서는 R^3의 또 다른 부분집합을 생각한다.

예제 5.14

R^3에서 $\mathrm{S}=\{\mathrm{u}_1, \mathrm{u}_2, \mathrm{u}_3\}$이다. 여기서, $\mathrm{u}_1=\begin{bmatrix} 1 \\ -1 \\ 0 \end{bmatrix}$, $\mathrm{u}_2=\begin{bmatrix} -2 \\ 3 \\ 1 \end{bmatrix}$, $\mathrm{u}_3=\begin{bmatrix} 1 \\ 2 \\ 4 \end{bmatrix}$라고 할 때, S가 R^3의 생성집합인지 아닌지를 판정하라.

풀이

R^3의 임의의 벡터 v가 $\mathrm{u}_1, \mathrm{u}_2, \mathrm{u}_3$의 일차결합으로 표시될 수 있는지를 조사해야 한다. 다시 말해 벡터 v에 대해 벡터방정식

$x_1\mathrm{u}_1+x_2\mathrm{u}_2+x_3\mathrm{u}_3=\mathrm{v}$

가 항상 해를 갖는지를 알아봐야 한다. $\mathrm{A}=[\mathrm{u}_1, \mathrm{u}_2, \mathrm{u}_3]$를 계수행렬로 (3×3)선형계

$\mathrm{Ax}=\mathrm{v}$

와 동치이다. 첨가행렬은

$$[\mathrm{A}\,|\,\mathrm{v}]=\begin{bmatrix} 1 & -2 & 1 & a \\ -1 & 3 & 2 & b \\ 0 & 1 & 4 & c \end{bmatrix}$$

이고, 이것은 다음 행렬과 행에 관한 동치(row equivalent)이다.

$$\begin{bmatrix} 1 & -2 & 1 & a \\ 0 & 1 & 3 & a+b \\ 0 & 0 & 1 & -a-b+c \end{bmatrix}$$

이것을 뒤로부터 풀면 해는 다음과 같다.

$x_1=10a+9b-c$, $x_2=4a+4b-3c$, $x_3=-a-b+c$

항상 해를 갖는다. 따라서 S는 R^3의 생성집합이다.

예제 5.15

$S=\{\mathrm{v}_1, \mathrm{v}_2, \mathrm{v}_3\}$를 다음과 같은 R^3의 부분집합이라고 하자.

$\mathrm{v}_1=\begin{bmatrix}1\\2\\3\end{bmatrix}, \mathrm{v}_2=\begin{bmatrix}-1\\0\\-7\end{bmatrix}, \mathrm{v}_3=\begin{bmatrix}2\\7\\0\end{bmatrix}$. 이 때 S는 R^3를 생성하느냐?

풀이

벡터방정식

$x_1\mathrm{v}_1+x_2\mathrm{v}_2+x_3\mathrm{v}_3=\mathrm{v}$

는 (3×3)선형계

$A\mathrm{x}=\mathrm{v}$

와 동치이다. 단 A는 $[\mathrm{v}_1, \mathrm{v}_2, \mathrm{v}_3]$이다. 첨가행렬은 다음과 같다.

$$[A|\mathrm{v}]=\begin{bmatrix}1&-1&2&a\\2&0&7&b\\3&-7&0&c\end{bmatrix}$$

그리고 이것은 다음 행렬과 행에 관하여 동치이다.

$$\begin{bmatrix}1&-1&2&a\\0&2&3&-2a+b\\0&0&0&-7a+2b+c\end{bmatrix}$$

그러므로 $-7a+2b+c=0$일 때 그 때에 한해 해가 존재한다. 다시 말해

$$\mathrm{Sp}(S)=\left\{\mathrm{v}:\mathrm{v}=\begin{bmatrix}a\\b\\c\end{bmatrix}, \text{단 } -7a+2b+c=0\right\}$$

이를테면 벡터 $\mathrm{w}=\begin{bmatrix}1\\1\\1\end{bmatrix}$은 R^3에 속하지만 Sp(S)에는 속하지 않는다. 즉 w는 $\mathrm{v}_1, \mathrm{v}_2, \mathrm{v}_3$의 일차결합으로 표시할 수 없다. 그러므로 S는 R^3를 생성하지 않는다.

예제 5.16

$W=\{(a, \mathrm{b}, 0) \in R^3\}$은 다음의 v_1, v_2에 대해 생성되는가?

(1) $\mathrm{v}_1=(1,2,0)$, $\mathrm{v}_2=(0,1,0)$

(2) $\mathrm{v}_1=(2,-1,0)$, $\mathrm{v}_2=(1,3,0)$

풀이

(1) $(a,b,0)=k_1(1,2,0)+k_2(0,1,0)=(k_1,\ 2k_1+k_2,0)$

위 식에서 연립방정식

$$\begin{aligned} k_1 &= a \\ 2k_1+k_2 &= b \\ 0 &= 0 \end{aligned}$$

가 되고, 이것의 해는 $k_1=a$, $k_2=\mathrm{b}-2a$이므로 $\mathrm{v}_1, \mathrm{v}_2$는 W를 생성한다.

(2) $(a,b,0)=k_1(2,-1,0)+k_2(1,3,0)=(2k_1+k_2,\ -k_1+3k_2,0)$가 되고,

위 식에서 연립방정식

$$\begin{aligned} &2k_1+k_2=a \\ &-k_1+3k_2=b \\ &0=0 \end{aligned}$$

를 얻고, 이것의 해는 $k_1=\dfrac{3a-b}{7}, k_2=\dfrac{a+2b}{7}$이므로 $\mathrm{v}_1, \mathrm{v}_2$는 W를 생성한다.

5.3.3 1차 독립

집합 S=$\{\mathrm{v}_1, \mathrm{v}_2, \cdots, \mathrm{v}_r\}$이 V를 생성했다면, 여기에 적당한 벡터를 추가하거나 빼내어도 V를 생성하는 경우가 있을 수 있다. 따라서 V를 생성하는 최소의 집합이 무엇이냐 하는 문제에 부딪히게 된다. 이런 문제는 1차 독립이라는 개념이 해결해 준다.

정의 5.3

S={ v_1, v_2, $\cdots$, v_r}를 벡터공간 V의 서로 다른 벡터들의 집합이라 하자.
$k_1\mathrm{v}_1+k_2\mathrm{v}_2+\cdots+k_r\mathrm{v}_r=0$가 성립하는 적어도 하나는 0이 아닌 상수 $k_1, k_2, \cdots, k_r$가 존재할 때 S를 1차 종속(linearly dependent)이라 하고, S가 1차 종속이 아닐 때 S를 1차 독립(linearly independent)이라 한다. 즉, 위의 관계식을 만족하는 상수로서 $k_1, k_2, \cdots, k_r$가 $k_1=k_2=\cdots k_r=0$을 만족할 때, S는 1차 독립이 된다.

예제 5.17

R^3의 벡터 v_1=(1,-2,1), v_2=(2,1,-1), v_3=(7,-4,-1)을 생각하자.
S={ v_1, v_2, v_3}이 1차 독립인지 1차 종속인지 보여라.

풀이

$k_1(1,-2,1)+k_2(2,1,-1)+k_3(7,-4,-1)=(0,0,0)$라 두면

$(k_1,-2k_1,k_1)+(2k_2,k_2,-k_2)+(7k_3,-4k_3,-k_3)=(0,0,0)$

$(k_1+2k_2+7k_3,\ -2k_1+k_2-4k_3, k_1-k_2-k_3)=(0,0,0)$

$k_1+2k_2+7k_3=0$

$-2k_1+k_2-4k_3=0$

$k_1-k_2-k_3=0$

이 연립방정식을 풀면 0인 해가 반드시 존재한다. 따라서 1차 독립이다.

예제 5.18

R^3에서의 벡터들의 집합이 1차 독립인지 1차 종속인지를 결정하라.
S={(1,2,3), (0,1,2), (-2,0,1)}

풀이

1차 독립 혹은 1차 종속인지를 판별하기 위해 벡터방정식 $c_1\mathrm{v}_1+c_2\mathrm{v}_2+c_3\mathrm{v}_3=0$을 구성하

라. 만일 이 방정식의 유일한 해가 $c_1 = c_2 = c_3 = 0$이면 그때 집합 S는 1차 독립이다. 그렇지 않으면 S는 1차 종속이다. 이 방정식을 전개하면

$c_1(1,2,3) + c_2(0,1,2) + c_3(-2,0,1) = (0,0,0)$

$(c_1 - 2c_3, 2c_1 + c_2, 3c_1 + 2c_2 + c_3) = (0,0,0)$

이것으로부터 c_1, c_2와 c_3에서 다음과 같은 선형동차 연립방정식을 얻는다.

$c_1 - 2c_3 = 0$

$2c_1 + c_2 = 0$

$3c_1 + 2c_2 + c_3 = 0$

이 연립방정식의 확대행렬은 가우스-조르단 소거법 의해서 다음과 같다.

$$\begin{bmatrix} 1 & 0 & -2 & 0 \\ 2 & 1 & 0 & 0 \\ 3 & 2 & 1 & 0 \end{bmatrix} \to \begin{bmatrix} 1 & 0 & 0 & 0 \\ 0 & 1 & 0 & 0 \\ 0 & 0 & 1 & 0 \end{bmatrix}$$

이것은 유일한 해가 자명함을 보여준다.

$c_1 = c_2 = c_3 = 0$

그러므로 S는 1차 독립이다.

1차 독립과 1차 종속의 판별하는 과정은 요약하면 다음과 같다.

S={v_1, v_2, ⋯, v_k}을 벡터공간 V에서의 벡터들의 집합이라 하자.

S가 1차 독립인지 또는 1차 종속인지를 결정하기 위한 과정은 다음과 같다.

① 벡터방정식 $c_1\mathrm{v}_1 + c_2\mathrm{v}_2 + \cdots + c_k\mathrm{v}_k = 0$으로부터 변수 $c_1, c_2, \cdots$ 그리고 c_k에서 선형동차 연립방정식을 쓰라.

② 이 연립방정식이 유일한 해를 갖는지를 결정하기 위해 가우스 소거법을 사용하라.

③ 만일 이 연립방정식이 오직 자명한 해만을 갖는다면 $c_1 = 0, c_2 = 0, \cdots, c_k = 0$ 그 때 집합 S는 1차 독립이다. 만일 그 연립방정식이 역시 자명하지 않는 해를 갖는다면 그 때 S는 1차 종속이다.

예제 5.19

$M_{2,3}$에서의 벡터들의 집합이 1차 독립 혹은 1차 종속인지를 결정하라.

$$S=\left\{\begin{bmatrix}2&1\\0&1\end{bmatrix},\begin{bmatrix}3&0\\2&1\end{bmatrix},\begin{bmatrix}1&0\\2&0\end{bmatrix}\right\}$$

풀이

방정식 $c_1\mathrm{v}_1+c_2\mathrm{v}_2+c_3\mathrm{v}_3=0$으로부터 우리는

$$c_1\begin{bmatrix}2&1\\0&1\end{bmatrix}+c_2\begin{bmatrix}3&0\\2&1\end{bmatrix}+c_3\begin{bmatrix}1&0\\2&0\end{bmatrix}=\begin{bmatrix}0&0\\0&0\end{bmatrix}$$

이것으로부터 c_1, c_2그리고 c_3에서 뒤따르는 선형연립방정식을 얻는다.

$$2c_1+3c_2+c_3=0$$
$$c_1=0$$
$$2c_2+2c_3=0$$
$$c_1+c_2=0$$

가우스 소거법을 사용하면 이 연립방정식의 확대행렬은 다음과 같다.

$$\begin{bmatrix}2&3&1&0\\1&0&0&0\\0&2&2&0\\1&1&0&0\end{bmatrix}\to\begin{bmatrix}1&0&0&0\\0&1&0&0\\0&0&1&0\\0&0&0&0\end{bmatrix}$$

그러므로 이 연립방정식은 오직 자명한 해만을 가진다. 그러므로 집합 S는 1차 독립이다.

예제 5.20

$M_{4,1}$에서 벡터들의 집합이 1차 독립 혹은 1차 종속인지를 결정하라.

$$S=\left\{\begin{bmatrix}1\\0\\-1\\0\end{bmatrix},\begin{bmatrix}1\\1\\0\\2\end{bmatrix},\begin{bmatrix}0\\3\\1\\-2\end{bmatrix},\begin{bmatrix}0\\1\\-1\\2\end{bmatrix}\right\}$$

풀이

방정식 $c_1\mathrm{v}_1+c_2\mathrm{v}_2+c_3\mathrm{v}_3+c_4\mathrm{v}_3=0$로부터

$$c_1\begin{bmatrix}1\\0\\-1\\0\end{bmatrix}+c_2\begin{bmatrix}1\\1\\0\\2\end{bmatrix}+c_3\begin{bmatrix}0\\3\\1\\-2\end{bmatrix}+c_4\begin{bmatrix}0\\1\\-1\\2\end{bmatrix}=\begin{bmatrix}0\\0\\0\\0\end{bmatrix}$$

을 얻고 이 방정식은 c_1, c_2, c_3와 c_4에서의 뒤따르는 선형연립방정식을 얻는다.

$c_1+c_2=0$

$c_2+3c_3+c_4=0$

$-c_1+c_3-c_4=0$

$2c_2-2c_3+2c_4=0$

가우스 소거법을 사용하여 이 연립방정식의 확대행렬은 다음과 같이 행 축소를 할 수 있다.

$$\begin{bmatrix}1&1&0&0&0\\0&1&3&1&0\\-1&0&1&-1&0\\0&2&-2&2&0\end{bmatrix}\rightarrow\begin{bmatrix}1&0&0&0&0\\0&1&0&0&0\\0&0&1&0&0\\0&0&0&1&0\end{bmatrix}$$

그러므로 이 연립방정식은 오직 자명한 해를 갖는다. 그러므로 집합 S는 1차 독립이다.

만일 벡터들의 집합이 1차 종속이면 정의에 의해서 방정식

$$c_1\mathrm{v}_1+c_2\mathrm{v}_2+\cdots+c_k\mathrm{v}_k=0$$

이 자명하지 않는 해를 갖는다(모든 c_i들이 영이 아닌 해). 예를 들면 만일 $c_1\neq0$이면 우리는 이 방정식을 v_1에 대해 쓸 수 있고 v_1은 다른 벡터들 $\mathrm{v}_2, \mathrm{v}_3, \cdots,$ 그리고 v_k의 일차결합으로서 쓸 수 있다. 다시 말해, 벡터 v_1은 그 집합에서의 다른 벡터들에 의존한다. 이 같은 성질이 1차 종속집합의 특징이다.

5.3 연습문제

1. 각 벡터가 S안의 벡터들의 1차 결합으로서 쓰일 수 있는지 결정하라.

(1) S={(2, −1, 3), (5, 0, 4)}
  (a) u=(1, 1, −1)
  (b) w=(1, −8, 12)

(2) S={(2, 0, 7), (2, 4, 5), (2, −12, 13)}
  (a) u=(−1, 5, −6)
  (b) v=(−3, 15, 18)

2. 집합 S가 R^3을 생성함을 결정하라.

(1) S={(4, 7, 3), (−1, 2, 6), (2, −3, 5)}

(2) S={(−2, 5, 0), (4, 6, 3)}

(3) S={(1, −2, 0), (0, 0, 1), (−1, 2, 0)}

3. 집합 S가 1차 독립 혹은 1차 종속인지를 결정하라.

(1) S={(−2, 2), (3, 5)}

(2) S={(1, 1, 1), (2, 2, 2), (3, 3, 3)}

(3) S={(−4, −3, 4), (1, −2, 3), (6, 0, 0)}

(4) S={(4, −3, 6, 2), (1, 8, 3, 1), (3, −2, −1, 0)}

5.3 연습문제

4. $M_{2,2}$에서 행렬 A=$\begin{bmatrix} 2 & -3 \\ 4 & 1 \end{bmatrix}$, B=$\begin{bmatrix} 0 & 5 \\ 1 & -2 \end{bmatrix}$이 주어졌을 때 뒤따르는 행렬들 중 어떤 것이 A와 B의 1차 결합인지를 결정하라.

(1) $\begin{bmatrix} 6 & -19 \\ 10 & 7 \end{bmatrix}$

(2) $\begin{bmatrix} 6 & 2 \\ 9 & 11 \end{bmatrix}$

(3) $\begin{bmatrix} -2 & 28 \\ 1 & -11 \end{bmatrix}$

5. P_2에서의 각 집합이 1차 독립인지를 결정하라.

(1) S=$\{2-x,\ 2x-x^2,\ 6-5x+x^2\}$

(2) S=$\{x^2-1, 2x+5\}$

(3) S=$\{x^2+3x+1, 2x^2+x-1, 4x\}$

6. 각 집합이 1차 종속인지 이유를 검사에 의해 결정하라.

(1) S=$\{(1,-2),\ (2,3),\ (-2,4)\}$

(2) S=$\{(1,-6,2),\ (2,-12,4)\}$

(3) S=$\{(0,0),\ (1,0)\}$

5.4 기저와 차원

정의 5.4

벡터공간 V의 벡터의 집합 S={ v_1, v_2,⋯, v_r}에 대해 다음 두 조건

1) S는 1차 독립이다.
2) S는 V를 생성한다.

가 성립하면, S를 V의 기저(basis)라 한다.

예제 5.21

집합 S={(1,0,0), (0,1,0), (0,0,1)}이 R^3에 대한 기저임을 보여라.

풀이

S가 R^3을 생성한다. 벡터 방정식

$c_1(1,0,0)+c_2(0,1,0)+c_3(0,0,1)=(0,0,0)$

이 단지 자명한 해 $c_1=c_2=c_3=0$을 갖기 때문에 S는 1차 독립이다. 그러므로 S는 R^3에 대한 기저이다.

예제 5.22

$\mathrm{v}_1=(1,1,1)$, $\mathrm{v}_2=(1,2,3)$, $\mathrm{v}_3=(2,-1,1)$이라 하면,

$S=\{\mathrm{v}_1, \mathrm{v}_2, \mathrm{v}_3\}$는 R^3의 기저임을 밝혀라.

풀이

S가 1차 독립임을 밝히기 위해 $k_1\mathrm{v}_1+k_2\mathrm{v}_2+k_3\mathrm{v}_3=0$의 해가

$k_1=k_2=k_3=0$뿐임을 보이면 된다. 즉

$$k_1 + k_2 + 2k_3 = 0 \quad (1)$$
$$k_1 + 2k_2 - k_3 = 0$$
$$k_1 + 3k_2 + k_3 = 0$$

에서 자명한 해를 가지므로 1차 독립이다.

또, S가 R^3를 생성함을 보이기 위해 임의의 벡터 $\mathrm{v} = (a, b, c)$가 S에 있는 벡터들의 1차 결합

$$\mathrm{v} = k_1 \mathrm{v}_1 + k_2 \mathrm{v}_2 + k_3 \mathrm{v}_3 \quad (2)$$

로 표시됨을 보이자. 식 (2)를 성분들로 나눠 써보면

$$\mathrm{v} = (a,b,c) = k_1(1,1,1) + k_2(1,2,3) + k_3(2,-1,1) = (k_1 + k_2 + 2k_3, k_1 + 2k_2 - k_3, k_1 + 3k_2 + k_3)$$

이고,

$$k_1 + k_2 + 2k_3 = a \quad (3)$$
$$k_1 + 2k_2 - k_3 = b$$
$$k_1 + 3k_2 + k_3 = c$$

이다. 따라서 S가 R^3를 생성함을 보이기 위해서는 식 (3)이 모든 $\mathrm{v} = (a, b, c)$에 대하여 해를 가짐을 보이면 된다.

그런데 식 (1), (3)은 동일한 계수행렬을 갖고 이 계수행렬

$$A = \begin{bmatrix} 1 & 1 & 2 \\ 1 & 2 & -1 \\ 1 & 3 & 1 \end{bmatrix}$$

가 가역적임을 보임으로써 S는 1차 독립이고 R^3를 생성함을 동시에 보이게 된다. 따라서

$$\det(A) = \begin{bmatrix} 1 & 1 & 2 \\ 1 & 2 & -1 \\ 1 & 3 & 1 \end{bmatrix} = 4$$

이므로, A는 가역적이며 따라서 S는 R^3의 기저이다.

예제 5.23

$\mathrm{v} = (v_1, v_2, v_3)$을 R^3의 임의의 벡터라 하자, 방정식

$\mathrm{v} = c_1 \mathrm{v}_1 + c_2 \mathrm{v}_2 + c_3 \mathrm{v}_3$가 기저

$S = \{\mathrm{v}_1, \mathrm{v}_2, \mathrm{v}_3\} = \{(1, 2, 3), (0, 1, 2), (-2, 0, 1)\}$에 대해 유일한 해가 존재함을 밝혀라.

풀이

$(v_1, v_2, v_3) = c_1(1,2,3) + c_2(0,1,2) + c_3(-2,0,1) = (c_1 - 2c_3,\ 2c_1 + c_2,\ 3c_1 + 2c_2 + c_3)$

으로부터 다음과 같은 연립방정식을 얻는다.

$c_1 - 2c_3 = v_1$

$2c_1 + c_2 = v_2$

$3c_1 + 2c_2 + c_3 = v_3$

$$\begin{bmatrix} 1 & 0 & -2 \\ 2 & 1 & 0 \\ 3 & 2 & 1 \end{bmatrix} \begin{bmatrix} c_1 \\ c_2 \\ c_3 \end{bmatrix} = \begin{bmatrix} v_1 \\ v_2 \\ v_3 \end{bmatrix}$$

행렬 A는 가역적이기 때문에 이 연립방정식은 $c = A^{-1}\mathrm{v}$로 주어지는 유일한 해를 가진다는 것을 알 수 있다. A^{-1}에 대해 풀면,

$$A^{-1} = \begin{bmatrix} -1 & 4 & -2 \\ 2 & -7 & 4 \\ -1 & 2 & -1 \end{bmatrix}$$

로 주어지고 이것은 다음과 같은 것을 의미한다.

$c_1 = -v_1 + 4v_2 - 2v_3$

$c_2 = 2v_1 - 7v_2 + 4v_3$

$c_3 = -v_1 + 2v_2 - v_3$

예로 벡터 v=(1,0,0)은 다음과 같은 벡터 $\mathrm{v}_1, \mathrm{v}_2, \mathrm{v}_3$의 1차 결합으로 유일하게 나타낼 수 있다.

$(1,0,0) = -\mathrm{v}_1 + 2\mathrm{v}_2 - \mathrm{v}_3$

정의 5.5

유한차원 벡터공간 V의 기저의 벡터의 개수를 V의 차원(dimension)이라 한다. 영벡터공간의 차원은 0으로 정의하고 V의 차원을 보통 dim V로 나타낸다.

예제 5.24

2x3형 행렬 전체가 만드는 벡터공간 $M_{2,3}$ 에서는

$$\begin{bmatrix} 1\,0\,0 \\ 0\,0\,0 \end{bmatrix} \begin{bmatrix} 0\,1\,0 \\ 0\,0\,0 \end{bmatrix} \begin{bmatrix} 0\,0\,1 \\ 0\,0\,0 \end{bmatrix}$$

$$\begin{bmatrix} 0\,0\,0 \\ 1\,0\,0 \end{bmatrix} \begin{bmatrix} 0\,0\,0 \\ 0\,1\,0 \end{bmatrix} \begin{bmatrix} 0\,0\,0 \\ 0\,0\,1 \end{bmatrix}$$

는 1차 독립이고, 명백히 이 벡터는 $M_{2,3}$를 생성한다. 따라서 $\dim M_{2,3} = 2 \times 3 = 6$ 일반적으로 $\dim M_{m,n} = mn(m, n = 1, 2, \ldots)$이다.

예제 5.25

R^3의 각 부분공간의 차원을 구하라.

(1) W={(d,c-d,c):c와 d는 실수}

(2) W={(2b,b,0):b는 실수}

풀이

(1) W의 원소를 나타내는 $(d, c-d, c)$을 $(d, c-d, c) = (0, c, c) + (d, -d, 0) = c(0, 1, 1) + d(1, -1, 0)$이므로 W가 집합 $S = \{(0,1,1), (1, -1, 0)\}$에 의해서 생성된다는 것을 알 수 있다.
이 집합이 1차 독립임을 보일 수 있다. 그러므로 이 집합이 W의 기저이고 W는 R^3의 2차원 부분공간이다.

(2) W원소를 나타내는 $(2b, b, 0)$을 $(2b, b, 0) = b(2, 1, 0)$이므로 W가 집합 $S = \{(2, 1, 0)\}$에 의해서 생성됨을 알 수 있다. 그러므로 W는 R^3의 1차원 부분공간이다.

예제 5.26

S={(−1,2,5,0), (3,0,1,−2), (−5,4,9,2)}에 의해 생성된 R^4의 부분공간 W의 차원을 구하라.

풀이

W가 집합 S에 의해 생성되지만 S는 1차 종속인 집합이므로 W의 기저가 아니다. 특히 v_3는 다음과 같이 v_1과 v_2의 1차 결합으로 나타낼 수 있다.

$\mathrm{v}_3 = 2\mathrm{v}_1 - \mathrm{v}_2$

이것은 W가 집합 $S_1 = \{\mathrm{v}_1, \mathrm{v}_2\}$에 의해서 생성됨을 의미한다. S_1의 어느 벡터들도 다른 벡터들의 스칼라 곱이 아니므로 S_1은 1차 독립이다. 그러므로 W는 2차원 공간이다.

예제 5.27

W을 $M_{2,2}$의 모든 대칭 행렬들로 이루어진 부분공간이라 하자. W의 차원은 무엇인가?

풀이

모든 2×2 대칭 행렬들은 아래와 같은 형태로 되어 있다.

$$\mathrm{A}=\begin{bmatrix} a & b \\ b & d \end{bmatrix}=\begin{bmatrix} a & 0 \\ 0 & 0 \end{bmatrix}+\begin{bmatrix} 0 & b \\ b & 0 \end{bmatrix}+\begin{bmatrix} 0 & 0 \\ 0 & c \end{bmatrix}=a\begin{bmatrix} 1 & 0 \\ 0 & 0 \end{bmatrix}+b\begin{bmatrix} 0 & 1 \\ 1 & 0 \end{bmatrix}+c\begin{bmatrix} 0 & 0 \\ 0 & 1 \end{bmatrix}$$

그러므로 집합

$$\mathrm{S}=\left\{\begin{bmatrix} 1 & 0 \\ 0 & 0 \end{bmatrix}, \begin{bmatrix} 0 & 1 \\ 1 & 0 \end{bmatrix}, \begin{bmatrix} 0 & 0 \\ 0 & 1 \end{bmatrix}\right\}$$

은 W을 생성한다. S는 1차 독립임을 알 수 있다. 그러므로 W의 차원은 3이다.

일반적으로 집합 $S=\{\mathrm{v}_1, \mathrm{v}_2, \cdots, \mathrm{v}_n\}$가 벡터공간 V의 기저임을 보이기 위해서 S가 2가지 조건들을 만족함을 보여야 한다. S는 V를 생성하고 그리고 1차 독립이다. 하지만 만일 V의 차원이 n이라는 것을 안다면 두 조건들이 모두 성립한다는 것을 다 보일 필요가 없다. 뒤따르는 정리에 의해 어느 한 조건만 성립해도 가능하다.

정리 5.3

V를 n차원 벡터공간이라 하자.

1) $S=\{\mathrm{v}_1, \mathrm{v}_2, \cdots, \mathrm{v}_n\}$가 V의 벡터들의 1차 독립 집합이라면 그때 S는 V의 기저이다.

2) $S=\{\mathrm{v}_1, \mathrm{v}_2, \cdots, \mathrm{v}_n\}$가 V를 생성하면 S는 V의 기저이다.

예제 5.28

다음과 같은 집합이 $M_{5,1}$의 기저가 됨을 보여라.

$$S=\left\{\begin{bmatrix}1\\2\\-1\\3\\4\end{bmatrix}, \begin{bmatrix}0\\1\\3\\-2\\3\end{bmatrix}, \begin{bmatrix}0\\0\\2\\-1\\5\end{bmatrix}, \begin{bmatrix}0\\0\\0\\2\\-3\end{bmatrix}, \begin{bmatrix}0\\0\\0\\0\\-2\end{bmatrix}\right\}$$

풀이

S는 5개의 벡터들을 가지고 $M_{5,1}$는 차원이 5이므로 [정리 5.3]을 적용해서 S가 1차 독립인지 또는 S가 $M_{5,1}$을 생성하는지를 보임으로 해서 S가 기저라는 것을 보일 수 있다. 독립인지를 보기 위한 벡터 방정식

$c_1\mathrm{v}_1+c_2\mathrm{v}_2+c_3\mathrm{v}_3+c_4\mathrm{v}_4+c_5\mathrm{v}_5=0$

형성하면 이것으로부터 다음과 같은 1차 동차 연립방정식을 얻을 수 있다.

$c_1=0$

$2c_1+c_2=0$

$-c_1+3c_2+2c_3=0$

$3c_1-2c_2-c_3+2c_4=0$

$4c_1+3c_2+5c_3-3c_4-2c_5=0$

이 같은 연립방정식은 오직 자명한 해를 가지기 때문에 S는 1차 독립이다. 그러므로 [정리 5.3]에 의해 S는 $M_{5,1}$의 기저이다.

5.4 연습문제

1. 주어진 벡터공간에 대한 표준기저를 쓰라.

(1) R^3

(2) $M_{2,2}$

2. S가 R^2의 기저가 아닌 이유를 설명하라.

(1) S={(1,2), (1,0), (0,1)}

(2) S={(6,−5), (12,−10)}

(3) S={(1,3,0), (4,1,2), (−2,5,−2)}

(4) S={(0,0,0), (1,0,0), (0,1,0)}

3. S가 지적된 벡터공간의 기저인지를 결정하라.

(1) R^2에 대해 S={(3,2), (4,5)}

(2) R^3에 대해 S={(0,−3,2), (4,0,3), (−8,15,−16)}

(3) R^4에 대해 S={(−1,2,0,0), (2,0,−1,0), (3,0,0,4), (0,0,5,0)}

4. S가 $M_{2,2}$의 기저인지를 결정하라.

$$S=\left\{\begin{bmatrix}2&0\\0&3\end{bmatrix},\begin{bmatrix}1&4\\0&1\end{bmatrix},\begin{bmatrix}0&1\\3&2\end{bmatrix},\begin{bmatrix}0&1\\2&0\end{bmatrix}\right\}$$

5.4 연습문제

5. S가 R^3의 기저인지를 결정하라. 만일 기저이면 u=(8,3,8)을 S에서 벡터들의 1차 결합으로서 쓰라.

(1) S={(4,3,2), (0,3,2), (0,0,2)}

(2) S={$(\frac{2}{3}, \frac{5}{2}, 1)$, $(0, \frac{3}{2}, 0)$, (2,12,6)}

6. (a) 기저를 찾고 (b) R^2의 부분공간 w의 차원을 결정하라.

(1) w={(2t,t):t는 실수}

(2) w={(2t, t, −t):t는 실수}

(3) w={(2s−t, s, t, s): s와 t는 실수}

(4) w={(0, 6t, t, −t):t는 실수}

5.5 행렬의 계수와 연립 1차방정식

이 절에서 행렬의 행 벡터(또는 열 벡터)에 의해서 생성되는 벡터공간에 대해 설명한다.

우선 먼저 몇 용어들에 대해서 알아보자. $m \times n$행렬 A에 대해서 A의 행에 일치하는 n의 순서쌍(n−tuples)을 A의 행 벡터라 부른다.

$$A = \begin{bmatrix} a_{11} & a_{12} & \cdots & a_{1n} \\ a_{21} & a_{22} & \cdots & a_{2n} \\ \vdots & \vdots & & \vdots \\ a_{m1} & a_{m2} & \ldots & a_{mn} \end{bmatrix} \qquad \begin{matrix} A\text{의 행 벡터} \\ (a_{11}, a_{12}, \cdots a_{1n}) \\ (a_{21}, a_{22}, \cdots a_{2n}) \\ \vdots \\ (a_{m1}, a_{m2}, \cdots a_{mn}) \end{matrix}$$

비슷하게 A의 열들은 A의 열 벡터라 부른다.

$$A = \begin{bmatrix} a_{11} & a_{12} & \cdots & a_{1n} \\ a_{21} & a_{22} & \cdots & a_{2n} \\ \vdots & \vdots & & \vdots \\ a_{m1} & a_{m2} & \ldots & a_{mn} \end{bmatrix} \qquad \overset{A\text{의 열 벡터}}{\begin{bmatrix} a_{11} \\ a_{21} \\ \vdots \\ a_{m1} \end{bmatrix} \begin{bmatrix} a_{12} \\ a_{22} \\ \vdots \\ a_{m2} \end{bmatrix} \cdots \begin{bmatrix} a_{1n} \\ a_{2n} \\ \vdots \\ a_{mn} \end{bmatrix}}$$

예제 5.29

행렬 $A = \begin{bmatrix} 0 & 1 & -1 \\ -2 & 3 & 4 \end{bmatrix}$에 대해 행 벡터와 열 벡터들을 구하라.

풀이

행렬 $A = \begin{bmatrix} 0 & 1 & -1 \\ -2 & 3 & 4 \end{bmatrix}$에 대해 행 벡터들은 $(0, 1, -1)$와 $(-2, 3, 4)$이고 열 벡터들은

$\begin{bmatrix} 0 \\ -2 \end{bmatrix}, \begin{bmatrix} 1 \\ 3 \end{bmatrix}$ 그리고 $\begin{bmatrix} -1 \\ 4 \end{bmatrix}$

$m \times n$행렬 A에 대해서 행 벡터들은 R^n의 벡터들이고 열 벡터들은 R^m의 벡터들이다. 이들로부터 우리는 다음과 같이 행렬의 행 공간과 열 공간의 정의를 이끌어 낼 수 있다.

정의 5.6

행렬 A를 $m \times n$행렬이라 하자.

1) A의 행 공간은 A의 행 벡터들로서 생성되는 R^n의 부분공간이다.

2) A의 열 공간은 A의 열 벡터들로서 생성되는 R^m의 부분공간이다.

정리 5.4

$m \times n$행렬 A가 $m \times n$행렬 B에 행동치면 A의 행공간은 B의 행공간과 같다.

정리 5.5

행렬 A가 행사다리꼴 형태에서 행렬 B에 행동치라면 그때 영이 아닌 B의 행 벡터들은 A의 행 공간에 대한 기저를 형성한다.

예제 5.30

$A = \begin{bmatrix} 1 & 3 & 1 & 3 \\ 0 & 1 & 1 & 0 \\ -3 & 0 & 6 & -1 \\ 3 & 4 & -2 & 1 \\ 2 & 0 & -4 & -2 \end{bmatrix}$의 행 공간에 대한 기저를 구하라.

풀이

기본적인 행 연산을 사용해서 A를 다음과 같이 행사다리꼴로 다시 쓸 수 있다.

$$B=\begin{bmatrix}1&3&1&3\\0&1&1&0\\0&0&0&1\\0&0&0&0\\0&0&0&0\end{bmatrix}$$

[정리 5.5]에 의해 B의 영이 아닌 행 벡터들

$\mathrm{w}_1=(1,3,1,3)$, $\mathrm{w}_2=(0,1,1,0)$, $\mathrm{w}_3=(0,0,0,1)$은 A의 행 공간에 대한 기저를 형성한다.

예제 5.31

S={(−1,2,5), (3,0,3), (5,1,8)}에 의해서 생성된 R^3의 부분공간의 기저를 구하라.

풀이

행렬 A의 행들을 형성하기 위해서 $\mathrm{v}_1, \mathrm{v}_2$ 그리고 v_3를 사용하자. 그때 A를 행사다리꼴에서 쓰면

$$A=\begin{bmatrix}-1&2&5\\3&0&3\\5&1&8\end{bmatrix}\begin{matrix}\mathrm{v}_1\\\mathrm{v}_2\\\mathrm{v}_3\end{matrix}\rightarrow B=\begin{bmatrix}1&-2&-5\\0&1&3\\0&0&0\end{bmatrix}\begin{matrix}\mathrm{w}_1\\\mathrm{w}_2\\ \end{matrix}$$

그러므로 B의 영이 아닌 벡터들인 $\mathrm{w}_1=(1,-2,-5)$와 $\mathrm{w}_2=(0,1,3)$은 A의 행 공간의 기저를 형성한다. 즉 그들은 S={$\mathrm{v}_1, \mathrm{v}_2, \mathrm{v}_3$}에 의해 생성된 부분공간의 기저를 형성한다.

예제 5.32

[예제 5.30]에서 주어진 행렬 A의 열 공간의 기저를 구하라.

$$A=\begin{bmatrix}1&3&1&3\\0&1&1&0\\-3&0&6&-1\\3&4&-2&1\\2&0&-4&-2\end{bmatrix}$$

풀이

A의 대칭행렬을 취하고 A^T을 행사다리꼴로 쓰기 위해서 행 연산을 사용하라.

$$A^T = \begin{bmatrix} 1 & 0 & -3 & 3 & 2 \\ 3 & 1 & 0 & 4 & 0 \\ 1 & 1 & 6 & -2 & -4 \\ 3 & 0 & -1 & 1 & -2 \end{bmatrix} \rightarrow \begin{bmatrix} 1 & 0 & -3 & 3 & 2 \\ 0 & 1 & 9 & -5 & -6 \\ 0 & 0 & 1 & -1 & -1 \\ 0 & 0 & 0 & 0 & 0 \end{bmatrix} \begin{matrix} \mathrm{w}_1 \\ \mathrm{w}_2 \\ \mathrm{w}_3 \\ \\ \end{matrix}$$

그러므로

$\mathrm{w}_1 = (1,0,-3,3,2)$, $\mathrm{w}_2 = (0,1,9,-5,-6)$

그리고 $\mathrm{w}_3 = (0,0,1,-1,-1)$은 A^T의 행 공간에 대한 기저를 형성한다. 이것은 열 벡터들

$$\begin{bmatrix} 1 \\ 0 \\ -3 \\ 3 \\ 2 \end{bmatrix}, \begin{bmatrix} 0 \\ 1 \\ 9 \\ -5 \\ -6 \end{bmatrix}, \text{그리고} \begin{bmatrix} 0 \\ 0 \\ 1 \\ -1 \\ -1 \end{bmatrix}$$

가 A의 열 공간에 대한 기저를 형성한다고 말하는 것과 동등하다.

정리 5.6

행 공간과 열 공간은 같은 차원을 갖는다.

만일 A가 $m \times n$행렬이라면 그때 A의 행 공간과 열 공간은 같은 차원을 갖는다.

정의 5.7

행렬 A의 행 공간의 차원은 A의 계수라고 부른다. 그리고 rank(A)로 쓴다.

예제 5.33

$$A = \begin{bmatrix} 1 & -2 & 0 & 1 \\ 2 & 1 & 5 & -3 \\ 0 & 1 & 3 & 5 \end{bmatrix}$$ 의 계수를 구하라.

풀이

행사다리꼴로 바꾸면,

$$A=\begin{bmatrix}1&-2&0&1\\2&1&5&-3\\0&1&3&5\end{bmatrix}\to B=\begin{bmatrix}1&-2&0&1\\0&1&1&-1\\0&0&1&3\end{bmatrix}$$

B는 3개의 영이 아닌 행들을 가지므로 A의 계수는 3이다.

행 공간 그리고 열 공간 그리고 계수의 개념은 연립 1차방정식에서 몇몇 중요한 응용을 갖는다. 먼저 동차 연립 1차방정식

$$A\mathrm{x}=0$$

을 생각하자. 여기서 A는 $m\times n$행렬, $\mathrm{x}=[x_1,x_2,\cdots,x_n]^T$은 미지수들의 열 벡터 그리고 $0=[0,0,\cdots 0]^T$은 R^m에서의 영 벡터

$$\begin{bmatrix}a_{11}&a_{12}&\cdots&a_{1n}\\a_{21}&a_{22}&\cdots&a_{2n}\\\vdots&\vdots&&\vdots\\a_{m1}&a_{m2}&\ldots&a_{mn}\end{bmatrix}\begin{bmatrix}x_1\\x_2\\\vdots\\x_n\end{bmatrix}=\begin{bmatrix}0\\0\\\vdots\\0\end{bmatrix}$$

정리는 이 같은 동차 연립방정식의 모든 해들의 집합은 R^n의 부분공간임을 보인다.

정의 5.8

A가 $m\times n$행렬이라면 그때 일차 동차 연립방정식

$\mathrm{Ax}=0$

의 모든 해들의 집합은 A의 영공간이라 불려지고 $N(A)$라고 쓰며 R^n의 부분공간이다.
그러므로

$N(A) = \{ \mathrm{x} \in R^n : A\mathrm{x} = 0 \}$

A의 영공간의 차원은 A의 영차원(nullity)이라 한다.

예제 5.34

$\begin{bmatrix} 2 & 2 & -1 & 0 & 1 \\ -1 & -1 & 2 & -3 & 1 \\ 1 & 1 & -2 & 0 & -1 \\ 0 & 0 & 1 & 1 & 1 \end{bmatrix} \begin{bmatrix} x_1 \\ x_2 \\ x_3 \\ x_4 \\ x_5 \end{bmatrix} = \begin{bmatrix} 0 \\ 0 \\ 0 \\ 0 \\ 0 \end{bmatrix}$ 에서 이 동차 선형연립방정식 해공간 V의 기저의 차원을 구하라.

풀이

기저를 구하기 위해 확대행력은 가우스-조르단 소거법을 사용하면

$\begin{bmatrix} 1 & 1 & 0 & 0 & 1 & 0 \\ 0 & 0 & 1 & 0 & 1 & 0 \\ 0 & 0 & 0 & 1 & 0 & 0 \\ 0 & 0 & 0 & 0 & 0 & 0 \end{bmatrix}$ 이 되므로, 임의의 실수 s, t에 대한 해집합은

$x_1 = -s-t,\ x_2 = s,\ x_3 = -t,\ x_4 = 0,\ x_5 = t$

그러므로

$$\begin{bmatrix} x_1 \\ x_2 \\ x_3 \\ x_4 \\ x_5 \end{bmatrix} = \begin{bmatrix} -s-t \\ s \\ -t \\ 0 \\ t \end{bmatrix} = \begin{bmatrix} -s \\ s \\ 0 \\ 0 \\ 0 \end{bmatrix} + \begin{bmatrix} -t \\ 0 \\ -t \\ 0 \\ t \end{bmatrix} = s \begin{bmatrix} -1 \\ 1 \\ 0 \\ 0 \\ 0 \end{bmatrix} + t \begin{bmatrix} -1 \\ 0 \\ -1 \\ 0 \\ 1 \end{bmatrix}$$

이고 이것은 두 벡터

$$\mathrm{v}_1 = \begin{bmatrix} -1 \\ 1 \\ 0 \\ 0 \\ 0 \end{bmatrix},\ \mathrm{v}_2 = \begin{bmatrix} -1 \\ 0 \\ -1 \\ 0 \\ 1 \end{bmatrix}$$

가 해 공간 V를 생성하며, 또 1차 독립이므로 V의 기저가 된다. 따라서 V의 차원은 2이다.

예제 5.35

행렬 $A=\begin{bmatrix}1 & 2 & -2 & 1\\ 3 & 6 & -5 & 4\\ 1 & 2 & 0 & 3\end{bmatrix}$의 영공간을 구하라.

풀이

A의 영공간은 동차 연립방정식 $\mathrm{Ax}=0$의 해 공간이다. 이 A의 기약 행 사다리꼴을 구하면

$$A=\begin{bmatrix}1 & 2 & -2 & 1\\ 3 & 6 & -5 & 4\\ 1 & 2 & 0 & 3\end{bmatrix}\rightarrow\begin{bmatrix}1 & 2 & 0 & 3\\ 0 & 0 & 1 & 1\\ 0 & 0 & 0 & 0\end{bmatrix}$$

이 기약행 사다리꼴에 대응하는 연립방정식은

$$x_1+2x_2+3x_4=0$$

$$x_3+x_4=0$$

해들은 아래와 같은 매개변수 형태로 쓰기 위해서 x_2와 x_4을 자유 변수로정하자.

$$x_1=-2s-3t,\ x_2=s,\ x_3=-t,\ x_4=t$$

이것은 Ax=0의 해 공간은 다음과 같다.

$$\mathrm{x}=\begin{bmatrix}x_1\\ x_2\\ x_3\\ x_4\end{bmatrix}=\begin{bmatrix}-2s-3t\\ s\\ -t\\ t\end{bmatrix}=s\begin{bmatrix}-2\\ 1\\ 0\\ 0\end{bmatrix}+t\begin{bmatrix}-3\\ 0\\ -1\\ 1\end{bmatrix}$$

그러므로 A의 영공간의 기저는

$$\begin{bmatrix}-2\\ 1\\ 0\\ 0\end{bmatrix}\text{와}\begin{bmatrix}-3\\ 0\\ -1\\ 1\end{bmatrix}$$

이다. 두 벡터들은 Ax=0의 해들이고 그리고 이 동차 연립방정식의 모든 해는 이 두 벡터의 1차 결합들이다. 그리고 영차원은 2이다.

[예제 5.34]에서 행렬 A는 4개의 열들을 갖는다. 더구나 행렬의 계수는 2이고 영공간의 차원도 2이다. 그러므로

열들의 수=계수+영공간의 차원

임을 알 수 있다. 이것을 알아보는 방법은 A의 기약행 사다리꼴을 보는 것이다.

$$\begin{bmatrix} 1 & 2 & 0 & 3 \\ 0 & 0 & 1 & 1 \\ 0 & 0 & 0 & 0 \end{bmatrix}$$

1이 제일 먼저 앞에 나오는 열들 (1열과 3열)이 행렬의 계수를 결정한다. 다른 두 열들은 (2열과 4열) 그들이 자유 변수에 대응하기 때문에 행렬의 영차원을 결정한다. 이 같은 관계는 뒤따르는 정리에서 일반화된다.

정리 5.7

A를 계수 r을 가진 $m \times n$행렬이라면 그 때 $A\mathrm{x}=0$의 해공간의 차원은 $n-r$이다. 즉

$n = A$의 계수 + A의 영차원

증명

A는 n개의 열을 갖는 까닭에 동차 연립 1차방정식 $A\mathrm{x}=0$은 n개의 미지수를 갖는다. 이들은 두 카테고리로 구분된다. 즉 선행변수와 자유변수로 구분된다. 따라서

$$\begin{bmatrix} \text{선행변수의} \\ \text{개수} \end{bmatrix} + \begin{bmatrix} \text{자유변수의} \\ \text{개수} \end{bmatrix} = n$$

이다. 그런데 A의 기약행 사다리꼴 행렬(기약 가우스 행렬)에 있어서 선행변수의 개수는 선행1의 개수와 동일하고 이것의 A의 계수이다. 따라서

$$\mathrm{rank}(A) + \begin{bmatrix} \text{자유변수의} \\ \text{개수} \end{bmatrix} = n$$

이다. 자유변수의 개수는 A의 영차원과 동일하다. A의 영차원은 $A\mathrm{x}=0$의 해공간 차원인 까닭에 이 사실은 성립하고 A의 영차원은 일반해에 있어서 매개변수의 개수와 동일하며([예제 5.34] 참조), 또한 자유변수의 개수와 같다. 따라서 다음이 성립한다.

$$\mathrm{rank}(A) + \mathrm{nullity}(A) = n$$

정리 5.8

A가 $m \times n$행렬일 때 다음이 성립한다.

1) rank(A)=연립방정식 $A\mathrm{x}=0$의 해에 있어서 선행변수의 개수

2) nullity(A)=연립방정식 $A\mathrm{x}=0$의 일반해에 있어서 매개변수의 개수

예제 5.36

행렬 A의 열 벡터들은 c_1, c_2, c_3, c_4 그리고 c_5로서 쓰자.

$$A=\begin{bmatrix} 1 & 0 & -2 & 1 & 0 \\ 0 & -1 & -3 & 1 & 3 \\ -2 & -1 & 1 & -1 & 3 \\ 0 & 3 & 9 & 0 & -12 \end{bmatrix}$$

(a) A의 계수와 영차원을 구하라.

(b) A의 열 공간의 기저를 형성하는 A의 열 벡터들의 부분집합을 구하라.

풀이

B를 A가 기약행 사다리꼴 형태라 하자.

$$A=\begin{bmatrix} 1 & 0 & -2 & 1 & 0 \\ 0 & -1 & -3 & 1 & 3 \\ -2 & -1 & 1 & -1 & 3 \\ 0 & 3 & 9 & 0 & -12 \end{bmatrix} \rightarrow B=\begin{bmatrix} 1 & 0 & -2 & 0 & 1 \\ 0 & 1 & 3 & 0 & -4 \\ 0 & 0 & 0 & 1 & -1 \\ 0 & 0 & 0 & 0 & 0 \end{bmatrix}$$
$$\quad c_1 \quad c_2 \quad c_3 \quad c_4 \quad c_5 \qquad\qquad b_1 \quad b_2 \quad b_3 \quad b_4 \quad b_5$$

(a) B는 3개의 영이 아닌 행들을 가지므로 A의 계수는 3이다. 더군다나 A의 열들의 수는 $n=5$이다. 여기서 이것은 A의 영 차원이 $n-$계수$=5-3=2$임을 의미한다.

(b) B는 첫 번째 두 번째 넷째 열 벡터들은 1차 독립이므로 A의 대응하는 열 벡터들

$$c_1=\begin{bmatrix} 1 \\ 0 \\ -2 \\ 0 \end{bmatrix}, \quad c_2=\begin{bmatrix} 0 \\ -1 \\ -1 \\ 3 \end{bmatrix}, \quad c_3=\begin{bmatrix} 1 \\ 1 \\ -1 \\ 0 \end{bmatrix}$$

은 A의 열 공간의 기저를 형성한다.

예제 5.37

A가 계수 3인 5×7 행렬일 때 $A\mathrm{x} = 0$의 해집합에 있어서 매개변수의 개수 영차원을 구하라.

풀이

[정리 5.7]에서부터

$\text{nullity}(A) = n - \text{rank}(A) = 7 - 3 = 4$

5.5 연습문제

1. (a) 행렬의 계수 (b) 행 공간의 기저 (c) 열 공간의 기저를 구하라.

(1) $\begin{bmatrix} 1 & 0 \\ 0 & 2 \end{bmatrix}$

(2) $\begin{bmatrix} 2 & 4 \\ 1 & 6 \end{bmatrix}$

(3) $\begin{bmatrix} 4 & 0 & 1 \\ 6 & -5 & -6 \\ 2 & -11 & -16 \end{bmatrix}$

(4) $\begin{bmatrix} -2 & -4 & 4 & 5 \\ 3 & 6 & -6 & -4 \\ -2 & -4 & 4 & 9 \end{bmatrix}$

2. S에 의해 생성되는 R^4의 부분공간의 기저를 구하라.

(1) S={(2,9,−2,53), (−3,2,3,−2), (8,−3,−8,17), (0,−3,0,15)}

(2) S={(−3,2,5,28), (−6,1,−8,−1), (14,−10,12,−10), (0,5,12,50)}

3. Ax=0의 해공간의 차원과 기저를 구하라.

(1) $A=\begin{bmatrix} 2 & -1 \\ 1 & 3 \end{bmatrix}$

(2) $A=\begin{bmatrix} 1 & 2 & 3 \end{bmatrix}$

(3) $A=\begin{bmatrix} 1 & 2 & -3 \\ 2 & -1 & 4 \\ 4 & 3 & -2 \end{bmatrix}$

(4) $A=\begin{bmatrix} 1 & 3 & -2 & 4 \\ 0 & 1 & -1 & 2 \\ -2 & -6 & 4 & -8 \end{bmatrix}$

5.5 연습문제

4. 동차 1차연립방정식의 해공간의 (a) 기저 (b) 차원을 구하라.

(1) $-x+y+z=0$

$3x-y=0$

$2x-4y-5z=0$

(2) $x-2y+3z=0$

$-3x+6y-9z=0$

5. b가 A의 열 공간에 속하는지를 결정하라. 만일 속하면 b를 A의 열 벡터들의 1차 결합으로 써 기술하라.

(1) $A=\begin{bmatrix}-1 & 2\\ 4 & 0\end{bmatrix},\ b=\begin{bmatrix}3\\ 4\end{bmatrix}$

(2) $A=\begin{bmatrix}1 & 3 & 0\\ -1 & 1 & 0\\ 3 & 0 & 1\end{bmatrix},\ b=\begin{bmatrix}1\\ 2\\ -3\end{bmatrix}$

CHAPTER 06

내적공간

내적공간 6.1

직교기저: Gram-schmidt의 직교화 6.2

최소제곱문제 6.3

6.1 내적공간

4.3절에서 보인 바와 같이 3차원 좌표공간에서의 길이 및 각은 내적 u · v를 써서 정의했다. 이 절에서는 임의의 벡터공간에서 내적의 개념을 설명하며 결과적으로 보다 일반화된 벡터공간에서의 각, 길이, 거리의 개념을 정의할 수 있다.

정의 6.1

임의의 벡터공간 V에 대해 다음 조건을 만족하는 함수 $V\times V\rightarrow R$를 V위의 내적이라 한다.
임의의 벡터 $\mathrm{u}, \mathrm{v}, \mathrm{w}\in \mathrm{V}$와 스칼라 $k\in R$에 대해

(1) $\langle u,v\rangle = \langle v,u\rangle$
(2) $\langle u+v,w\rangle = \langle u,v\rangle + \langle v,w\rangle$
(3) $\langle ku,v\rangle = \langle u,kv\rangle = k\langle u,v\rangle$
(4) $\langle u,u\rangle \geq 0$ 그리고 $\langle u,u\rangle = 0 \Leftrightarrow u=0$ (0벡터)

이와 같이 내적이 정의 된 벡터공간을 내적 공간이라 부른다. 좌표공간의 내적은 분명히 위의 4조건을 만족하므로, 좌표공간은 내적 공간이다. 좌표공간의 내적 u · v를 흔히 내적이라 부른다.

예제 6.1

$\mathrm{u} = (u_1, u_2)$와 $\mathrm{v} = (v_1, v_2)$가 R^2 내의 벡터들이면 $\langle \mathrm{u}, \mathrm{v}\rangle = 3u_1v_1 + 2u_2v_2$는 내적공간임을 보여라.

풀이

(1) $\langle \mathrm{v}, \mathrm{u}\rangle = 3v_1u_1 + 2v_2u_2 = 3u_1v_1 + 2u_2v_2 = \langle \mathrm{u},\mathrm{v}\rangle$

(2) 만약 $\mathrm{w} = \langle w_1, w_2\rangle$라고 하면

$$\begin{aligned}\langle \mathrm{u}+\mathrm{v}, \mathrm{w}\rangle &= 3(u_1+v_1)w_1 + 2(u_2+v_2)\mathrm{w}_2 \\ &= (3u_1w_1 + 2u_2w_2) + (3v_1w_1 + 2v_2w_2) = \langle \mathrm{u}, \mathrm{w}\rangle + \langle \mathrm{v}, \mathrm{w}\rangle\end{aligned}$$

(3) $\langle k\mathrm{u}, \mathrm{v}\rangle = 3(ku_1)v_1 + 2(ku_2)v_2 = k(3u_1v_1 + 2u_2v_2) = k\langle \mathrm{u}, \mathrm{v}\rangle$

(4) $\langle \mathrm{u}, \mathrm{u}\rangle = 3u_1^2 + 2u_2^2 \geq 0$이고, 또한 $\langle \mathrm{u}, \mathrm{u}\rangle = 3u_1^2 + 2u_2^2 \geq 0$이기 위한 필요충분조건 $u_1 = 0, u_2 = 0$이다. 즉, $\mathrm{u} = (u_1, u_2) = 0$이다. 따라서 내적이 된다.

예제 6.2

R^2 에서의 두 벡터 $\mathrm{u}=(u_1, u_2)$, $\mathrm{v}=(v_1, v_2)$에 대해 $\langle \mathrm{u}, \mathrm{v}\rangle = u_1v_1+2u_2v_2$로 정의되는 함수는 또 하나의 내적임을 보여라.

풀이

(1) 실수의 곱은 가환적이기 때문에

$\langle \mathrm{u}, \mathrm{v}\rangle = u_1v_1+2u_2v_2 = v_1u_1+2v_2u_2 = \langle \mathrm{v}, \mathrm{u}\rangle$

(2) $\mathrm{w}=(w_1, w_2)$에 $\langle \mathrm{u}, \mathrm{v}+\mathrm{w}\rangle = u_1(v_1+w_1)+2u_2(v_2+w_2)$

$$\begin{aligned} &= u_1v_1+u_1w_1+2u_2v_2+2u_2w_2 \\ &= (u_1v_1+2u_2v_2)+(u_1w_1+2u_2w_2) \\ &= \langle \mathrm{u}, \mathrm{v}\rangle + \langle \mathrm{u}, \mathrm{w}\rangle \end{aligned}$$

(3) 임의의 스칼라 c에 대해

$\mathrm{c}\langle \mathrm{u}, \mathrm{v}\rangle = c(u_1v_1+2u_2v_2) = (cu_1)v_1+2(cu_2)v_2 = \langle \mathrm{cu}, \mathrm{v}\rangle$

(4) 실수의 제곱은 음이 아니기 때문에

$\langle \mathrm{v}, \mathrm{v}\rangle = v_1^2+2v_2^2 \ge 0$

등호가 성립할 필요충분조건은 v=0(즉 $v_1=v_2=0$)

따라서 내적 공간이다.

예제 6.3

R^3 에서 두 벡터 u=(u_1, u_2, u_3), v=(v_1, v_2, v_3)에 대해

⟨u,v⟩=$u_1v_1-2u_2v_2+u_3v_3$

로 정의되는 함수는 내적 공간이 아님을 보여라.

풀이

[정의 6.1]의 (4)가 만족되지 않음을 보이자. 예를 들어 $\mathrm{v}=(1,2,1)$이라 하면

$\langle \mathrm{v}, \mathrm{v}\rangle = (1)(1)-2(2)(2)+(1)(1) = -6 < 0$

예제 6.4

벡터공간 $M_{2,2}$의 두 행렬

$$A = \begin{bmatrix} a_{11} & a_{12} \\ a_{21} & a_{22} \end{bmatrix},\ B = \begin{bmatrix} b_{11} & b_{12} \\ b_{21} & b_{22} \end{bmatrix}$$

에 대해 $\langle A, B \rangle = a_{11} \times b_{11} + a_{12} \times b_{12} + a_{21} \times b_{21} + a_{22} \times b_{22}$로 정의되는 함수는 내적임을 밝혀라.

풀이

[정의 6.1]의 공리 (1), (2), (3), (4)성립하므로 내적 공간이다.

내적이 정의된 내적 공간 V에서 '길이' 와 '각' 을 형식적으로 정의해 보자. 즉 벡터 u의 길이(length) 또는 노음(Norm) $|u|$는

$$|u| = < u , u >^{1/2}$$

두 벡터 u와 v 사이의 각 θ는

$$\cos\theta = \frac{< u , v >}{|u||v|}$$

로 정의한다.

특히 두 벡터 u와 v가 직교(orthogonal)하기 위한 조건은 $\langle u, v \rangle = 0$이다.

정리 6.1

내적 공간에서 두 벡터 u와 v가 서로 직교하면

$|u+v|^2 = |u|^2 + |v|^2$ 이 성립한다.

증명

가정에 의하면 $\langle u, v\rangle = \langle v, u\rangle = 0$이다. 따라서

$$|u+v|^2 = \langle (u+v), (u+v) \rangle$$
$$= |u|^2 + 2\langle u, v\rangle + |v|^2 = |u|^2 + |v|^2$$

위의 정리를 다음과 같이 확장할 수 있다. 즉 서로 직교하는 벡터 $u_1, u_2, \ldots, u_n$에 대해 $|u_1 + u_2 + \cdots + u_n|^2 = |u_1|^2 + |u_2|^2 + \cdots + |u_n|^2$이 성립한다.

정의 6.2

V가 내적공간이라면 두 벡터 u와 v사이의 거리를 $d(u, v) = |u - v|$로 정의한다. 위 정의로부터 서로 직교하는 두 벡터 u와 v에 대해 $|u - v| = |u + v|$가 성립함을 쉽게 알 수 있다.

정의 6.3

$u = (u_1, u_2, \ldots, u_n)$과 $v = (v_1, v_2, \ldots, v_n)$을 내적에 의한 R^n의 벡터들이라면

$$|u| = \langle u, u\rangle^{1/2} = \sqrt{u_1^2 + u_2^2 + \cdots + u_n^2}$$

이며

$$d(u, v) = |u - v| = \langle u - v, u - v\rangle^{1/2} = \sqrt{(u_1 - v_1)^2 + (u_2 - v_2)^2 + \cdots + (u_n - v_n)^2}$$

이다.

정리 6.2

내적 공간의 두 벡터 u와 v에 대해 다음 부등식이 성립한다.

$\langle u, v \rangle^2 \leq |u|^2 |v|^2$

증명

만약 $u=0$이면 양변 모두 0과 같으므로 위의 부등식은 성립한다. 이제, $u \neq o$이라고 하자. $a=\langle u, u \rangle, b=2\langle u, v \rangle, c=\langle v, v \rangle$, 라 두고 t를 임의의 실수라고 한다면

$0 \leq <(tu+v),(tu+v)>=<u,u>t^2+2<u,v>t+<v,v>=at^2+bt+c$

이다. 이 부등식 2차 다항식 at^2+bt+c는 실근을 갖지 않거나 중근을 갖지 않거나 둘 중 하나임을 뜻한다. 따라서 이것의 판별식은 $b^2-4ac \leq 0$이며, a, b, c를 u, v로 나타내면

$4<u,v>^2-4<u,u><v,v> \leq 0$이며,

$\langle u, v \rangle^2 \leqq \langle u, u \rangle \langle v, v \rangle = |u|^2 |v|^2$ 이다.

정리 6.3

내적 공간의 임의의 두 벡터 u, v에 대해 다음 부등식이 성립한다.

$|u+v| \leq |u|+|v|$

증명

정의에 의해

$|u+v|^2 = \langle u+v, u+v \rangle = \langle u, u \rangle + 2\langle u, v \rangle + \langle v, v \rangle$

이고, Schwarz의 부등식에 의하면 $\langle u, v \rangle \leq |u||v|$이다. 따라서

$|u+v|^2 \leq \langle u, u \rangle + 2|u||v| + \langle v, v \rangle = (|u|+|v|)^2$

즉,

$|u+v| \leq |u|+|v|$

이 성립한다. R^2와 R^2에서 이 결과들은 삼각형의 두 변의 합은 다른 한 변보다 크다는 비슷한 기하학적인 사실로 증명된다.

6.1 연습문제

1. R^n에서 정의된 내적에 대해 (a) ⟨u,v⟩, (b) ∣$\mathbf{u}$∣, (c) ∣$\mathbf{v}$∣, (d) d(u,v)를 구하라.

   (1) $\mathrm{u} = \langle 3, 4 \rangle, \mathrm{v} = \langle 5, -12 \rangle, \langle \mathrm{u}, \mathrm{v} \rangle = \mathrm{u} \cdot \mathrm{v}$

   (2) $\mathrm{u} = \langle -4, 3 \rangle, \mathrm{v} = \langle 0, 5 \rangle, \langle \mathrm{u}, \mathrm{v} \rangle = 3u_1v_1 + u_2v_2$

   (3) $\mathrm{u} = \langle 0, 9, 4 \rangle, \mathrm{v} = \langle 9, -2, -4 \rangle, \langle \mathrm{u}, \mathrm{v} \rangle = \mathrm{u} \cdot \mathrm{v}$

   (4) $\mathrm{u} = \langle 1, 1, 1 \rangle, \mathrm{v} = \langle 2, 5, 2 \rangle, \langle \mathrm{u}, \mathrm{v} \rangle = u_1v_1 + 2u_2v_2 + u_3v_3$

2. 내적이 ⟨A,B⟩=$2a_{11}b_{11} + a_{12}b_{12} + a_{21}b_{21} + 2a_{22}b_{22}$로 정의될 때 (a) ⟨A,B⟩, (b) ∣$\boldsymbol{A}$∣, (c) ∣$\boldsymbol{B}$∣, (d) $\boldsymbol{d}(\boldsymbol{A}, \boldsymbol{B})$를 구하라.

   $A = \begin{bmatrix} -1 & 3 \\ 4 & -2 \end{bmatrix}, B = \begin{bmatrix} 0 & -2 \\ 1 & 1 \end{bmatrix}$

3. P_2에서의 다항식 p,q에 대하여 내적이 ⟨p,q⟩=$a_0b_0 + a_1b_1 + a_2b_2$로 정의될 때 (1) ⟨p,q⟩, (2) ∣$\boldsymbol{p}$∣, (3) ∣$\boldsymbol{q}$∣, (4) d(p,q)를 구하라.

   $p(x) = 1 - x + 3x^2, q(x) = x - x^2$

4. 두 벡터 사이의 각을 구하라.

   (1) u=⟨3,4⟩, v=⟨5,−12⟩, ⟨u,v⟩=u · v

   (2) u=⟨1,1,1⟩, v=⟨2,−2,2⟩, ⟨u,v⟩=$u_1v_1 + 2u_2v_2 + u_3v_3$

5. 유클리드 내적공간 R^3의 두 벡터 $(k,\ k,\ 1)$, $(k,\ 5,\ 6)$이 직교하기 위한 k의 값을 구하여라.

6.1 연습문제

6. R^2의 두 벡터 $\mathrm{u}=(u_1, u_2)$, $\mathrm{v}=(v_1, v_2)$에 대하여 R^2의 내적이 $\langle \mathrm{u}, \mathrm{v} \rangle = 2u_1v_1 + u_2v_2$로 정의되었을 때, 다음 물음에 답하여라.

(1) $\mathrm{u}=(1, 1)$, $\mathrm{v}=(1, -2)$ 사이의 각 θ를 구하여라.

(2) $\mathrm{u}=(1, 1)$, $\mathrm{v}=(1, -2)$ 사이의 거리를 구하여라.

7. 벡터공간 M_{22}의 두 벡터 $\mathrm{u}=\begin{bmatrix} u_1 & u_2 \\ u_3 & u_4 \end{bmatrix}$, $\mathrm{v}=\begin{bmatrix} v_1 & v_2 \\ v_3 & v_4 \end{bmatrix}$에 대하여 M_{22}의 내적이 $\langle \mathrm{u}, \mathrm{v} \rangle = u_1v_1 + 2u_2v_2 + 3u_3v_3 + 4u_4v_4$로 정의되었을 때, 다음 물음에 답하여라.

(1) $\mathrm{u}=\begin{bmatrix} 1 & 0 \\ 2 & -1 \end{bmatrix}$, $\mathrm{v}=\begin{bmatrix} 2 & 0 \\ 1 & 1 \end{bmatrix}$ 사이의 각 θ를 구하여라.

(2) $\mathrm{u}=\begin{bmatrix} 1 & 0 \\ 2 & -1 \end{bmatrix}$, $\mathrm{v}=\begin{bmatrix} 2 & 0 \\ 1 & 1 \end{bmatrix}$ 사이의 거리를 구하여라.

6.2 직교기저: Gram-schmidt의 직교화 과정

R^n의 부분공간 W가 표준기저의 벡터를 포함할 필요는 없지만 표준기저와 같은 성질을 갖는 기저를 갖는다는 사실을 이 절에서 설명하려 한다.

정의 6.4

내적공간 내의 벡터들의 집합은, 집합 내의 모든 벡터들이 서로 직교할 때 직교집합이라 한다. 또 단위벡터만으로 이루어진 직교집합을 정규직교집합이라 한다.

예제 6.5

$\mathrm{v}_1 = \langle 1, 0, 2 \rangle$, $\mathrm{v}_2 = \langle -2, 0, 1 \rangle$, $\mathrm{v}_3 = \langle 0, 1, 0 \rangle$일 때 $\{\mathrm{v}_1, \mathrm{v}_2, \mathrm{v}_3\}$은 R^3의 정규직교집합임을 보여라.

풀이

벡터 $\mathrm{u}_1 = \left\langle \dfrac{1}{\sqrt{5}}, 0, \dfrac{2}{\sqrt{5}} \right\rangle$와 $\mathrm{u}_2 = \left\langle \dfrac{-2}{\sqrt{5}}, 0, \dfrac{1}{\sqrt{5}} \right\rangle$은 각각 v_1과 v_2의 방향을 갖는 단위벡터이며 v_3는 역시 단위벡터이므로 $\mathrm{u}_3 = \mathrm{v}_3$, 따라서 $\{\mathrm{u}_1, \mathrm{u}_2, \mathrm{u}_3\}$는 정규직교집합이다.

예제 6.6

다음 집합은 R^3에서의 정규직교기저임을 보여라.

$$S = \left\{ \left\langle \frac{1}{\sqrt{2}}, \frac{1}{\sqrt{2}}, 0 \right\rangle, \left\langle -\frac{\sqrt{2}}{6}, \frac{\sqrt{2}}{6}, \frac{2\sqrt{2}}{3} \right\rangle, \left\langle \frac{2}{3}, -\frac{2}{3}, \frac{1}{3} \right\rangle \right\}$$

풀이

$$\mathrm{u}_1 \cdot \mathrm{u}_2 = -\frac{1}{6} + \frac{1}{6} + 0 = 0$$

$$u_1 \cdot u_3 = \frac{2}{3\sqrt{2}} - \frac{2}{3\sqrt{2}} + 0 = 0$$

$$u_2 \cdot u_3 = -\frac{\sqrt{2}}{9} - \frac{\sqrt{2}}{9} + \frac{2\sqrt{2}}{9} = 0$$

이므로 임의의 두 벡터는 직교한다. 그리고

$$|u_1| = \sqrt{u_1 \cdot u_1} = \sqrt{\frac{1}{2} + \frac{1}{2} + 0} = 1$$

$$|u_2| = \sqrt{u_2 \cdot u_2} = \sqrt{\frac{2}{36} + \frac{2}{36} + \frac{8}{9}} = 1$$

$$|u_3| = \sqrt{u_3 \cdot u_3} = \sqrt{\frac{4}{9} + \frac{4}{9} + \frac{1}{9}} = 1$$

이므로 모두 단위벡터이다. 따라서 S는 정규직교집합이다. 세 벡터들은 같은 평면에 없으므로 R^3를 생성한다. 따라서 S는 R^3의 표준기저가 아닌 정규직교기저이다.

정리 6.4

만약 $S = \{v_1, v_2, \cdots, v_n\}$이 내적공간 V에 대한 한 정규직교기저이며 v가 V 내의 임의의 벡터라 하면 $v = \langle v, v_1 \rangle v_1 + \langle v, v_2 \rangle v_2 + \cdots + \langle v, v_n \rangle v_n$이다.

증명

$S = \{v_1, v_2, \cdots, v_n\}$는 기저이므로 벡터 v는 $v = k_1 v_1 + k_2 v_2 + \cdots + k_n v_n$의 꼴로 나타낼 수 있다. $k_i = \langle v, v_i \rangle \ (i = 1, 2, \ldots, n)$임을 보이자.

S 내의 각 벡터 v_i에 대해

$$\begin{aligned} \langle v, v_i \rangle &= \langle k_1 v_1 + k_2 v_2 + \cdots + k_n v_n, v_i \rangle \\ &= k_1 \langle v_1, v_i \rangle + k_2 \langle v_2, v_i \rangle + \cdots + k_n \langle v_n, v_i \rangle \end{aligned}$$

가 됨을 알 수 있다. $S = \{v_1, v_2, \cdots, v_n\}$는 정규직교기저 집합이므로

$$\langle v_i, v_i \rangle = |v_i|^2 = 1, \ \langle v_i, v_j \rangle = 0 \quad (i \neq j)$$

이다. 따라서 위 식은 $\langle v, v_i \rangle = k_i$가 된다.

예제 6.7

$$v_1 = \langle 0, 1, 0 \rangle,\ v_2 = \left\langle -\frac{4}{5}, 0, \frac{3}{5} \right\rangle,\ v_3 = \left\langle \frac{3}{5}, 0, \frac{4}{5} \right\rangle$$

일 때, $S = \{v_1, v_2, v_3\}$는 내적공간으로 R^3에 대한 정규직교기저임을 알 수 있다. 벡터 $v = \langle 1, 1, 1 \rangle$를 S내의 벡터들이 1차 결합으로 표시하라.

풀이

$$\langle v, v_1 \rangle = 1,\ \langle v, v_2 \rangle = -\frac{1}{5},\ \langle v, v_3 \rangle = \frac{7}{5}$$

이므로 [정리 6.4]에 의해서

$$v = v_1 - \frac{1}{5} v_2 + \frac{7}{5} v_3$$

이다. 따라서

$$\langle 1,1,1 \rangle = \langle 0,1,0 \rangle - \frac{1}{5}\left\langle -\frac{4}{5}, 0, \frac{3}{5} \right\rangle + \frac{7}{5}\left\langle \frac{3}{5}, 0, \frac{4}{5} \right\rangle$$

정리 6.5

Gram-Schmidt 정규직교화 과정

1) $B = \{v_1, v_2, \cdots, v_n\}$를 내적공간 V의 한기저라 하자.

2) $B' = \{w_1, w_2, \cdots, w_n\}$의 각 벡터가 다음과 같다고 하자.

$$w_1 = v_1$$

$$w_2 = v_2 - \frac{\langle v_2, w_1 \rangle}{\langle w_1, w_1 \rangle} w_1$$

$$w_3 = v_3 - \frac{\langle v_3, w_1 \rangle}{\langle w_1, w_1 \rangle} w_1 - \frac{\langle v_3, w_2 \rangle}{\langle w_2, w_2 \rangle} w_2$$

$$\vdots$$

$$w_n = v_n - \frac{\langle v_n, w_1 \rangle}{\langle w_1, w_1 \rangle} w_1 - \frac{\langle v_n, w_2 \rangle}{\langle w_2, w_2 \rangle} w_2 - \cdots - \frac{\langle v_n, w_{n-1} \rangle}{\langle w_{n-1}, w_{n-1} \rangle} w_{n-1}$$

그러면 B'은 직교기저이다.

3) $u_i = \dfrac{w_i}{|w_i|}$라 하면 $B' = \{u_1, u_2, \cdots, u_n\}$은 정규직교기저이다. 더욱이 모든 $k = 1, 2, \cdots, n$에 대해 $\{v_1, v_2, \cdots, v_k\} = span\{u_1, u_2, \cdots, u_k\}$이다.

예제 6.8

R^3에서 두 벡터 $v_1 = \langle 0, 1, 0 \rangle$과 $v_2 = \langle 1, 1, 1 \rangle$은 한 평면을 생성한다. 이 부분공간에 대한 정규직교기저를 구하라.

풀이

Gram−Schmidt 정규직교화 과정을 적용하자;

$$w_1 = v_1 = \langle 0, 1, 0 \rangle$$

$$w_2 = v_2 - \frac{\langle v_2, w_1 \rangle}{\langle w_1, w_1 \rangle} w_1 = \langle 1, 1, 1 \rangle - \frac{1}{1} \langle 0, 1, 0 \rangle = \langle 1, 0, 1 \rangle$$

w_1과 w_2를 정규화 하면

$$u_1 = \frac{w_1}{|w_1|} = \langle 0, 1, 0 \rangle$$

$$u_2 = \frac{w_2}{|w_2|} = \frac{1}{\sqrt{2}} \langle 0, 1, 0 \rangle = \left\langle \frac{\sqrt{2}}{2}, 0, \frac{\sqrt{2}}{2} \right\rangle$$

따라서 구하는 정규직교기저는 $\{u_1, u_2\}$이다.

예제 6.9

다음 연립 1차방정식의 해 공간에 대한 정규직교기저를 구하라

$$\begin{aligned} x_1 + x_2 \qquad\quad + 7x_4 &= 0 \\ 2x_1 + x_2 + 2x_3 + 6x_4 &= 0 \end{aligned}$$

풀이

확대계수행렬은 다음과 같이 변형된다.

$$\begin{bmatrix} 1 & 1 & 0 & 7 & 0 \\ 2 & 1 & 2 & 6 & 0 \end{bmatrix} \Rightarrow \begin{bmatrix} 1 & 0 & 2 & -1 & 0 \\ 0 & 1 & -2 & 8 & 0 \end{bmatrix}$$

$x_3 = s,\ x_4 = t$로 놓으면 연립방정식의 해는 다음과 같다.

$$\begin{bmatrix} x_1 \\ x_2 \\ x_3 \\ x_4 \end{bmatrix} = \begin{bmatrix} -2s+t \\ 2s-8t \\ s \\ t \end{bmatrix} = s\begin{bmatrix} -2 \\ 2 \\ 1 \\ 0 \end{bmatrix} + t\begin{bmatrix} 1 \\ -8 \\ 0 \\ 1 \end{bmatrix}$$

그러므로 다음은 해공간에 대한 하나의 기저이다.

$$B = \{\mathrm{v}_1, \mathrm{v}_2\} = \{\langle -2, 2, 1, 0\rangle, \langle 1, -8, 0, 1\rangle\}$$

정규직교기저 $B' = \{\mathrm{u}_1, \mathrm{u}_2\}$를 구하기 위해 다음과 같이 정규직교화 과정을 이용하자.

$$\mathrm{w}_1 = \mathrm{v}_1 = \langle -2, 2, 1, 0\rangle$$

$$\begin{aligned} \mathrm{w}_2 &= \mathrm{v}_2 - \frac{\langle \mathrm{v}_2, \mathrm{w}_1\rangle}{\langle \mathrm{w}_1, \mathrm{w}_1\rangle}\mathrm{w}_1 \\ &= \langle 1, -8, 0, 1\rangle - \frac{(-18)}{9}\langle -2, 2, 1, 0\rangle \\ &= \langle 1, -8, 0, 1\rangle + \langle -4, 4, 2, 0\rangle \\ &= \langle -3, -4, 2, 1\rangle \end{aligned}$$

w_1와 w_2를 정규화하면

$$\mathrm{u}_1 = \frac{\mathrm{w}_1}{|\mathrm{w}_1|} = \left\langle -\frac{2}{3}, \frac{2}{3}, \frac{1}{3}, 0\right\rangle$$

$$\mathrm{u}_2 = \frac{\mathrm{w}_2}{|\mathrm{w}_2|} = \frac{1}{\sqrt{30}}\langle -3, -4, 2, 1\rangle = \left\langle -\frac{3}{\sqrt{30}}, -\frac{4}{\sqrt{30}}, \frac{2}{\sqrt{30}}, \frac{1}{\sqrt{30}}\right\rangle$$

6.2 연습문제

1. R^n의 벡터들의 집합이 직교 혹은 정규직교인지, 그렇지 않은지를 결정하라.

(1) $\{\langle -4, 6\rangle, \langle 5, 0\rangle\}$

(2) $\left\{\left\langle \frac{3}{5}, \frac{4}{5}\right\rangle, \left\langle -\frac{4}{5}, \frac{3}{5}\right\rangle\right\}$

(3) $\{\langle 4, -1, 1\rangle, \langle -1, 0, 4\rangle, \langle -4, -17, -1\rangle\}$

(4) $\left\{\left\langle \frac{\sqrt{2}}{3}, 0, -\frac{\sqrt{2}}{6}\right\rangle, \left\langle 0, \frac{2\sqrt{5}}{5}, -\frac{\sqrt{5}}{5}\right\rangle, \left\langle \frac{\sqrt{5}}{5}, 0, \frac{1}{2}\right\rangle\right\}$

(5) $\left\{\left\langle \frac{\sqrt{2}}{2}, 0, 0, \frac{\sqrt{2}}{2}\right\rangle, \left\langle 0, \frac{\sqrt{2}}{2}, \frac{\sqrt{2}}{2}, 0\right\rangle, \left\langle -\frac{1}{2}, \frac{1}{2}, -\frac{1}{2}, \frac{1}{2}\right\rangle\right\}$

2. Gram-schmidt 정규직교화 과정을 이용하여 주어진 R^n의 기저를 정규직교기저로 변환하라.

(1) $B = \{\langle 3, 4\rangle, \langle 1, 0\rangle\}$

(2) $B = \{\langle 1, -2, 2\rangle, \langle 2, 2, 1\rangle, \langle 2, -1, -2\rangle\}$

(3) $B = \{\langle 4, -3, 0\rangle, \langle 1, 2, 0\rangle, \langle 0, 0, 4\rangle\}$

3. Gram-Schmidt 정규직교화 과정을 이용하여 R^n의 한 부분공간에 대한 기저를 그 부분공간에 대한 정규직교기저로 변환하라.

(1) $B = \{\langle -8, 3, 5\rangle\}$

(2) $B = \{\langle 3, 4, 0\rangle, \langle 1, 0, 0\rangle\}$

(3) $B = \{\langle 1, 2, -1, 0\rangle, \langle 2, 2, 0, 1\rangle\}$

6.2 연습문제

4. 동차 연립 1차방정식의 해 공간에 대한 정규직교기저를 구하라.

(1) $2x_1 + 2x_2 - 6x_3 + 4x_4 = 0$

$x_1 + 2x_2 - 3x_3 + 4x_4 = 0$

$x_1 + x_2 - 3x_3 + 2x_4 = 0$

(2) $x_1 + x_2 - x_3 - x_4 = 0$

$2x_1 + x_2 - 2x_3 - 2x_4 = 0$

6.3 최소제곱문제

W는 R^n의 부분공간으로 원점을 지나고, 한 점 P에서 W에 수선을 내려 $u = \overrightarrow{OP}$라 한다. 그러면 점 P와 W사이의 거리는

$$\| u - proj_W u \|$$

이다.

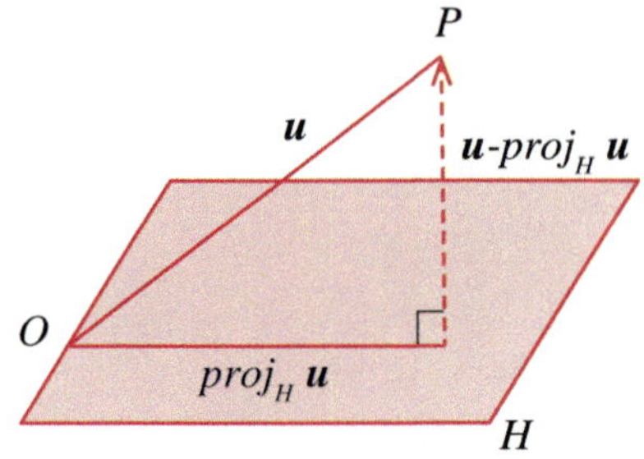

〈그림 6.1〉

W에 u와 다른 벡터 h가 있어서 $\| u - h \|$를 최소화 한다면 u가 W 위에 없는 한 $u-h$는 영벡터가 아니다. 그러나 $h = proj_W u$ 라 한다면

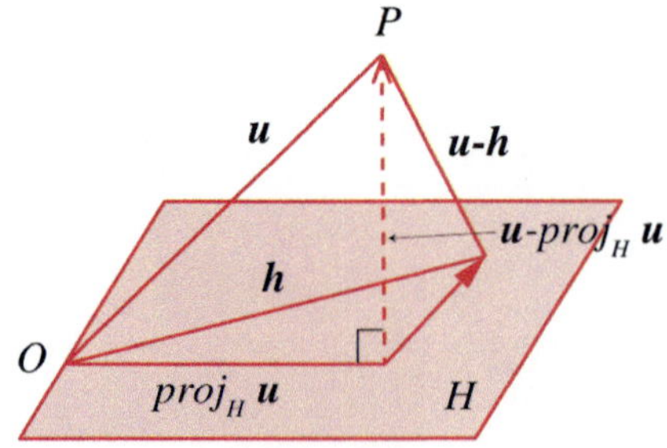

〈그림 6.2〉

$\| u-h \| = \| u-proj_W u \|$ 가 되어 $proj_W u$는 u의 W에 대한 최소의 근사가 된다. 이때 $proj_W u$를 W에 대한 u의 최적근사라 한다.

〈그림 6.2〉에서

$$u-h = u - proj_W u + proj_W u - h$$

이고, 두 벡터 $u-proj_W u$와 $proj_W u - h$는 수직이므로

$$\| u-h \|^2 = \| u-proj_W u \|^2 + \| proj_W u-h \|^2$$

이다. $proj_W u-h \neq 0$이면

$$\| u-h \|^2 > \| u-proj_W u \|^2$$

이다. 그러므로

$$\| u-proj_W u \| < \| u-h \|$$

이다. 이상을 정리하면 다음과 같다.

정리 6.6

W는 R^n의 부분공간이고 u가 R^n의 벡터일 때 W의 벡터 $proj_W u$는 u의 W에 대한 최적근사이다. W의 또 다른 벡터를 h라 할 때

$$\| u-proj_W u \| < \| u-h \|$$

다음 연립일차방정식을 생각해보자.

$$Ax = b$$

해가 정확한 값을 갖지 않고 근사적인 값을 구하고자 한다.

여기서 $\| Ax - b \|$ 가 최소화하는 x를 찾게 된다. $\| Ax - b \| = 0$이면 x는 $Ax = b$의 정확한 해이다. 그렇지 않다면 $Ax = b$의 해는 $\| Ax - b \|$ 를 최소로 하는 x이다. 이때의 x를 $Ax = b$의 최소제곱해라 한다. 이제 최소제곱해를 구해 보자.

W를 A의 열공간이라 한다. $n \times 1$ 행렬 x에 대해서 Ax는 A의 열벡터의 일차결합이다. 최적근사정리 6.6에 의하면 $Ax = b$ 의 최소제곱해 x에 대하여

$$Ax = proj_W b$$

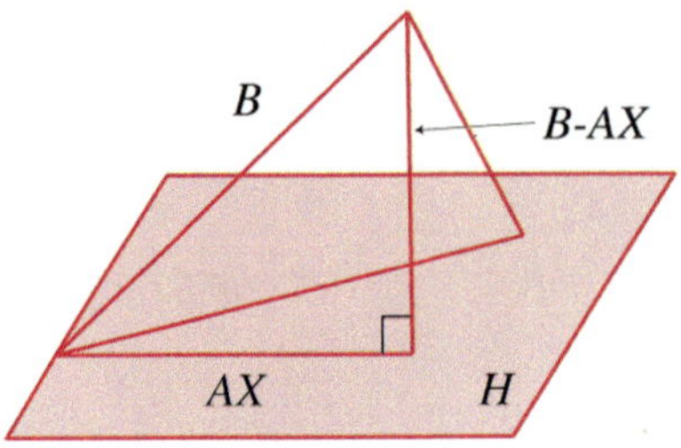

〈그림 6.3〉

임을 알 수 있다.

최소제곱해를 $\hat{x}$로 나타내면 모든 x에 대해서

$$Ax \perp (b - A\hat{x})$$

이므로

$$Ax \cdot (b - A\hat{x}) = 0$$

이다.

Ax, $b - A\hat{x}$는 n개의 성분을 갖는 열벡터이다. 그러므로

$$(Ax)^T(b - A\hat{x}) = 0$$

$$x^T A^T (b - A\hat{x}) = 0$$

$$x^T(A^T b - A^T A\hat{x}) = 0$$

이것은 모든$x \in R^n$ 대해서 성립하므로

$$A^T b - A^T A\hat{x} = 0$$

이다. 따라서

$$\hat{x} = (A^T A)^{-1} A^T b$$

이상을 정리하면 다음과 같다.

정리 6.7

연립일차방정식 $Ax = b$가 있다. $m \times n$ 행렬 A의 열벡터가 일차독립이면 $m \times 1$ 행렬 b에 대하여 이 연립일차방정식의 최소제곱해 $\hat{x}$는

$$\hat{x} = (A^T A)^{-1} A^T b$$

이다.

이 6.7 정리의 W가 A의 열공간이면 W에서 b의 정사영은

$$proj_W b = A\hat{x} = A(A^T A)^{-1} A^T b$$

임을 알 수 있다.

예제 6.10

다음 연립 방정식의 최소제곱해를 구하여라. A의 열공간으로의 b의 정사영도 구하여라.

$$\begin{aligned} 2x_1 - x_2 &= 1 \\ x_1 + 3x_2 &= -1 \\ 3x_1 - 4x_2 &= 2 \end{aligned}$$

풀이

$$A = \begin{bmatrix} 2 & -1 \\ 1 & 3 \\ 3 & -4 \end{bmatrix},\ x = \begin{bmatrix} x_1 \\ x_2 \end{bmatrix},\ b = \begin{bmatrix} 1 \\ -1 \\ 2 \end{bmatrix}$$

$$A^TA = \begin{bmatrix} 2 & 1 & 3 \\ -1 & 3 & -4 \end{bmatrix}\begin{bmatrix} 2 & -1 \\ 1 & 3 \\ 3 & -4 \end{bmatrix} = \begin{bmatrix} 14 & -11 \\ -11 & 26 \end{bmatrix}$$

$$(A^TA)^{-1} = \frac{1}{243}\begin{bmatrix} 26 & 11 \\ 11 & 14 \end{bmatrix}$$

$$A^Tb = \begin{bmatrix} 2 & 1 & 3 \\ -1 & 3 & -4 \end{bmatrix}\begin{bmatrix} 1 \\ -1 \\ 2 \end{bmatrix} = \begin{bmatrix} 7 \\ -12 \end{bmatrix}$$

그러므로 최소제곱해 $\hat{x}$는

$$\hat{x} = \begin{bmatrix} \hat{x_1} \\ \hat{x_2} \end{bmatrix} = (A^TA)^{-1}A^Tb = \frac{1}{243}\begin{bmatrix} 26 & 11 \\ 11 & 14 \end{bmatrix}\begin{bmatrix} 7 \\ -12 \end{bmatrix}$$

$$= \frac{1}{243}\begin{bmatrix} 50 \\ -91 \end{bmatrix}$$

즉, $\hat{x_1} = \frac{50}{243}$, $\hat{x_2} = -\frac{91}{243}$

A의 열공간으로의 b의 정사영은

$$A\hat{x} = \begin{bmatrix} 2 & -1 \\ 1 & 3 \\ 3 & -4 \end{bmatrix}\begin{bmatrix} \frac{50}{243} \\ -\frac{91}{243} \end{bmatrix} = \begin{bmatrix} 191/243 \\ -223/243 \\ 514/243 \end{bmatrix}$$

예제 6.11

다음 연립방정식의 최소제곱해를 구하여라. A의 열공간으로의 b의 정사영도 구하여라.

$$\begin{aligned} -3x_1 + x_2 &= 2 \\ x_1 - 2x_2 &= 2 \\ 4x_1 - x_2 &= -4 \end{aligned}$$

풀이

$$A = \begin{bmatrix} -3 & 1 \\ 1 & -2 \\ 4 & -1 \end{bmatrix},\ x = \begin{bmatrix} x_1 \\ x_2 \end{bmatrix},\ b = \begin{bmatrix} 2 \\ 2 \\ -4 \end{bmatrix}$$

$$A^TA = \begin{bmatrix} -3 & 1 & 4 \\ 1 & -2 & -1 \end{bmatrix} \begin{bmatrix} -3 & 1 \\ 1 & -2 \\ 4 & -1 \end{bmatrix} = \begin{bmatrix} 26 & -9 \\ -9 & 6 \end{bmatrix}$$

$$(A^TA)^{-1} = \frac{1}{75} \begin{bmatrix} 6 & 9 \\ 9 & 26 \end{bmatrix}$$

$$A^Tb = \begin{bmatrix} -3 & 1 & 4 \\ 1 & -2 & -1 \end{bmatrix} \begin{bmatrix} 2 \\ 2 \\ -4 \end{bmatrix} = \begin{bmatrix} 8 \\ 2 \end{bmatrix}$$

$$\hat{x} = \begin{bmatrix} \hat{x_1} \\ \hat{x_2} \end{bmatrix} = \frac{1}{75} \begin{bmatrix} 6 & 9 \\ 9 & 26 \end{bmatrix} \begin{bmatrix} 8 \\ 2 \end{bmatrix} = \frac{1}{75} \begin{bmatrix} 66 \\ 124 \end{bmatrix}$$

$$\hat{x_1} = \frac{22}{25},\ \hat{x_2} = \frac{124}{75}$$

$$proj_W b = A\hat{x} = \begin{bmatrix} -3 & 1 \\ 1 & -2 \\ 4 & -1 \end{bmatrix} \begin{bmatrix} \frac{22}{25} \\ \frac{124}{75} \end{bmatrix} = \begin{bmatrix} 58/75 \\ -182/75 \\ 140/75 \end{bmatrix}$$

한 직선 또는 곡선 위에 있지 않은 몇 개의 점을 주고 이 점들에 가장 가까운 직선 또는 곡선을 찾는 문제를 해결해 보자. 찾으려는 직선과 곡선은 일반적으로 다음과 같이 세 가지 모양으로 나타낼 수 있다.

(1) 직선 : $y = \alpha + \beta x$

(2) 이차다항식 : $y = \alpha + \beta x + \gamma x^2$

(3) 삼차다항식 : $y = \alpha + \beta x + \gamma x^2 + \delta x^3$

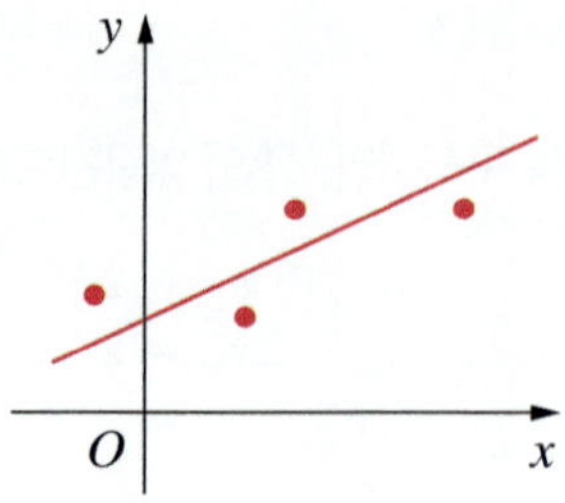

(1) $y = \alpha + \beta x$

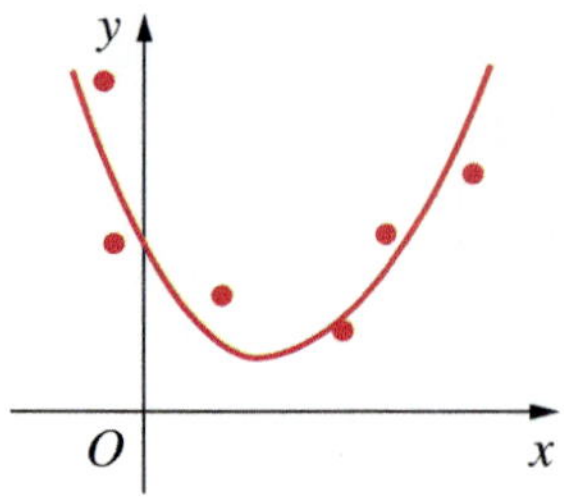

(2) $y = \alpha + \beta x + \gamma x^2$

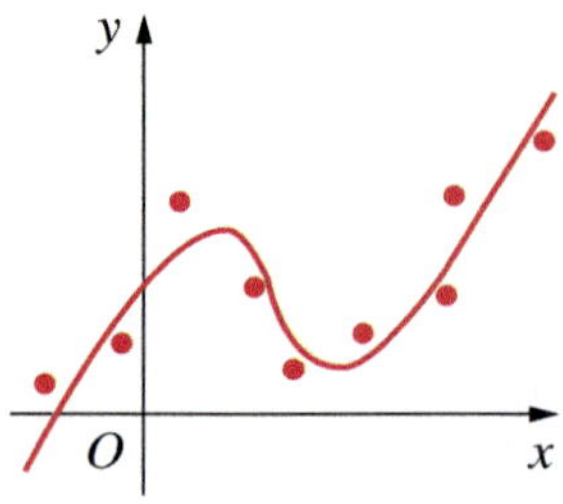

(3) $y = \alpha + \beta x + \gamma x^2 + \delta x^3$

먼저 직선에 대하여 다루어 보자. $(x_1, y_1), (x_2, y_2), \cdots, (x_n, y_n)$인 점들이 주어지고 이 점들에 가장 가까운 직선을

$$y = \alpha + \beta x$$

라 한다. 주어진 점들이 이 직선 위에 있다고 하면

$$\begin{gathered} y_1 = \alpha + \beta x_1 \\ y_2 = \alpha + \beta x_2 \\ \vdots \\ y_n = \alpha + \beta x_n \end{gathered}$$

이다. 여기서 α, β에 가장 적합한 값을 정하면 된다. 이것을 행렬로 나타내면

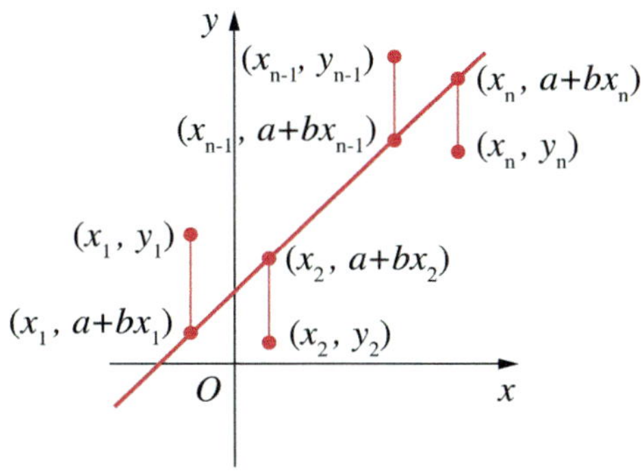

$$\begin{bmatrix} y_1 \\ y_2 \\ \vdots \\ y_n \end{bmatrix} = \begin{bmatrix} 1 & x_1 \\ 1 & x_2 \\ \vdots & \vdots \\ 1 & x_n \end{bmatrix} \begin{bmatrix} \alpha \\ \beta \end{bmatrix} \qquad ①$$

이다.

$$y = \begin{bmatrix} y_1 \\ y_2 \\ \vdots \\ y_n \end{bmatrix}, \ A = \begin{bmatrix} 1 & x_1 \\ 1 & x_2 \\ \vdots & \vdots \\ 1 & x_n \end{bmatrix}, \ x = \begin{bmatrix} \alpha \\ \beta \end{bmatrix}$$

로 하면 ①은

$$y = Ax$$

이고 이것을 만족하는 최소제곱해 $\hat{x}$를 구하는 문제가 된다.

따라서 정리 8.9에 의하여

$$\hat{x} = \begin{bmatrix} \hat{a} \\ \hat{b} \end{bmatrix} = (A^TA)^{-1}A^Ty$$

임을 알 수 있다.

주어진 점들에 가장 근접한 직선은

$$\| y - Ax \| = (y_1 - \alpha - \beta x_1)^2 + (y_2 - \alpha - \beta x_2)^2 + \cdots + (y_n - \alpha - \beta x_n)^2$$

을 최소로 하는 α, β를 정하는 문제라는 뜻이다.

이렇게 정한 $\hat{\alpha}\,\hat{\beta}$에 대하여 점 $(x_1, y_1), (x_2, y_2), \cdots, (x_n, y_n)$에 가장 근접한 직선은 $y = \hat{\alpha} + \hat{\beta}x$이고 이 직선을 최소제곱직선(least squares straight line)이라고도 한다.

예제 6.12

네 점(−1, −2), (0,5), (1,3), (2,2)에 가장 근접한 최적의 직선을 구하여라.

풀이

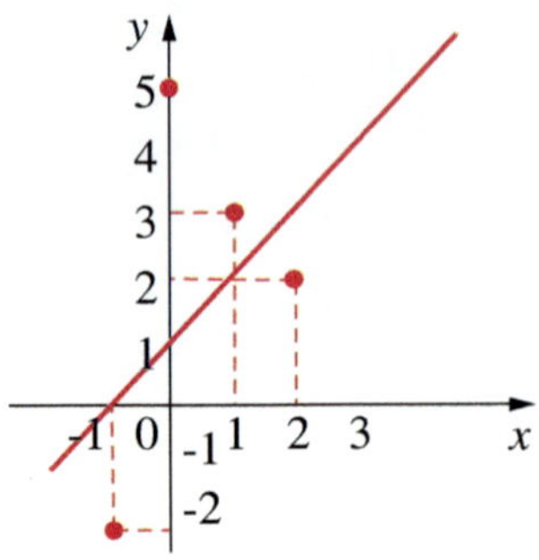

$A = \begin{bmatrix} 1 & -1 \\ 1 & 0 \\ 1 & 1 \\ 1 & 2 \end{bmatrix}$, $y = \begin{bmatrix} -2 \\ 5 \\ 3 \\ 2 \end{bmatrix}$이므로

$$A^TA = \begin{bmatrix} 1 & 1 & 1 & 1 \\ -1 & 0 & 1 & 2 \end{bmatrix} \begin{bmatrix} 1 & -1 \\ 1 & 0 \\ 1 & 1 \\ 1 & 2 \end{bmatrix} = \begin{bmatrix} 4 & 2 \\ 2 & 6 \end{bmatrix}$$

$$(A^TA)^{-1} = \frac{1}{20} \begin{bmatrix} 6 & -2 \\ -2 & 4 \end{bmatrix}$$

$$A^Ty = \begin{bmatrix} 1 & 1 & 1 & 1 \\ -1 & 0 & 1 & 2 \end{bmatrix} \begin{bmatrix} -2 \\ 5 \\ 3 \\ 2 \end{bmatrix} = \begin{bmatrix} 8 \\ 9 \end{bmatrix}$$

$$\hat{x} = (A^TA)^{-1}A^Ty = \frac{1}{20} \begin{bmatrix} 6 & -2 \\ -2 & 4 \end{bmatrix} \begin{bmatrix} 8 \\ 9 \end{bmatrix} = \frac{1}{20} \begin{bmatrix} 30 \\ 20 \end{bmatrix} = \begin{bmatrix} \frac{3}{2} \\ 1 \end{bmatrix}$$

따라서 $y = Ax$의 최소제곱해는

$$\hat{x} = \begin{bmatrix} \hat{\alpha} \\ \hat{\beta} \end{bmatrix} = (A^TA)^{-1}A^Ty = \begin{bmatrix} \frac{3}{2} \\ 1 \end{bmatrix}$$

그러므로 구하는 최소제곱직서는

$$y = \frac{3}{2} + x$$

예제 6.13

다음 주어진 점들에 가장 근접한 최적의 직선(최소제곱직선)을 각각 구하여라.

(1) (0, 0), (1, 2), (2, 5)

(2) (1, −2), (3, 2), (4, 5)

(3) (1, 1), (2, 3), (3, 5), (4, 9)

(4) (0, 2), (2, −3), (4, −4), (6, −2)

풀이

(1) $A = \begin{bmatrix} 1 & 0 \\ 1 & 1 \\ 1 & 2 \end{bmatrix},\ y = \begin{bmatrix} 0 \\ 2 \\ 5 \end{bmatrix}$

$$A^TA = \begin{bmatrix} 1 & 1 & 1 \\ 0 & 1 & 2 \end{bmatrix}\begin{bmatrix} 1 & 0 \\ 1 & 1 \\ 1 & 2 \end{bmatrix} = \begin{bmatrix} 3 & 3 \\ 3 & 5 \end{bmatrix}$$

$$(A^TA)^{-1} = \frac{1}{6}\begin{bmatrix} 5 & -3 \\ -3 & 3 \end{bmatrix}$$

$$A^Ty = \begin{bmatrix} 1 & 1 & 1 \\ 0 & 1 & 2 \end{bmatrix}\begin{bmatrix} 0 \\ 2 \\ 5 \end{bmatrix} = \begin{bmatrix} 7 \\ 12 \end{bmatrix}$$

따라서 $y = Ax$의 최소제곱해는

$$\begin{aligned} \hat{x} = \begin{bmatrix} \hat{\alpha} \\ \hat{\beta} \end{bmatrix} &= (A^TA)^{-1}A^Ty \\ &= \frac{1}{6}\begin{bmatrix} 5 & -3 \\ -3 & 3 \end{bmatrix}\begin{bmatrix} 7 \\ 12 \end{bmatrix} = \frac{1}{6}\begin{bmatrix} -1 \\ 15 \end{bmatrix} \end{aligned}$$

그러므로 구하는 최소제곱직선은

$$y = -\frac{1}{6} + \frac{5}{2}x$$

(3) $A = \begin{bmatrix} 1 & 1 \\ 1 & 2 \\ 1 & 3 \\ 1 & 4 \end{bmatrix}$, $y = \begin{bmatrix} 1 \\ 3 \\ 5 \\ 9 \end{bmatrix}$

$$A^T A = \begin{bmatrix} 1 & 1 & 1 & 1 \\ 1 & 2 & 3 & 4 \end{bmatrix} \begin{bmatrix} 1 & 1 \\ 1 & 2 \\ 1 & 3 \\ 1 & 4 \end{bmatrix} = \begin{bmatrix} 4 & 10 \\ 10 & 30 \end{bmatrix}$$

$$(A^T A)^{-1} = \frac{1}{20} \begin{bmatrix} 30 & -10 \\ -10 & 4 \end{bmatrix}$$

$$A^T y = \begin{bmatrix} 1 & 1 & 1 & 1 \\ 1 & 2 & 3 & 4 \end{bmatrix} \begin{bmatrix} 1 \\ 3 \\ 5 \\ 9 \end{bmatrix} = \begin{bmatrix} 18 \\ 58 \end{bmatrix}$$

$y = Ax$의 최소제곱해는

$$\hat{x} = \begin{bmatrix} \hat{\alpha} \\ \hat{\beta} \end{bmatrix} = (A^T A)^{-1} A^T y$$
$$= \frac{1}{20} \begin{bmatrix} 30 & -10 \\ -10 & 4 \end{bmatrix} \begin{bmatrix} 18 \\ 58 \end{bmatrix} = \begin{bmatrix} -2 \\ \frac{13}{5} \end{bmatrix}$$

최소제곱직선은

$$y = -2 + \frac{13}{5} x$$

다음 주어진 n개의 점 $(x_1, y_1), (x_2, y_2), \cdots, (x_n, y_n)$에 가자 근접한 최적의 이차다항식으로 나타내는 이차곡선(포물선)

$$y = \alpha + \beta x + \gamma x^2$$

을 구하는 방법을 생각하자. n개의 점이 포물선 위의 점이라 하면

$$\begin{aligned} y_1 &= \alpha + \beta x_1 + \gamma x_1^2 \\ y_2 &= \alpha + \beta x_2 + \gamma x_2^2 \\ &\vdots \\ y_n &= \alpha + \beta x_n + \gamma x_n^2 \end{aligned} \qquad ②$$

이다.

$$y = \begin{bmatrix} y_1 \\ y_2 \\ \vdots \\ y_n \end{bmatrix}, \; A = \begin{bmatrix} 1 & x_1 & x_1^2 \\ 1 & x_2 & x_2^2 \\ \vdots & \vdots & \vdots \\ 1 & x_n & x_n^2 \end{bmatrix}, \; x = \begin{bmatrix} \alpha \\ \beta \\ \gamma \end{bmatrix}$$

로 하면 ②는

$$y = Ax$$

이다. 주어진 n개의 점에 가장 근접한 포물선을 찾는 것은 $y = Ax$를 만족하는 최소제곱해

$$\hat{x} = \begin{bmatrix} \hat{\alpha} \\ \hat{\beta} \\ \hat{\gamma} \end{bmatrix}$$

를 구하는 문제가 된다. 따라서

$$\hat{x} = \begin{bmatrix} \hat{\alpha} \\ \hat{\beta} \\ \hat{\gamma} \end{bmatrix} = (A^TA)^{-1}A^Ty$$

임을 알 수 있다. 그러므로 구하는 최적의 포물선은

$$y = \hat{\alpha} + \hat{\beta}x + \hat{\gamma}x^2$$

이다.

예제 6.14

네 점 (1,6), (2,1), (3,2), (4,5)에 가장 근접한 최적의 이차곡선을 구하여라.

풀이

$$A = \begin{bmatrix} 1 & x_1 & x_1^2 \\ 1 & x_2 & x_2^2 \\ 1 & x_3 & x_3^2 \\ 1 & x_4 & x_4^2 \end{bmatrix} = \begin{bmatrix} 1 & 1 & 1 \\ 1 & 2 & 4 \\ 1 & 3 & 9 \\ 1 & 4 & 16 \end{bmatrix},\ y = \begin{bmatrix} y_1 \\ y_2 \\ y_3 \\ y_4 \end{bmatrix} = \begin{bmatrix} 6 \\ 1 \\ 2 \\ 5 \end{bmatrix}$$

$$A^TA = \begin{bmatrix} 1 & 1 & 1 & 1 \\ 1 & 2 & 3 & 4 \\ 1 & 4 & 9 & 16 \end{bmatrix}\begin{bmatrix} 1 & 1 & 1 \\ 1 & 2 & 4 \\ 1 & 3 & 9 \\ 1 & 4 & 16 \end{bmatrix} = \begin{bmatrix} 4 & 10 & 30 \\ 10 & 30 & 100 \\ 30 & 100 & 354 \end{bmatrix}$$

$$(A^TA)^{-1} = \frac{1}{20}\begin{bmatrix} 155 & -135 & 25 \\ -135 & 129 & -25 \\ 25 & -25 & 5 \end{bmatrix}$$

그리고

$$A^Ty = \begin{bmatrix} 1 & 1 & 1 & 1 \\ 1 & 2 & 3 & 4 \\ 1 & 4 & 9 & 16 \end{bmatrix} \begin{bmatrix} 6 \\ 1 \\ 2 \\ 5 \end{bmatrix} = \begin{bmatrix} 14 \\ 34 \\ 108 \end{bmatrix}$$

$$\begin{aligned} \therefore\ (A^TA)^{-1}A^Ty &= \frac{1}{20}\begin{bmatrix} 155 & -135 & 25 \\ -135 & 129 & -25 \\ 25 & -25 & 5 \end{bmatrix}\begin{bmatrix} 14 \\ 34 \\ 108 \end{bmatrix} \\ &= \frac{1}{20}\begin{bmatrix} 280 \\ -204 \\ 40 \end{bmatrix} = \begin{bmatrix} 14 \\ -10.2 \\ 2 \end{bmatrix} \end{aligned}$$

따라서 $y = Ax$의 최소제곱해는

$$\hat{x} = \begin{bmatrix} \hat{\alpha} \\ \hat{\beta} \\ \hat{\gamma} \end{bmatrix} = (A^TA)^{-1}A^Ty = \begin{bmatrix} 14 \\ -10.2 \\ 2 \end{bmatrix}$$

이다. 그러므로 구하는 포물선은

$$y = 14 - 10.2x + 2x^2$$

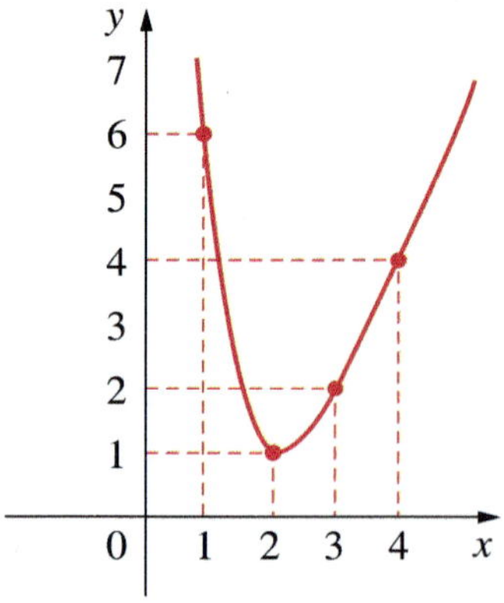

6.3 연습문제

1. 연립일차방정식에서

$$\begin{aligned} x_1 - x_2 &= 4 \\ 3x_1 + 2x_2 &= 1 \\ -2x_1 + 4x_2 &= 3 \end{aligned}$$

$AX = b$의 최소제곱해와 b에서 A의 열공간으로의 정사영을 구하여라.

2. 다음에 주어진 연립일차방정식에 동반된 정규연립방정식을 구하여라.

(1) $\begin{bmatrix} 1 & -1 \\ 2 & 3 \\ 4 & 5 \end{bmatrix}\begin{bmatrix} x_1 \\ x_2 \end{bmatrix} = \begin{bmatrix} 2 \\ -1 \\ 5 \end{bmatrix}$

(2) $\begin{bmatrix} 2 & -1 & 0 \\ 3 & 1 & 2 \\ 1 & 2 & 4 \end{bmatrix}\begin{bmatrix} x_1 \\ x_2 \\ x_3 \end{bmatrix} = \begin{bmatrix} -1 \\ 0 \\ 1 \\ 2 \end{bmatrix}$

3. 연 일차방정식 $AX = b$의 제곱해를 구하고 b에서 A의 열공간의 정사영을 구하여라.

(1) $A = \begin{bmatrix} 1 & 1 \\ -1 & 1 \\ -1 & 2 \end{bmatrix}, b = \begin{bmatrix} 7 \\ 0 \\ -7 \end{bmatrix}$

(2) $A = \begin{bmatrix} 2 & -2 \\ 1 & 1 \\ 3 & 1 \end{bmatrix}, b = \begin{bmatrix} 2 \\ -1 \\ 1 \end{bmatrix}$

(3) $A = \begin{bmatrix} 1 & 0 & -1 \\ 2 & 1 & -2 \\ 1 & 1 & 0 \\ 1 & 1 & -1 \end{bmatrix}, b = \begin{bmatrix} 6 \\ 0 \\ 9 \\ 3 \end{bmatrix}$

(4) $A = \begin{bmatrix} 2 & 0 & -1 \\ 1 & -2 & 2 \\ 2 & -1 & 0 \\ 0 & 1 & -1 \end{bmatrix}, b = \begin{bmatrix} 0 \\ 6 \\ 0 \\ 6 \end{bmatrix}$

6.3 연습문제

4. 다음에 주어진 점들에 근사한 직선을 구하여라.

$(0,0),\ (1,2),\ (2,5)$

5. 다음에 주어진 점들에 근사한 이차곡선을 구하여라.

$(2,0),\ (3,-10),\ (5,-48),\ (6,-76)$

CHAPTER

07

고유치 문제

고유치와 특성 방정식 7.1
닮음 행렬과 대각화 7.2
대칭행렬과 직교대각화 7.3

7.1 고유치와 특성 방정식

7.1.1 고유치 문제

$(n \times n)$행렬 A에 대한 방정식

$$\mathrm{A}\mathrm{x} = \lambda\mathrm{x} \tag{1}$$

가 $0 \in R^n$아닌 해 x를 가지게 하는 스칼라 λ를 A의 고유치(eigenvalue)라고 한다. 또 (1)식의 해가 되는 $(n \times 1)$벡터 x를 λ에 대응하는 고유벡터(eigenvector)라고 한다.

(1)식은 다음과 동치이다.

$$A\mathrm{x} - \lambda\mathrm{x} = 0 \text{ 또는 } (A - \lambda I)\mathrm{x} = 0,\ \mathrm{x} \neq 0 \tag{2}$$

단, I는 $(n \times n)$항등행렬이다. (2)식이 비자명해를 가지기 위해서는 $(n \times n)$행렬 $A - \lambda I$ 가 비정칙 행렬이어야 한다. 따라서 고유치 문제는 다음의 두 부분으로 되어 있다.

1) $A - \lambda I$가 비정칙 행렬이 되게 하는 모든 λ를 구하라.

2) (1)에서 구한 모든 λ에 대해 $(A - \lambda I)\mathrm{x} = 0$의 모든 비자명해를 구하라.

만일 A의 고유치를 구했다면, 이것에 대응하는 고유벡터는 2장에서 설명한 가우스 소거법을 써서 쉽게 구할 수 있다. 따라서 고유치 문제의 첫 번째 과제는 $A - \lambda I$를 비정칙 행렬이 되게 하는 스칼라 λ를 모두 구하는 일이다.

(1) (2×2)행렬의 고유치

일반적인 $(n \times n)$행렬 A의 고유치를 구하는 방법을 알아보기 전 A가 (2×2)행렬인 특별한 경우에 대해 생각해 보자. 지금 (2×2)행렬 A가 다음과 같다고 하자.

$$A = \begin{bmatrix} a & b \\ c & d \end{bmatrix}$$

앞에서 말한 바와 같이 먼저 $A - \lambda I$가 비정칙 행렬이 되게 하는 모든 λ를 구해야 한다.

행렬 $A - \lambda I$는

$$A - \lambda I = \begin{bmatrix} a & b \\ c & d \end{bmatrix} - \begin{bmatrix} \lambda & 0 \\ 0 & \lambda \end{bmatrix}$$

$$\text{즉 } A - \lambda I = \begin{bmatrix} a - \lambda & b \\ c & d - \lambda \end{bmatrix} \tag{3}$$

그런데 (2×2)행렬이 비정칙이기 위한 필요충분조건을 대각원소의 곱이 비대각원소의 곱과 같은 것이라는 것을 알고 있다. (3)에 이 사실을 적용하면 $A - \lambda I$가 비정칙인 것은

$$(a - \lambda)(d - \lambda) - bc = 0 \tag{4}$$

인 경우, 오직 이 때뿐이다.(4)식을 λ에 관해서 정돈하면,

$$\lambda^2 - (a + d)\lambda + (ad - bc) = 0 \tag{5}$$

다음 구체적인 보기를 들어보자.

예제 7.1

행렬 A가 다음과 같을 때, $A - \lambda I$가 비정칙 행렬이기 위한 필요충분조건은 λ를 모두 구하라.

$$A = \begin{bmatrix} 5 & -2 \\ 6 & -2 \end{bmatrix}$$

풀이

행렬 $A-\lambda I$를 써보면

$$A-\lambda I=\begin{bmatrix}5-\lambda & -2\\ 6 & -2-\lambda\end{bmatrix}$$

$A-\lambda I$가 비정칙이기 위한 필요충분조건은

$-(5-\lambda)(2+\lambda)+12=0$, 즉 $\lambda^2-3\lambda+2=0$

이다.

$\lambda^2-3\lambda+2=0=(\lambda-2)(\lambda-1)$

이므로 $A-\lambda I$가 비정칙인 것은 $\lambda=2$ 또는 $\lambda=1$인 경우이다.

[예제 7.1]의 계산에 대한 검산으로 $A-2I$, $A-I$를 실제로 써보면 다음과 같다.

$$A-2I=\begin{bmatrix}3 & -2\\ 6 & -4\end{bmatrix} \qquad A-I=\begin{bmatrix}4 & -2\\ 6 & -3\end{bmatrix} \tag{6}$$

이것들은 실제로 비정칙 행렬이다.

예제 7.2

[예제7.1]의 행렬 A를 가지고 $\lambda=2$, $\lambda=1$에 대응하는 고유벡터를 각각 구하라

풀이

$\lambda=2$에 대응하는 고유벡터는$(A-2I)\mathrm{x}=0$를 만족하는 영 아닌 x이다. 따라서 x는 (6)에 있는 비정칙 행렬에 대한 동차선형계

$3x_1-2x_2=0$

$6x_1-4x_2=0$

의 비자명 해이다. 이것을 풀어보면 $3x_1=2x_2$, $x_1=(2/3)x_2$이다. 따라서

$(A-2I)\mathrm{x}=0$의 모든 비자명 해는 다음과 같다.

$$x = \begin{bmatrix} (2/3)x_2 \\ x_2 \end{bmatrix} = x_2 \begin{bmatrix} 2/3 \\ 1 \end{bmatrix}, \ x_2 \neq 0$$

$\lambda = 1$에 대한 $(A - I)x = 0$의 해는

$4x_1 - 2x_2 = 0$

$6x_1 - 3x_2 = 0$

을 풀면 구할 수 있다. 이 선형계의 비자명한 해를 구하면 다음과 같다.

$$x = \begin{bmatrix} (1/2)x_2 \\ x_2 \end{bmatrix} = x_2 \begin{bmatrix} 1/2 \\ 1 \end{bmatrix}, x_2 \neq 0$$

7.1.2 고유치와 특성다항식

7.1.1절에서 행렬식의 이론에 관해 간단히 알아봤다. 다시 우리의 주제인 고유치 문제로 돌아간다. $(n \times n)$행렬 A에 대한 고유치 문제는 다음의 두 부분으로 되어 있다는 것을 상기하자.

1) $A - \lambda I$를 비정칙이 되게 하는 모든 스칼라 λ를 구하라. (이 때 λ를 A의 고유치라고 한다.)
2) 각 고유치 λ에 대해 $(A - \lambda I)x = 0$인 영 아닌 벡터 x를 구하라. (이러한 x를 고유치 λ에 대응하는 고유벡터라고 한다.)

이 절에서는 고유치를 구하는 첫째 문제에 대해 주로 알아보고 고유벡터는 다음 절에서 생각한다.

$$A - \lambda I \text{ 는 비정칙이다.} \Leftrightarrow \det(A - \lambda I) = 0 \qquad (1)$$

실제로 (1)식을 써서 행렬의 비정칙성 여부를 판정해 보자.

예제 7.3

다음 행렬의 고유치를 구하라.

$$A=\begin{bmatrix}1&1&1\\0&3&3\\-2&1&1\end{bmatrix}$$

풀이

$A-\lambda I$가 비정칙이면 λ는 A의 고유치이다. (1)식에 의해 λ가 A가 고유치이기 위한 필요충분조건은 $\det(A-\lambda I)=0$이므로

$$A-\lambda I=\begin{bmatrix}1&1&1\\0&3&3\\-2&1&1\end{bmatrix}-\begin{bmatrix}\lambda&0&0\\0&\lambda&0\\0&0&\lambda\end{bmatrix}=\begin{bmatrix}1-\lambda&1&1\\0&3-\lambda&3\\-2&1&1-\lambda\end{bmatrix}$$

$\det(A-\lambda I)$ 계산하면 다음과 같다.

$$\det(A-\lambda I)=\begin{vmatrix}1-\lambda&1&1\\0&3-\lambda&3\\-2&1&1-\lambda\end{vmatrix}=(1-\lambda)\begin{vmatrix}3-\lambda&3\\11&1-\lambda\end{vmatrix}-(0)\begin{vmatrix}1&1\\1&1-\lambda\end{vmatrix}+(-2)\begin{vmatrix}1&1\\3-\lambda&3\end{vmatrix}$$

$$=(1-\lambda)[(3-\lambda)(1-\lambda)-3]-2[3-(3-\lambda)]$$

$$=(1-\lambda)[\lambda^2-4\lambda]-2[\lambda]=[-\lambda^3+5\lambda^2-4\lambda]-[2\lambda]=-\lambda^3+5\lambda^2-6\lambda$$

$$=-\lambda(\lambda^2-5\lambda+6)=-\lambda(\lambda-3)(\lambda-2)$$

$A-\lambda I$가 비정칙인 것은 $\lambda=0, \lambda=3, \lambda=2$인 경우이다. 따라서 A의 고유치는 0, 3, 2이다.

(1) 특성다항식

(1)식으로부터 행렬 $A-\lambda I$가 비정칙인 것은 $\det(A-\lambda I)=0$인 경우를 알 수 있다. A가 (3×3)행렬이면 $\det(A-\lambda I)$는 λ에 관한 3차식이다. 일반적으로 A가 (3×3) 행렬이면 $\det(A-\lambda I)$는 λ에 관한 3차 다항식이다. 그런데 $A-\lambda I$가 비정칙이기 위한 필요충분조건은 $\det(A-\lambda I)=0$이므로 A의 고유치는 바로 방정식 $\det(A-\lambda I)=0$의 근이다.

A의 고유치는 λ로 표시하고 λ의 값을 주는 다항식(이 다항식을 A의 특성다항식(characteristic polynomial)이라 부른다)은 변수 t를 써서 $p(t)=\det(A-tI)$로 표시한다.

정리 7.1

A를 $(n\times n)$행렬이라고 하자. 이 때 $\det(A-tI)$는 t에 관한 n차 다항식이다.

[정리 7.1]을 증명은 생략한다. 다음 정의는 $\det(A-tI)$가 다항식이라는 사실로부터 이끌어낸 것이다.

정의 7.1

A를 $(n\times n)$행렬이라고 하자. t에 관한 n차 다항식 $p(t)=\det(A-tI)$를 A에 대한 특성다항식이라고 한다.

예제 7.4

다음 행렬의 특성다항식과 고유치를 구하라.

$$A=\begin{bmatrix}1 & 5\\ 3 & 3\end{bmatrix}$$

풀이

[정의 7.1]에 의해 A의 특성다항식 $p(t)$라고 하면

$$p(t)=\begin{vmatrix}1-t & 5\\ 3 & 3-t\end{vmatrix}=(1-t)(3-t)-15=t^2-4t-12=(t-6)(t+2)$$

A의 고유치는 $\lambda=6$과 $\lambda=-2$이다.

예제 7.5

다음 (3×3)행렬의 특성다항식과 고유치를 구하라.

$$A=\begin{bmatrix}3 & -1 & -1\\ -12 & 0 & 5\\ 4 & -2 & -1\end{bmatrix}$$

풀이

[정의 7.1]에 의해 특성다항식 $p(t)=\det(A-tI)$는 다음과 같다.

$$p(t)=\begin{vmatrix} 3-t & -1 & -1 \\ -12 & -t & 5 \\ 4 & -2 & -1-t \end{vmatrix}$$

이것을 1열에 관해 전개하면 다음과 같다.

$$\begin{aligned} p(t) &= (3-t)\begin{vmatrix} -t & 5 \\ -2 & -1-t \end{vmatrix} + 12\begin{vmatrix} -1 & -1 \\ -2 & -1-t \end{vmatrix} + 4\begin{vmatrix} -1 & -1 \\ -t & 5 \end{vmatrix} \\ &= (3-t)[t(1+t)+10]+12[(1+t)-2]+4[-5-t] \\ &= (3-t)[t^2+t+10]+12[t-1]+4[-t-5] \\ &= [-t^3+2t^2-7t+30]+[12t-12]+[-4t-20] \\ &= -t^3+2t^2+t-2 \end{aligned}$$

A의 고유치는 $p(t)=0$의 근이다. 그런데 $p(t)$를 인수로 분해하면

$p(t)=-(t-2)(t-1)(t+1)$이므로 A의 고유치는

$\lambda=2, \lambda=1, \lambda=-1$이다.

---

(2) 고유값과 고유벡터 구하기

$n\times n$행렬에서 고유값과 고유벡터를 구하기 위해서 I를 $n\times n$항등행렬이라고 하자. 방정식 $A\mathrm{x}=\lambda\mathrm{x}$는 $\lambda I\mathrm{x}=A\mathrm{x}$ 꼴로 쓸 수 있다.

이 식을 변형하면 $(\lambda I-A)\mathrm{x}=0$가 되고 이 식을 풀면 된다.

이 동차 연립방정식이 0이 아닌 해를 가질 필요충분조건은 계수행렬 $(\lambda I-A)$의 행렬식이 0일 경우이다. 따라서 다음 정리를 얻을 수 있다.

정리 7.2

A는 $n\times n$행렬이다.

1) A의 고유값은 $\det(\lambda I-A)=0$인 스칼라 λ이다.

2) λ에 대응하는 A의 고유벡터는 $(\lambda I-A)\mathrm{x}=0$의 0이 아닌 해이다.

방정식 $\det(\lambda I - A) = 0$을 A의 특성방정식(characteristic equation)이라고 부른다. 또 이것을 다항식 형식으로 전개시켜서 $|\lambda I - A| = \lambda^n + c_{n-1}\lambda^{n-1} + \dots + c_1\lambda + c_0$꼴로 쓸 때 이 식을 A의 특성다항식(characteristic polynomial)이라고 부른다. 이 정의에 의해서 $n \times n$행렬 A의 고유값은 A의 특성다항식의 근과 같음을 알 수 있다. A의 특성다항식의 차수는 n이므로 A의 서로 다른 고유값은 n개 이하이다.

예제 7.6

다음 행렬 A의 고유값과 대응하는 고유벡터를 구하라.

$$A = \begin{bmatrix} 2 & -12 \\ 1 & -5 \end{bmatrix}$$

풀이

A의 특성다항식은

$$|\lambda I - A| = \begin{bmatrix} \lambda-2 & 12 \\ -1 & \lambda+5 \end{bmatrix} = (\lambda-2)(\lambda+5) - (-12)$$

$$= \lambda^2 + 3\lambda - 10 + 12 = \lambda^2 + 3\lambda + 2 = (\lambda+1)(\lambda+2)$$

따라서 특성방정식은 $(\lambda+1)(\lambda+2) = 0$이다.

$\lambda_1 = -1$과 $\lambda_2 = -2$는 A의 고유값이다. 대응하는 고유벡터를 구하기 위해서는 동차 연립방정식 $(\mathrm{\lambda I - A})\mathrm{x} = 0$을 풀어야 하는데 $Gauss-Jordan$소거법을 이용한다.

$\lambda_1 = -1$일 경우 계수행렬은

$$(-1)I - A = \begin{bmatrix} -1-2 & 12 \\ -1 & -1+5 \end{bmatrix} = \begin{bmatrix} -3 & 12 \\ -1 & 4 \end{bmatrix}$$

이고 기약행렬은 $\begin{bmatrix} 1 & -4 \\ 0 & 0 \end{bmatrix}$이다.

따라서 $x_1 - 4x_2 = 0$이고, $x_2 = t$로 두면 $x_1 = 4t$이다. λ_1의 모든 고유벡터는

$$\mathrm{x} = \begin{bmatrix} x_1 \\ x_2 \end{bmatrix} = \begin{bmatrix} 4t \\ t \end{bmatrix} = t\begin{bmatrix} 4 \\ 1 \end{bmatrix}, t \neq 0$$

이다.

$\lambda_2 = -2$일 경우는

$$(-2)I - A = \begin{bmatrix} -2-2 & 12 \\ -1 & -2+5 \end{bmatrix} = \begin{bmatrix} -4 & 12 \\ -1 & 3 \end{bmatrix} \to \begin{bmatrix} 1 & -3 \\ 0 & 0 \end{bmatrix}$$

이 된다. $x_2 = t$로 두면 λ_2의 모든 고유벡터는

$$\mathrm{x} = \begin{bmatrix} x_1 \\ x_2 \end{bmatrix} = \begin{bmatrix} 3t \\ t \end{bmatrix} = t\begin{bmatrix} 3 \\ 1 \end{bmatrix},\ t \neq 0$$

가 됨을 알 수 있다.

예제 7.7

다음 행렬 A의 고유값과 대응되는 고유벡터를 구하라. 또는 각 고유값의 고유공간의 차원을 구하라.

$$A = \begin{bmatrix} 2 & 1 & 0 \\ 0 & 2 & 0 \\ 0 & 0 & 2 \end{bmatrix}$$

풀이

A의 특성다항식은

$$|\lambda I - A| = \begin{vmatrix} \lambda-2 & -1 & 0 \\ 0 & \lambda-2 & 0 \\ 0 & 0 & \lambda-2 \end{vmatrix}$$

이다. 따라서 특성방정식은 $(\lambda-2)^3 = 0$이다. 그에 따른 고유값 $\lambda = 2$은 한 개뿐이다. $\lambda = 2$에 대한 고유벡터를 구하기 위해 동차선형연립방정식

$(2I - A)\mathrm{x} = 0$을 풀어보자.

$$2I - A = \begin{bmatrix} 0 & -1 & 0 \\ 0 & 0 & 0 \\ 0 & 0 & 0 \end{bmatrix}$$

이 식에서 $x_2 = 0$을 얻는다. $x_1 = s,\ x_3 = t$로 두면, $\lambda = 2$일 때 고유벡터는

$$x = \begin{bmatrix} x_1 \\ x_2 \\ x_3 \end{bmatrix} = \begin{bmatrix} s \\ 0 \\ t \end{bmatrix} = s\begin{bmatrix} 1 \\ 0 \\ 0 \end{bmatrix} + t\begin{bmatrix} 0 \\ 0 \\ 1 \end{bmatrix},\ \text{단 } s, t\text{는 0이 아닌 임의의 실수}$$

가 되는데 이 식은 $\lambda = 2$는 2개의 1차 독립인 고유벡터를 가진다. 따라서 고유공간의 차원은 2이다.

예제 7.8

다음 행렬의 고유값을 구하라. 또 대응하는 각 고유공간의 기저를 구하라.

$$A=\begin{bmatrix}1&0&0&0\\0&1&5&-10\\1&0&2&0\\1&0&0&3\end{bmatrix}$$

풀이

A의 특성다항식은

$$|\lambda I-A|=\begin{vmatrix}\lambda-1&0&0&0\\0&\lambda-1&-5&10\\-1&0&\lambda-2&0\\-1&0&0&\lambda-3\end{vmatrix}=(\lambda-1)^2(\lambda-2)(\lambda-3)$$

이다. 따라서 특성방정식은 $(\lambda-1)^2(\lambda-2)(\lambda-3)=0$이므로 고유값은 $\lambda_1=1,\lambda_2=2,\lambda_3=3$ ($\lambda_1=1$의 중복도는 2이다).

$\lambda_1=1$의 고유공간의 기저를 구하면

$$(1)I-A=\begin{bmatrix}0&0&0&0\\0&0&-5&10\\-1&0&-1&0\\-1&0&0&-2\end{bmatrix}\rightarrow\begin{bmatrix}1&0&0&2\\0&0&1&-2\\0&0&0&0\\0&0&0&0\end{bmatrix}$$

$x_2=s,\ x_4=t$로 두면

$$\mathrm{x}=\begin{bmatrix}x_1\\x_2\\x_3\\x_4\end{bmatrix}=\begin{bmatrix}0s-2t\\s+0t\\0s+2t\\0s+t\end{bmatrix}=s\begin{bmatrix}0\\1\\0\\0\end{bmatrix}+t\begin{bmatrix}-2\\0\\2\\1\end{bmatrix}$$

따라서 $\lambda_1=1$에 대응하는 고유공간의 기저는

$B_1=\{(0,1,0,0),(-2,0,2,1)\}$이다.

$\lambda_2=2$와 $\lambda_3=3$일 경우도 마찬가지로 하면 기저는 각각

$\lambda_2=2$일 때 기저 $B_2=\{(0,5,1,0)\}$, $\lambda_3=3$일 때 기저 $B_3=\{(0,-5,0,1)\}$이다.

7.1 연습문제

1. λ_i는 A의 고유값임을 보이고 또 x_i는 대응하는 고유벡터임을 보여라.

(1) $A = \begin{bmatrix} 1 & 0 \\ 0 & -1 \end{bmatrix}$

$\lambda_1 = 1,\ \mathrm{x}_1 = (1,0)$

$\lambda_2 = -1,\ \mathrm{x}_2 = (0,1)$

(2) $A = \begin{bmatrix} 1 & 1 \\ 1 & 1 \end{bmatrix}$

$\lambda_1 = 0,\ \mathrm{x}_1 = (1,-1)$

$\lambda_2 = 2,\ \mathrm{x}_2 = (1,1)$

(3) $A = \begin{bmatrix} -2 & 2 & -3 \\ 2 & 1 & -6 \\ -1 & -2 & 0 \end{bmatrix}$

$\lambda_1 = 5,\ \mathrm{x}_1 = (1,2,-1)$

$\lambda_2 = -3,\ \mathrm{x}_2 = (-2,1,0)$

$\lambda_3 = 3,\ \mathrm{x}_3 = (3,0,1)$

2. x가 A의 고유벡터인지 확인하라.

(1) $A = \begin{bmatrix} 7 & 2 \\ 2 & 4 \end{bmatrix}$

$(a)\ \mathrm{x} = (1,2)$ $(b)\ \mathrm{x} = (2,1)$ $(c)\ \mathrm{x} = (1,-2)$ $(d)\ \mathrm{x} = (-1,0)$

(2) $A = \begin{bmatrix} -1 & -1 & 1 \\ -2 & 0 & -2 \\ 3 & -3 & 1 \end{bmatrix}$

$(a)\ \mathrm{x} = (2,-4,6)$ $(b)\ \mathrm{x} = (2,0,6)$ $(c)\ \mathrm{x} = (2,2,0)$ $(d)\ \mathrm{x} = (-1,0,1)$

7.1 연습문제

3. (a)특성방정식을 구하고, (b)고유값과 고유벡터를 구하라

(1) $\begin{bmatrix} 6 & -3 \\ -2 & 1 \end{bmatrix}$

(2) $\begin{bmatrix} 1 & -\frac{3}{2} \\ \frac{1}{2} & -1 \end{bmatrix}$

(3) $\begin{bmatrix} 2 & 0 & 1 \\ 0 & 3 & 4 \\ 0 & 0 & 1 \end{bmatrix}$

(4) $\begin{bmatrix} 1 & 2 & -2 \\ -2 & 5 & -2 \\ -6 & 6 & -3 \end{bmatrix}$

7.2 닮음 행렬과 대각화

제1장에서는 두 선형방정식계의 첨가행렬이 행에 관해 동치이면 이들은 같은 해를 갖는 것을 배웠다. 이 절에서는 같은 고유치를 가지는 행렬들의 집합의 특징이 무엇인가에 대해 설명한다. [정리 7.2]에 의하면 $(n \times n)$행렬 A의 고유치는 특성다항식

$$p(t) = \det(A - tI)$$

의 근이었다. $(n \times n)$행렬 B의 특성다항식이 A의 특성다항식과 같으면 A와 B는 같은 고유치를 갖는다. 이러한 행렬 B는 쉽게 구할 수 있다.

(1) 닮음 행렬(similarity)

A를 $(n \times n)$행렬, P를 정칙인 $(n \times n)$행렬라고 하자. 이 때 행렬 $B = P^{-1}AP$는 A와 같은 특성다항식을 갖는데 이것은 다음과 같이 보일 수 있다. 먼저 행렬 B의 특성다항식을 $p(t)$라고 하면,

$$\begin{aligned} p(t) &= \det(P^{-1}AP - tI) = \det(P^{-1}AP - tP^{-1}P) = \det[P^{-1}(A - tI)P] \\ &= \det(P^{-1})\det(A - tI)\det(P) = [\det(P^{-1})\det(P)]\det(A - tI) \\ &= \det(A - tI) \end{aligned}$$

위의 마지막 등호가 성립하는 이유는 $\det(P^{-1})\det(P) = \det(P^{-1}P) = \det(I) = I$이기 때문이다.

이와 같이 $(n \times n)$행렬 A가 있을 때 P가 정칙행렬이면 행렬 $P^{-1}AP$는 A와 같은 특성다항식을 갖는다. 따라서 고유치도 같다. 위에서 생각한 것으로부터 다음 정의를 얻는다.

정의 7.2

두 $(n \times n)$행렬 A와 B가 있을 때 $B = P^{-1}AP$인 정칙행렬 P가 존재하면 A와 B를 닮음 행렬이라고 한다.

정리 7.3

만일 A와 B가 닮음 행렬이면 A와 B는 같은 고유치를 갖는다. 또 각 고유치의 대수적 중복도도 같다.

(2) 행렬의 대각화

$(n \times n)$행렬 A가 포함된 계산에 있어서는 A가 대각행렬과 닮음 행렬인 것을 알고 있으면 계산이 간소화될 수 있다. 이것을 보이기 위해 D를 대각행렬이라 하고 $P^{-1}AP = D$라고 가정해 보자. 지금 A^k(단 k는 양의 정수)를 계산할 필요가 있다고 하자. 먼저 D^k는 다음과 같이 표시된다.

$$D^k = (P^{-1}AP)^k = P^{-1}A^kP$$

그런데 D는 대각행렬이므로 D^k는 쉽게 계산할 수 있다.

일단 D^k를 구하고 나면 $A^k = PD^kP^{-1}$를 계산하면 된다는 것을 알 수 있다.

$(n \times n)$행렬 A가 대각행렬과 닮음 행렬일 때 A는 대각화 가능(diagonalizable)이라고 한다.

정리 7.4

$(n \times n)$행렬 A가 대각화 가능이기 위한 필요충분조건 A가 n개의 1차 독립인 고유벡터의 집합을 가지는 것이다.

예제 7.9

다음 행렬 A가 대각화 가능함을 보여라.

$$A = \begin{bmatrix} 5 & -6 \\ 3 & -4 \end{bmatrix}$$

풀이

A의 고유치는 $\lambda_1 = 2, \lambda_2 = -1$이고, 이것에 대응하는 고유벡터는 각각

$$\mathrm{u}_1 = \begin{bmatrix} 2 \\ 1 \end{bmatrix}, \quad \mathrm{u}_2 = \begin{bmatrix} 1 \\ 1 \end{bmatrix}$$

이라는 것은 쉽게 알 수 있다. 다음에 $P = [\mathrm{u}_1, \mathrm{u}_2]$라면,

$$P = \begin{bmatrix} 2 & 1 \\ 1 & 1 \end{bmatrix}, \quad P^{-1} = \begin{bmatrix} 1 & -1 \\ -1 & 2 \end{bmatrix}$$

이때 $P^{-1}AP$가 대각행렬이 되는 것을 검증해 보기 위해, 먼저 AP를 계산하면

$$AP = \begin{bmatrix} 5 & -6 \\ 3 & -4 \end{bmatrix} \begin{bmatrix} 2 & 1 \\ 1 & 1 \end{bmatrix} = \begin{bmatrix} 4 & -1 \\ 2 & -1 \end{bmatrix}$$

다음에 $P^{-1}AP$를 계산하면

$$P^{-1}AP = \begin{bmatrix} 1 & -1 \\ -1 & 2 \end{bmatrix} \begin{bmatrix} 4 & -1 \\ 2 & -1 \end{bmatrix} = \begin{bmatrix} 2 & 0 \\ 0 & -1 \end{bmatrix} = D$$

예제 7.10

[예제 7.9]의 결과를 이용해 A^{10}을 계산하라.

$$A = \begin{bmatrix} 5 & -6 \\ 3 & -4 \end{bmatrix}$$

풀이

$D^{10} = P^{-1}A^{10}P$이다. 그러므로

$A^{10} = PD^{10}P^{-1}$이다. 그런데

$$D^{10} = \begin{bmatrix} 2^{10} & 0 \\ 0 & (-1)^{10} \end{bmatrix} = \begin{bmatrix} 1024 & 0 \\ 0 & 1 \end{bmatrix}$$

이므로 $A^{10}=PD^{10}P^{-1}$를 계산하면 다음과 같다.

$$A^{10}=\begin{bmatrix}2047 & -2046\\ 1023 & -1022\end{bmatrix}$$

정리 7.5

A는 서로 다른 고유치를 가지는 $(n\times n)$행렬이라고 하자. 이 때 A는 대각화 가능이다.

증명

A가 n개의 서로 다른 고유치를 가지면 A는 n개의 1차 독립인 고유벡터의 집합을 갖는다. 따라서 [정리 7.4]에 의해 A는 대각화 가능이다.

예제 7.11

다음 A가 대각화 가능함을 보여라. 또 $P^{-1}AP$가 대각행렬이 되는 P를 구하라.

$$A=\begin{bmatrix}1 & -1 & -1\\ 1 & 3 & 1\\ -3 & 1 & -1\end{bmatrix}$$

풀이

A의 특성방정식은

$$|\lambda I-A|=\begin{vmatrix}\lambda-1 & 1 & 1\\ -1 & \lambda-3 & -1\\ 3 & -1 & \lambda+1\end{vmatrix}=(\lambda-2)(\lambda+2)(\lambda-3)\text{이다.}$$

따라서 A의 고유값은 $\lambda_1=2,\ \lambda_2=-2,\ \lambda_3=3$이다. 이 고유값으로부터 다음과 같이 기약행 사다리꼴을 구해서 대응하는 고유벡터를 얻을 수 있다.

$$2I-A=\begin{bmatrix}1 & 1 & 1\\ -1 & -1 & -1\\ 3 & -1 & 3\end{bmatrix}\rightarrow\begin{bmatrix}1 & 0 & 1\\ 0 & 1 & 0\\ 0 & 0 & 0\end{bmatrix},\quad \begin{bmatrix}-1\\ 0\\ 1\end{bmatrix}$$

$$-2I-A=\begin{bmatrix}-3 & 1 & 1\\ -1 & -5 & -1\\ 3 & -1 & -1\end{bmatrix}\rightarrow\begin{bmatrix}1 & 0 & -\frac{1}{4}\\ 0 & 1 & \frac{1}{4}\\ 0 & 0 & 0\end{bmatrix},\quad \begin{bmatrix}1\\ -1\\ 4\end{bmatrix}$$

$$3I-A=\begin{bmatrix}2&1&1\\-1&0&-1\\3&-1&4\end{bmatrix}\rightarrow\begin{bmatrix}1&0&1\\0&1&-1\\0&0&0\end{bmatrix},\quad \begin{bmatrix}-1\\1\\1\end{bmatrix}$$

여기서 얻은 고유벡터를 열로 하는 행렬 P를 만들면

$$P=\begin{bmatrix}-1&1&-1\\0&-1&1\\1&4&1\end{bmatrix}$$

이다.

이 행렬은 정칙이므로 고유벡터는 1차 독립이고 따라서 A는 대각화 가능이다.

P의 역은

$$P^{-1}=\begin{bmatrix}-1&-1&0\\\frac{1}{5}&0&\frac{1}{5}\\\frac{1}{5}&1&\frac{1}{5}\end{bmatrix}$$

이고 따라서

$$P^{-1}AP=\begin{bmatrix}2&0&0\\0&-2&0\\0&0&3\end{bmatrix}$$

가 된다.

예제 7.12

다음 행렬 A가 대각화 가능인 것을 보여라.

$$A=\begin{bmatrix}25&-8&30\\24&-7&30\\-12&4&-14\end{bmatrix}$$

풀이

A의 고유치를 구하면 $\lambda_1=\lambda_2=1, \lambda_3=2$를 얻는다. $\lambda_1=\lambda_2=1$에 대응하는 고유공간의 차원은 2이고 이 공간의 기저를 $\{u_1, u_2\}$라고 하면 u_1, u_2는 다음과 같다.

$$u_1=\begin{bmatrix}1\\3\\0\end{bmatrix},\quad u_2=\begin{bmatrix}-4\\3\\4\end{bmatrix}$$

$\lambda_3 = 2$에 대응하는 고유벡터를 u_3라고 하면

$$u_3 = \begin{bmatrix} 4 \\ 4 \\ -2 \end{bmatrix}$$

이 때 $S = [u_1, u_2, u_3]$ 라면 $P^{-1}AP = D = \begin{bmatrix} 1 & 0 & 0 \\ 0 & 1 & 0 \\ 0 & 0 & 2 \end{bmatrix}$ 임을 알 수가 있다.

예제 7.13

다음 행렬 A는 대각화 가능임을 보이고, 또 $P^{-1}AP$가 대각행렬이 되는 P를 구하라.

$$A = \begin{bmatrix} 1 & 0 & 0 & 0 \\ 0 & 1 & 5 & -10 \\ 1 & 0 & 2 & 0 \\ 1 & 0 & 0 & 3 \end{bmatrix}$$

풀이

[예제 7.8]에서 고유값은 $\lambda_1 = 1, \lambda_2 = 2, \lambda_3 = 3$이 되었다. 또 대응하는 고유벡터는

$$\lambda_1 = 1 : \begin{bmatrix} 0 \\ 1 \\ 0 \\ 0 \end{bmatrix}, \begin{bmatrix} -2 \\ 0 \\ 2 \\ 1 \end{bmatrix} \quad \lambda_2 = 2 : \begin{bmatrix} 0 \\ 5 \\ 1 \\ 0 \end{bmatrix} \quad \lambda_3 = 3 : \begin{bmatrix} 0 \\ -5 \\ 0 \\ 1 \end{bmatrix}$$

이다. 여기에서 얻은 고유벡터를 열로 하는 행렬 P를 만들면

$$P = \begin{bmatrix} 0 & -2 & 0 & 0 \\ 1 & 0 & 5 & -5 \\ 0 & 2 & 1 & 0 \\ 0 & 1 & 0 & 1 \end{bmatrix}$$

이다. P는 가역으므로 이 열벡터는 1차 독립이다. 따라서 A는 대각화 가능이고

$$P^{-1}AP = \begin{bmatrix} 1 & 0 & 0 & 0 \\ 0 & 1 & 0 & 0 \\ 0 & 0 & 2 & 0 \\ 0 & 0 & 0 & 3 \end{bmatrix}$$ 이다.

7.2 연습문제

1. $P^{-1}AP$를 계산하며 A가 대각화 가능함을 보여라.

(1) $A = \begin{bmatrix} -11 & 36 \\ -3 & 10 \end{bmatrix}$, $P = \begin{bmatrix} -3 & -4 \\ -1 & -1 \end{bmatrix}$

(2) $A = \begin{bmatrix} -1 & 1 & 0 \\ 0 & 3 & 0 \\ 4 & -2 & 5 \end{bmatrix}$, $P = \begin{bmatrix} 0 & 1 & -3 \\ 0 & 4 & 0 \\ 1 & 2 & 2 \end{bmatrix}$

2. 각 행렬 A에 대해서 $P^{-1}AP$가 대각행렬이 되는 정칙행렬 P를 구하라. 또 $P^{-1}AP$는 주대각선이 고유값인 대각행렬임을 보여라.

(1) $A = \begin{bmatrix} 1 & -\frac{3}{2} \\ \frac{1}{2} & -1 \end{bmatrix}$

(2) $A = \begin{bmatrix} 1 & 2 & -2 \\ -2 & 5 & -2 \\ -6 & 6 & -3 \end{bmatrix}$

(3) $A = \begin{bmatrix} 0 & -3 & 5 \\ -4 & -4 & -10 \\ 0 & 0 & 4 \end{bmatrix}$

3. A는 $n \times n$대각화 가능행렬이고 P는 $n \times n$가역행렬로서 $B = P^{-1}AP$는 A의 대각행렬꼴이다. 다음을 증명하라.

(1) $B^k = P^{-1}A^kP$, k는 양의 정수

(2) $A^k = PB^kP^{-1}$, k는 양의 정수

4. 문제 3의 결과를 이용하여 주어진 A의 거듭제곱의 값을 구하라.

(1) $A = \begin{bmatrix} 10 & 18 \\ -6 & -11 \end{bmatrix}$, A^6

(2) $A = \begin{bmatrix} 3 & 2 & -3 \\ -3 & -4 & 9 \\ -1 & -2 & 5 \end{bmatrix}$, A^8

7.3 대칭행렬과 직교대각화

정의 7.3

정방행렬 A가 그 전치행렬과 같을 때 대칭행렬(symmetric matrix)이라고 부른다. 즉 $A=A^T$일 때 A는 대칭행렬이다.

대칭행렬의 판단은 주대각선을 중심으로 해서 양변의 성분을 비교함으로써 간단히 알 수 있다.

예제 7.14

A와 B는 대칭행렬이고 C는 아니다.

$$A=\begin{bmatrix} 0 & 1 & -2 \\ 1 & 3 & 0 \\ -2 & 0 & 5 \end{bmatrix},\quad B=\begin{bmatrix} 4 & 3 \\ 3 & 1 \end{bmatrix},\quad C=\begin{bmatrix} 3 & 2 & 1 \\ 1 & -4 & 0 \\ 1 & 0 & 5 \end{bmatrix}$$

정리 7.6

만일 A가 $n\times n$ 대칭행렬이면 다음 성질을 가진다.

1) A는 대각화 가능이다.

2) A의 모든 고유값은 실수이다.

3) 만일 λ가 중복도 k인 A의 고유값이면 λ는 k개의 1차 독립인 고유벡터를 가진다.

다시 말하면 λ의 고유공간의 차원은 k이다.

[정리 7.6]을 실 스펙트럼정리(real spectral theorem)라고 부른다. 또 A의 고유값의 집합을 A의 스펙트럼(spectrum)이라고 부른다.

예제 7.15

다음 대칭 행렬 A의 고유값을 구하라. 또 대응하는 고유공간의 차원을 구하라.

$$A=\begin{bmatrix} 1 & -2 & 0 & 0 \\ -2 & 1 & 0 & 0 \\ 0 & 0 & 1 & -2 \\ 0 & 0 & -2 & 1 \end{bmatrix}$$

풀이

A의 특성다항식은

$$|\lambda I-A|=\begin{vmatrix} \lambda-1 & 2 & 0 & 0 \\ 2 & \lambda-1 & 0 & 0 \\ 0 & 0 & \lambda-1 & 2 \\ 0 & 0 & 2 & \lambda-1 \end{vmatrix}=(\lambda+1)^2(\lambda-3)^2$$

이다. 따라서 A의 고유값은 $\lambda_1=-1, \lambda_2=3$이다. 각 고유값의 중복도는 2이므로 [정리 7.6]에 의해서 대응하는 고유공간의 차원도 2가 된다. 실제로 $\lambda_1=-1$의 고유공간의 현기저$B_1=\{(1,1,0,0), (0,0,1,1)\}$이고 $\lambda_2=3$의 고유공간의 기저 B_2는 $B_2=\{(1,-1,0,0), (0,0,1,-1)\}$이 된다.

예제 7.16

행렬 $A=\begin{bmatrix} 3 & -2 & 0 \\ -2 & 3 & 0 \\ 0 & 0 & 5 \end{bmatrix}$의 고유공간에 관한 기저를 구하라.

풀이

A의 특성다항식은 $(\lambda-1)(\lambda-5)^2=0$이다. 따라서 A의 고유치는 $\lambda_1=1, \lambda_2=\lambda_3=5$이다. 즉 $\lambda_2=5$의 중복도는 2이다. 정의에 의해서 $\mathrm{x}=\begin{bmatrix} x_1 \\ x_2 \\ x_3 \end{bmatrix}$가 λ와 관련된 A의 고유벡터가 되는 것은 벡터 x가 $(\lambda I_3-A)\mathrm{x}=0$의 비자명해일 때 오직 그때뿐이다. 즉

$$\begin{bmatrix} \lambda-3 & 2 & 0 \\ 2 & \lambda-3 & 0 \\ 0 & 0 & \lambda-5 \end{bmatrix}\begin{bmatrix} x_1 \\ x_2 \\ x_3 \end{bmatrix}=\begin{bmatrix} 0 \\ 0 \\ 0 \end{bmatrix} \tag{1}$$

이다. 만약 $\lambda=5$이면 식 (1)은

$$\begin{bmatrix} 2 & 2 & 0 \\ 2 & 2 & 0 \\ 0 & 0 & 0 \end{bmatrix}\begin{bmatrix} x_1 \\ x_2 \\ x_3 \end{bmatrix}=\begin{bmatrix} 0 \\ 0 \\ 0 \end{bmatrix}$$

가 된다. 이를 풀면 임의의 실수 s, t에 대해

$$x_1=-s,\ x_2=s,\ x_3=t$$

이다. 따라서 $\lambda=5$에 관련된 고유벡터는

$$\mathrm{x}=\begin{bmatrix} -s \\ s \\ t \end{bmatrix}=\begin{bmatrix} -s \\ s \\ 0 \end{bmatrix}+\begin{bmatrix} 0 \\ 0 \\ t \end{bmatrix}=s\begin{bmatrix} -1 \\ 1 \\ 0 \end{bmatrix}+t\begin{bmatrix} 0 \\ 0 \\ 1 \end{bmatrix}$$

모양의 0이 아닌 벡터이다. 그리고

$$\mathrm{x}_2=\begin{bmatrix} -1 \\ 1 \\ 0 \end{bmatrix} \text{과 } \mathrm{x}_3=\begin{bmatrix} 0 \\ 0 \\ 1 \end{bmatrix}$$

은 1차 독립이기 때문에 그들은 $\lambda=5$에 관련된 고유공간에 관한 기저를 형성한다. 또 $\lambda=1$에 관련된 고유벡터는

$$\mathrm{x}=\begin{bmatrix} t \\ t \\ 0 \end{bmatrix}=t\begin{bmatrix} 1 \\ 1 \\ 0 \end{bmatrix}$$

모양의 0이 아닌 벡터이다. 따라서 $\mathrm{x}_1=\begin{bmatrix} 1 \\ 1 \\ 0 \end{bmatrix}$는

$\lambda=1$에 관련된 고유공간에 관한 기저이다. 그러면 $\mathrm{x}_1, \mathrm{x}_2, \mathrm{x}_3$는 1차 독립이다. 즉 A는 대각화 가능행렬이다.

---

(1) 직교행렬

정방행렬 A를 대각화하기 위해서 $P^{-1}AP$가 대각행렬이 되는 가역행렬 P를 구해야 한다. 특히 대칭행렬에서는 이 행렬 P가 $P^{-1}=P^T$인 성질을 만족시킨다. 이와 같은 특별한 성질을 만족시키는 행렬은 아래와 같다.

정의 7.4

정방행렬 P가 가역이고 $P^{-1}=P^T$만족시킬 때 직교행렬(orthogonal matrix)이라 부른다.

예제 7.17

직교행렬인가를 판별하라.

(1) 행렬 $P=\begin{bmatrix} 0 & 1 \\ -1 & 0 \end{bmatrix}$은 직교행렬이다. 왜냐하면 $P^{-1}=P^T=\begin{bmatrix} 0 & -1 \\ 1 & 0 \end{bmatrix}$이기 때문이다.

(2) 행렬 $P=\begin{bmatrix} \frac{3}{5} & 0 & -\frac{4}{5} \\ 0 & 1 & 0 \\ \frac{4}{5} & 0 & \frac{3}{5} \end{bmatrix}$는 $P^{-1}=P^T=\begin{bmatrix} \frac{3}{5} & 0 & \frac{4}{5} \\ 0 & 1 & 0 \\ -\frac{4}{5} & 0 & \frac{3}{5} \end{bmatrix}$이므로 직교행렬이다.

위의 예 (1), (2)에서 행렬 P의 열은 각각 R^2, R^3에서 정규직교집합이다. 이 결과로 다음과 같은 정리를 얻을 수 있다.

정리 7.7

$n\times n$행렬 P가 정규가 될 필요충분조건은 열 벡터가 정규직교집합이 되는 것이다.

증명

P의 열 벡터가 정규직교집합이라고 하자.

$$P=[\mathrm{p}_1 : \mathrm{p}_2 : \dots : \mathrm{p}_n]=\begin{bmatrix} p_{11} & p_{12} & \cdots & p_{1n} \\ p_{21} & p_{22} & \cdots & p_{2n} \\ \vdots & \vdots & & \vdots \\ p_{n1} & p_{n2} & \cdots & p_{nn} \end{bmatrix}$$

이라 하고 P^TP를 구하면

$$P^TP=\begin{bmatrix} p_{11}\ p_{21} \cdots p_{n1} \\ p_{12}\ p_{22} \cdots p_{n2} \\ \cdots\ \cdots\ \cdots \\ p_{1n}\ p_{2n} \cdots p_{nn} \end{bmatrix}\begin{bmatrix} p_{11}\ p_{12} \cdots p_{1n} \\ p_{21}\ p_{22} \cdots p_{2n} \\ \cdots\ \cdots\ \cdots \\ p_{n1}\ p_{n2} \cdots p_{nn} \end{bmatrix}=\begin{bmatrix} \mathrm{p}_1 \bullet \mathrm{p}_1 & \mathrm{p}_1 \bullet \mathrm{p}_2 \cdots & \mathrm{p}_1 \bullet \mathrm{p}_n \\ \mathrm{p}_2 \bullet \mathrm{p}_1 & \mathrm{p}_2 \bullet \mathrm{p}_2 \cdots & \mathrm{p}_2 \bullet \mathrm{p}_n \\ \cdots & \cdots & \cdots \\ \mathrm{p}_n \bullet \mathrm{p}_1 & \mathrm{p}_n \bullet \mathrm{p}_2 \cdots & \mathrm{p}_n \bullet \mathrm{p}_n \end{bmatrix}$$

한편, 집합 $\{\mathrm{p}_1, \mathrm{p}_2, \cdots, \mathrm{p}_n\}$는 정규직교이므로 $\mathrm{p}_i\mathrm{p}_j=0,\ i\neq j,\ \mathrm{p}_i\mathrm{p}_j=|\mathrm{p}_i|^2=1$이다. 따라서 내적에 의해서 행렬을 구하면 $P^TP=\begin{bmatrix} 1 & 0 \cdots 0 \\ 0 & 1 \cdots 0 \\ 0 & 0 \cdots 1 \end{bmatrix}=I_n$이다. 이 사실로부터 $P^T=P^{-1}$이고 P는 직교행렬이 된다.

역으로 만일 P가 직교행렬이면 위의 순서를 거꾸로 해나가면P의 열 벡터는 정규직교집합이 됨을 쉽게 증명할 수 있다.

예제 7.18

아래 행렬 P 는 $PP^T=I$ 가 됨을 보이고 또 P의 열 벡터

$$P=\begin{bmatrix} \frac{1}{3} & \frac{2}{3} & \frac{2}{3} \\ \frac{-2}{\sqrt{5}} & \frac{1}{\sqrt{5}} & 0 \\ \frac{-2}{3\sqrt{5}} & \frac{-4}{3\sqrt{5}} & \frac{5}{3\sqrt{5}} \end{bmatrix}$$

는 정규직교집합임을 보여라.

풀이

$$PP^T=\begin{bmatrix} \frac{1}{3} & \frac{2}{3} & \frac{2}{3} \\ \frac{-2}{\sqrt{5}} & \frac{1}{\sqrt{5}} & 0 \\ \frac{-2}{3\sqrt{5}} & \frac{-4}{3\sqrt{5}} & \frac{5}{3\sqrt{5}} \end{bmatrix}\begin{bmatrix} \frac{1}{3} & \frac{-2}{\sqrt{5}} & \frac{-2}{3\sqrt{5}} \\ \frac{2}{3} & \frac{1}{\sqrt{5}} & \frac{-4}{3\sqrt{5}} \\ \frac{2}{3} & 0 & \frac{5}{3\sqrt{5}} \end{bmatrix}=\begin{bmatrix} 1 & 0 & 0 \\ 0 & 1 & 0 \\ 0 & 0 & 1 \end{bmatrix}=I_3$$

이므로 $P^T=P^{-1}$이다. 따라서 P는 직교행렬이다. 또

$$\mathrm{p}_1=\begin{bmatrix} \frac{1}{3} \\ \frac{-2}{\sqrt{5}} \\ \frac{-2}{3\sqrt{5}} \end{bmatrix},\ \mathrm{p}_2=\begin{bmatrix} \frac{2}{3} \\ \frac{1}{\sqrt{5}} \\ \frac{-4}{3\sqrt{5}} \end{bmatrix},\ \mathrm{p}_3=\begin{bmatrix} \frac{2}{3} \\ 0 \\ \frac{5}{3\sqrt{5}} \end{bmatrix}$$

로부터 $\mathrm{p}_1 \cdot \mathrm{p}_2 = \mathrm{p}_1 \cdot \mathrm{p}_3 = \mathrm{p}_2 \cdot \mathrm{p}_3 = 0$ $|\mathrm{p}_1| = |\mathrm{p}_2| = |\mathrm{p}_3| = 1$가 됨을 알 수 있다. 따라서 $\{\mathrm{p}_1, \mathrm{p}_2, \mathrm{p}_3\}$는 [정리 7.7]에 의해 정규직교집합이다.

---

(2) 직교 대각화

행렬 A가 만일 $P^{-1}AP = D$가 대각행렬이 되는 직교행렬 P가 존재할 때 A를 직교 대각화 가능(orthogonally diagonalizable)이라고 한다. 다음 정리에서 직교 대각화 가능행렬의 집합은 실제로 대칭행렬의 집합과 동치임을 알 수 있다.

정리 7.8

만약 A가 직교 대각화 가능한 $n \times n$행렬이면 A는 대칭행렬이다.

정리 7.9

A가 대칭행렬이면 서로 다른 고유공간으로부터 얻은 고유벡터는 직교한다.

이 정리의 결과로 대칭행렬을 직교대각화하기 위한 순서를 생각해 보자.

1단계: A의 특성 다항식에서 고유값을 구한다.

2단계: A의 각 고유공간에 관한 기저를 구한다.

3단계: 각 고유공간에 관한 정규직교 기저를 얻기 위해 이 기저들 각각에 Gram-Schmidt 과정을 적용한다.

4단계: 그들의 열이 3단계에서 구한 기저벡터들로 이뤄진 행렬 P를 만든다.

예제 7.19

아래 행렬 A를 직교대각화시키는 직교행렬 P를 구하라.

$$A=\begin{bmatrix}-2 & 2\\ 2 & 1\end{bmatrix}$$

풀이

단계 1: A의 특성다항식은 $|\lambda I-A|=\begin{vmatrix}\lambda+2 & -2\\ -2 & \lambda-1\end{vmatrix}=(\lambda+3)(\lambda-2)$이므로 고유값은 $\lambda_1=-3$과 $\lambda_2=2$이다.

단계 2: 각 고유값에 대해 $\lambda I-A$를 기약행-사다리꼴로 바꿔서 고유벡터를 구하면,

$$-3I-A=\begin{bmatrix}-1 & -2\\ -2 & -4\end{bmatrix}\rightarrow\begin{bmatrix}1 & 2\\ 0 & 0\end{bmatrix}\rightarrow\begin{bmatrix}-2\\ 1\end{bmatrix}$$

$$2I-A=\begin{bmatrix}4 & -2\\ -2 & 1\end{bmatrix}\rightarrow\begin{bmatrix}1 & -\frac{1}{2}\\ 0 & 0\end{bmatrix}\rightarrow\begin{bmatrix}1\\ 2\end{bmatrix}$$

이다. 고유벡터$(-2,1)$과 $(1,2)$는 R^2에 대한 직교기저이다.

단계 3: 이 고유벡터를 정규화시켜서 정규직교기저를 구하면,

$$p_1=\frac{(-2,1)}{|(-2,1)|}=\frac{1}{\sqrt{5}}(-2,\ 1)=(\frac{-2}{\sqrt{5}},\frac{1}{\sqrt{5}})$$

$$p_2=\frac{(1,2)}{|(1,2)|}=\frac{1}{\sqrt{5}}(1,\ 2)=(\frac{1}{\sqrt{5}},\frac{2}{\sqrt{5}})$$

단계 4: p_1, p_2를 열 벡터로 하는 행렬 P를 만들면

$$P=\begin{bmatrix}\frac{-2}{\sqrt{5}} & \frac{1}{\sqrt{5}}\\ \frac{1}{\sqrt{5}} & \frac{2}{\sqrt{5}}\end{bmatrix}$$

이고 $P^{-1}AP=P^TAP$를 계산하면 대각행렬

$$P^TAP=\begin{bmatrix}\frac{-2}{\sqrt{5}} & \frac{1}{\sqrt{5}}\\ \frac{1}{\sqrt{5}} & \frac{2}{\sqrt{5}}\end{bmatrix}\begin{bmatrix}-2 & 2\\ 2 & 1\end{bmatrix}\begin{bmatrix}\frac{-2}{\sqrt{5}} & \frac{1}{\sqrt{5}}\\ \frac{1}{\sqrt{5}} & \frac{2}{\sqrt{5}}\end{bmatrix}=\begin{bmatrix}-3 & 0\\ 0 & 2\end{bmatrix}$$

를 얻는다.

예제 7.20

아래 행렬 A를 대각화시키는 직교행렬 P를 구하라.

$$A=\begin{bmatrix} 2 & 2 & -2 \\ 2 & -1 & 4 \\ -2 & 4 & -1 \end{bmatrix}$$

풀이

단계 1: A의 특성다항식은 $|\lambda I-A|=(\lambda-3)^2(\lambda+6)$이므로 고유값은 $\lambda_1=-6$과 $\lambda_2=3$이고, λ_1의 중복도는1, λ_2의 중복도는 2이다.

단계 2: $\lambda_1=-6$에서 고유벡터는 $\mathrm{v}_1=(1,-2,2)$이고 $\lambda_2=3$에서 두 고유벡터는 $\mathrm{v}_2=(2,1,0)$, $\mathrm{v}_3=(-2,0,1)$는 이다.

단계 3: λ_1에 대한 고유벡터는 $\mathrm{v}_1=(1,-2,2)$이고 정규화하면

$$\mathrm{u}_1=\frac{\mathrm{v}_1}{|\mathrm{v}_1|}=\left(\frac{1}{3},-\frac{2}{3},\frac{2}{3}\right)$$이다.

λ_2에 대한 두 고유벡터는 $\mathrm{v}_2=(2,1,0)$, $\mathrm{v}_3=(-2,0,1)$이다. 여기서 v_1은 v_2와 v_3에 대해서 수직이다. 그러나 v_2와 v_3는 서로 수직이 아니다. λ_2에 대한 정규직교 고유벡터를 구하기 위해 아래와 같이 Gram-schmidt과정을 하면

$$\mathrm{w}_2=\mathrm{v}_2=(2,1,0),\quad \mathrm{w}_3=\mathrm{v}_3-\left(\frac{\mathrm{v}_3\cdot\mathrm{w}_2}{\mathrm{w}_2\cdot\mathrm{w}_2}\right)\mathrm{w}_2=\left(-\frac{2}{5},\frac{4}{5},1\right)$$

이고 이 벡터를 정규화시키면

$$\mathrm{u}_2=\frac{\mathrm{w}_2}{|\mathrm{w}_2|}=\left(\frac{2}{\sqrt{5}},\frac{1}{\sqrt{5}},0\right),\quad \mathrm{u}_3=\frac{\mathrm{w}_3}{|\mathrm{w}_3|}=\left(\frac{-2}{3\sqrt{5}},\frac{4}{3\sqrt{5}},\frac{5}{3\sqrt{5}}\right)$$

단계 4: P는 $\mathrm{u}_1,\mathrm{u}_2,\mathrm{u}_3$를 열 벡터로 하면

$$P=\begin{bmatrix} \frac{1}{3} & \frac{2}{\sqrt{5}} & \frac{-2}{3\sqrt{5}} \\ \frac{-2}{3} & \frac{1}{\sqrt{5}} & \frac{4}{3\sqrt{5}} \\ \frac{2}{3} & 0 & \frac{5}{3\sqrt{5}} \end{bmatrix}$$

이다. 대각행렬을 구하면,

$$P^{-1}AP=P^TAP=\begin{bmatrix} -6 & 0 & 0 \\ 0 & 3 & 0 \\ 0 & 0 & 3 \end{bmatrix}$$

예제 7.21

다음 대칭행렬 A를 대각화하라. 또 P^TAP가 대각행렬이 되도록 직교행렬 P를 구하라.

$$A = \begin{bmatrix} 2 & 1 & 1 \\ 1 & 2 & 1 \\ 1 & 1 & 2 \end{bmatrix}$$

풀이

단계 1: A의 특성방정식은

$$\begin{vmatrix} \lambda-2 & -1 & -1 \\ -1 & \lambda-2 & -1 \\ -1 & -1 & \lambda-2 \end{vmatrix} = (\lambda-1)^2(\lambda-4) = 0$$

그러므로 고유치는 $\lambda_1 = 1, \lambda_2 = 1, \lambda_3 = 4$이다. 즉 고유치 1의 중복도는 2이다.

단계 2: λ_1과 λ_2에 대응하는 고유벡터를 구하기 위해 동차 연립방정식,

$$(1I_3 - A)\,\mathrm{x} = 0 \text{ 즉 } \begin{bmatrix} -1 & -1 & -1 \\ -1 & -1 & -1 \\ -1 & -1 & -1 \end{bmatrix} \begin{bmatrix} x_1 \\ x_2 \\ x_3 \end{bmatrix} = \begin{bmatrix} 0 \\ 0 \\ 0 \end{bmatrix} \tag{1}$$

을 풀면 (1)의 해 공간의 기저는 고유벡터는

$$\mathrm{v}_1 = \begin{bmatrix} 1 \\ -1 \\ 0 \end{bmatrix}, \quad \mathrm{v}_2 = \begin{bmatrix} 1 \\ 0 \\ -1 \end{bmatrix}$$

이다.

단계 3: $\mathrm{v}_1 \cdot \mathrm{v}_2 \neq 0$이므로 v_1과 v_2는 서로 직교하지 않으므로 Gram−Schmidt과정을 적용하면

$$\mathrm{u}_1 = \frac{1}{\sqrt{2}} \begin{bmatrix} 1 \\ -1 \\ 0 \end{bmatrix}, \quad \mathrm{u}_2 = \frac{1}{\sqrt{6}} \begin{bmatrix} 1 \\ 1 \\ -2 \end{bmatrix}$$

이 때 집합 $\{\mathrm{u}_1, \mathrm{u}_2\}$는 (1)의 해 공간에 대한 A의 고유벡터의 정규직교기저가 된다. 이제 $(4I_3 - A)\mathrm{x} = 0$, 즉

$$\begin{bmatrix} 2 & -1 & -1 \\ -1 & 2 & -1 \\ -1 & -1 & 2 \end{bmatrix} \begin{bmatrix} x_1 \\ x_2 \\ x_3 \end{bmatrix} = \begin{bmatrix} 0 \\ 0 \\ 0 \end{bmatrix} \tag{2}$$

의 해공간의 기저를 구하면 이 기저는 벡터

$$\mathrm{v}_3 = \begin{bmatrix} 1 \\ 1 \\ 1 \end{bmatrix}$$

하나만으로 이뤄진다. 이 벡터를 정규화하면 (2)의 해 공간에 대한 정규직교기저로서 고유벡터

$$u_3 = \frac{1}{\sqrt{3}}\begin{bmatrix}1\\1\\1\end{bmatrix}$$

을 얻게 된다.

단계 4: P는 v_1, v_2, v_3을 열벡터로 하면

$$P=\begin{bmatrix}\frac{1}{\sqrt{2}} & \frac{1}{\sqrt{6}} & \frac{1}{\sqrt{3}}\\ -\frac{1}{\sqrt{2}} & \frac{1}{\sqrt{6}} & \frac{1}{\sqrt{3}}\\ 0 & -\frac{2}{\sqrt{6}} & \frac{1}{\sqrt{3}}\end{bmatrix}$$

로 표현된다. 이 때

$$P^{-1}AP=P^{T}AP=\begin{bmatrix}1&0&0\\0&1&0\\0&0&4\end{bmatrix}$$

7.3 연습문제

1. 주어진 행렬이 대칭인지 아닌지 판별하라.

(1) $\begin{bmatrix} 1 & 3 \\ 3 & -1 \end{bmatrix}$

(2) $\begin{bmatrix} 4 & -2 & 1 \\ 3 & 1 & 2 \\ 1 & 2 & 1 \end{bmatrix}$

(3) $\begin{bmatrix} 0 & 1 & 2 & -1 \\ 1 & 0 & -3 & 2 \\ 2 & -3 & 0 & 1 \\ -1 & 2 & 1 & -2 \end{bmatrix}$

2. 다음 대칭행렬의 고유값을 구하라. 또 각 고유값에 대해서 대응하는 고유공간의 차원을 구하라.

(1) $\begin{bmatrix} 3 & 1 \\ 1 & 3 \end{bmatrix}$

(2) $\begin{bmatrix} 3 & 0 & 0 \\ 0 & 2 & 0 \\ 0 & 0 & 2 \end{bmatrix}$

(3) $\begin{bmatrix} 0 & 2 & 2 \\ 2 & 0 & 2 \\ 2 & 2 & 0 \end{bmatrix}$

3. 주어진 행렬이 정규직교행렬인지 아닌지 판별하라.

(1) $\begin{bmatrix} \frac{\sqrt{2}}{2} & \frac{\sqrt{2}}{2} \\ -\frac{\sqrt{2}}{2} & \frac{\sqrt{2}}{2} \end{bmatrix}$

(2) $\begin{bmatrix} -4 & 0 & 3 \\ 0 & 1 & 0 \\ 3 & 0 & 4 \end{bmatrix}$

(3) $\begin{bmatrix} \frac{\sqrt{2}}{2} & -\frac{\sqrt{6}}{6} & \frac{\sqrt{3}}{3} \\ 0 & \frac{\sqrt{6}}{3} & \frac{\sqrt{3}}{3} \\ \frac{\sqrt{2}}{2} & \frac{\sqrt{6}}{6} & -\frac{\sqrt{3}}{3} \end{bmatrix}$

7.3 연습문제

4. P^TAP가 대각행렬이 되는 직교행렬 P를 구하라. 또 P^TAP를 구하라.

(1) $A=\begin{bmatrix}1 & 1\\ 1 & 1\end{bmatrix}$

(2) $A=\begin{bmatrix}2 & \sqrt{2}\\ \sqrt{2} & 1\end{bmatrix}$

(3) $A=\begin{bmatrix}0 & 10 & 10\\ 10 & 5 & 0\\ 10 & 0 & -5\end{bmatrix}$

5. $A=\begin{bmatrix}1 & -3 & 2\\ 4 & -6 & 1\end{bmatrix}$에서 A^TA와 AA^T을 구하라.

6. 임의의 각 θ에 대해 행렬 $A=\begin{bmatrix}\cos\theta & -\sin\theta\\ \sin\theta & \cos\theta\end{bmatrix}$는 직교행렬임을 보여라.

CHAPTER

08

선형변환

선형변환 8.1

선형변환의 핵과 치역 8.2

선형변환의 합성, 역 변환 8.3

선형변환의 응용 8.4

8.1 선형변환

이 절에서는 벡터공간 V에서 벡터공간 W로의 함수 $T: V \to W$에 관해 설명한다.

정의 8.1

$T: V \to W$

V에서 W로의 선형변환(linear mapping)일 때

V를 함수 T의 정의역(domain)

W를 함수 T의 공역(codomain)

이라고 하며, $\mathrm{v} \in \mathrm{V}$, $T(\mathrm{v}) = \mathrm{w}$일 때 w를 v의 T에 의한 상(image)이라고 정의한다.
모든 상들의 집합 $\{T(\mathrm{v}) | \mathrm{v} \in V\}$를 T의 치역(image)이며 또 $\mathrm{w} \in W$에 대해서 상이 w가 되는 모든 V의 원소들의 집합 $\{\mathrm{v} \in V | T(\mathrm{v}) = \mathrm{w}\}$를 w의 원상(preimage)이라고 정의한다.

예제 8.1

임의의 $\mathrm{v} = (v_1, v_2) \in R^2$에 대해 $T: R^2 \to R^2$, $T(v_1, v_2) = (v_1 - v_2, v_1 + 2v_2)$라 했을 때

(1) $\mathrm{v} = (-1, 2)$의 상을 구하라.

(2) $\mathrm{w} = (-1, 11)$의 원상을 구하라.

풀이

(1) $T(-1, 2) = (-1-2, -1+2(2)) = (-3, 3)$

(2) $T(\mathrm{v}) = (v_1 - v_2, v_1 + 2v_2) = (-1, 11)$이므로

$v_1 - v_2 = -1$

$v_1 + 2v_2 = 11$

이다. 이 연립방정식을 풀어서

$v_1 = 3, v_2 = 4$

를 얻을 수 있다. 따라서 (−1, 11)의 원상은 (3, 4)이다.

정의 8.2

V, W는 벡터공간이다. 함수 $T : V \to W$가 다음 두 성질을 만족시킬 때 T를 선형변환이라고 부른다.
임의의 $\mathrm{u}, \mathrm{v} \in V$ 임의의 스칼라 c에 대해

1) $T(\mathrm{u}+\mathrm{v}) = T(\mathrm{u}) + T(\mathrm{v})$
2) $T(c\mathrm{u}) = c\,T(\mathrm{u})$

예제 8.2

함수 $T(v_1, v_2) = (v_1 - v_2, v_1 + 2v_2)$는 R^2에서 R^2로의 선형변환임을 보여라.

풀이

T가 선형변환임을 보이기 위해서는 벡터합과 스칼라곱을 성립함을 보이면 된다.

$\mathrm{v} = (v_1, v_2)$, $\mathrm{u} = (u_1, u_2)$를 R^2의 원소, c를 임의의 실수라 하자.

(1) $\mathrm{u}+\mathrm{v} = (u_1, u_2) + (v_1, v_2) = (u_1 + v_1, u_2 + v_2)$이므로

$$\begin{aligned} T(\mathrm{u}+\mathrm{v}) &= T(u_1 + v_1, u_2 + v_2) \\ &= ((u_1 + v_1) - (u_2 + v_2), (u_1 + v_1) + 2(u_2 + v_2)) \\ &= ((u_1 - u_2) + (v_1 - v_2), (u_1 + 2u_2) + (v_1 + 2v_2)) \\ &= (u_1 - u_2, u_1 + 2u_2) + (v_1 - v_2, v_1 + 2v_2) \\ &= T(\mathrm{u}) + T(\mathrm{v}) \end{aligned}$$

(2) $c\mathrm{u} = c(u_1, u_2) = (cu_1, cu_2)$이므로

$$\begin{aligned} T(c\mathrm{u}) &= T(cu_1, cu_2) \\ &= (cu_1 - cu_2, cu_1 + 2cu_2) \\ &= c(u_1 - u_2, u_1 + 2u_2) \\ &= c\,T(\mathrm{u}) \end{aligned}$$

따라서 T는 선형변환이다.

예제 8.3

$T:R^2 \rightarrow R^3$를 $T\left(\begin{bmatrix} x \\ y \end{bmatrix}\right) = \begin{bmatrix} x \\ x+y \\ x-y \end{bmatrix}$ 이 선형변환이 됨을 보여라.

풀이

T가 선형변환임을 밝히기 위해

$$\mathrm{x} = \begin{bmatrix} x_1 \\ y_1 \end{bmatrix}, \mathrm{y} = \begin{bmatrix} x_2 \\ y_2 \end{bmatrix}$$

라 두면

$$T(\mathrm{x}+\mathrm{y}) = T\left(\begin{bmatrix} x_1 \\ y_1 \end{bmatrix} + \begin{bmatrix} x_2 \\ y_2 \end{bmatrix}\right) = T\left(\begin{bmatrix} x_1+x_2 \\ y_1+y_2 \end{bmatrix}\right) = \begin{bmatrix} x_1+x_2 \\ (x_1+x_2)+(y_1+y_2) \\ (x_1+x_2)+(y_1+y_2) \end{bmatrix} = \begin{bmatrix} x_1 \\ x_1+y_1 \\ x_1-y_1 \end{bmatrix} + \begin{bmatrix} x_2 \\ x_2+y_2 \\ x_2-y_2 \end{bmatrix}$$

$$= T(\mathrm{x}) + T(\mathrm{y})$$

또, k가 실수이면

$$T(k\mathrm{x}) = \mathrm{T}\left(\begin{bmatrix} kx_1 \\ ky_1 \end{bmatrix}\right) = \begin{bmatrix} kx_1 \\ kx_1+ky_1 \\ kx_1-ky_1 \end{bmatrix} = k\begin{bmatrix} x_1 \\ x_1+y_1 \\ x_1-y_1 \end{bmatrix} = kT(\mathrm{x})$$

이므로 T는 선형변환이다.

예제 8.4

A가 $m \times n$ 행렬이라 할 때 $T : R^n \rightarrow R^m$ 을

$$T(\mathrm{x}) = A\mathrm{x} \quad (\mathrm{x} \in R^n)$$

로 정의하면, T는 선형변환이다.

풀이

이를 증명하기 위해 x, y는 $n \times 1$ 행렬이고 k가 임의의 스칼라이면 행렬의 곱의 성질에 의해

$$A(\mathrm{x}+\mathrm{y}) = A\mathrm{x} + A\mathrm{y},\ A(k\mathrm{x}) = kA\mathrm{x}$$

이므로

$T(\mathrm{x}+\mathrm{y})=T(\mathrm{x})+T(\mathrm{y}),\ T(k\mathrm{x})=kT(\mathrm{x})$
따라서 선형변환이다.

---

(1) R^n에서 R^m으로의 선형변환

함수 f의 정의역이 R^n이고 그 공변역이 R^m일 때 (m과 n은 같을 수도 있다) f를 R^n에서 R^m으로의 변환(transformation)이라 하고, 이 경우 f는 R^n을 R^m으로 사상(map)한다고 하고 이것을 $f: R^n \rightarrow R^m$으로 표기한다.

변환이 나타나는 한 가지 중요한 방법을 설명하기 위해 $f_1, f_2, \cdots, f_m$을 n개의 실변수의 실수값 함수, 즉

$$\begin{aligned} w_1 &= f_1(x_1, x_2, \cdots, x_n) \\ w_2 &= f_2(x_1, x_2, \cdots, x_n) \\ &\vdots \\ w_m &= f_m(x_1, x_2, \cdots, x_n) \end{aligned} \tag{1}$$

이라 하자. 이들 m개 방정식을 R^n의 각 점 $(x_1, x_2, \cdots, x_n)$에 R^m의 유일한 점 $(w_1, w_2, \cdots, w_m)$을 대응시킨다. 따라서 이것은 R^n에서 R^m으로의 변환을 정의한다. 이 변환을 T로써 표시하면 $T: R^n \rightarrow R^m$이고

$$T(x_1, x_2, \cdots, x_n) = (w_1, w_2, \cdots, w_m)$$

이다.

특히 식 (1)의 각 방정식이 선형인 경우 이들 방정식에 의해 정의되는 변환 $T: R^n \rightarrow R^m$을 선형변환(linear transformation)이라 한다. $T: R^n \rightarrow R^m$은 형식이

$$\begin{aligned} w_1 &= a_{11}x_1 + a_{12}x_2 + \cdots + a_{1n}x_n \\ w_2 &= a_{21}x_1 + a_{22}x_2 + \cdots + a_{2n}x_n \\ &\ \ \vdots \qquad\quad \vdots \qquad\quad \vdots \qquad\qquad \vdots \\ w_m &= a_{m1}x_1 + a_{m2}x_2 + \cdots + a_{mn}x_n \end{aligned} \tag{2}$$

인 방정식으로 정의되고, 행렬기호

$$\begin{bmatrix} w_1 \\ w_2 \\ \vdots \\ w_m \end{bmatrix} = \begin{bmatrix} a_{11} & a_{12} & \cdots & a_{1n} \\ a_{21} & a_{22} & \cdots & a_{2n} \\ \vdots & \vdots & \cdots & \vdots \\ a_{m1} & a_{m2} & \cdots & a_{mn} \end{bmatrix} \begin{bmatrix} x_1 \\ x_2 \\ \vdots \\ x_n \end{bmatrix} \tag{3}$$

으로서 정의되며, 더 간단하게는

$$T(\mathrm{x}) = A\mathrm{x} \tag{4}$$

로 정의된다.

행렬 $A = [a_{ij}]$를 선형변환 T의 표준행렬(standard matrix)이라 한다.

예제 8.5

다음 방정식으로 주어지는 선형변환 $T : R^3 \to R^3$의 표준행렬을 구하라.

$$\begin{aligned} w_1 &= 3x_1 + 5x_2 - x_3 \\ w_2 &= 4x_1 - \ \ x_2 + x_3 \\ w_3 &= 3x_1 + 2x_2 - x_3 \end{aligned}$$

그리고 $T(-1, 2, 4)$를 직접 이 방정식에 대입하여, 행렬곱에 의해서도 계산하라.

풀이

표준행렬은 A이다.

$$T(\mathrm{x}) = A\mathrm{x} = \begin{bmatrix} 3 & 5 & -1 \\ 4 & -1 & 1 \\ 3 & 2 & -1 \end{bmatrix} \begin{bmatrix} x_1 \\ x_2 \\ x_3 \end{bmatrix}$$

$$T(-1, 2, 4) = \begin{bmatrix} 3 & 5 & -1 \\ 4 & -1 & 1 \\ 3 & 2 & -1 \end{bmatrix} \begin{bmatrix} -1 \\ 2 \\ 4 \end{bmatrix} = \begin{bmatrix} 3 \\ -2 \\ -3 \end{bmatrix}$$

예제 8.6

다음 선형변환 T의 표준행렬을 구하라.

(1) $T(x_1, x_2, x_3, x_4) = (7x_1 + 2x_2 - x_3 + x_4, x_2 + x_3, -x_1)$

(2) $T(x_1, x_2, x_3, x_4) = (x_4, x_1, x_3, x_2, x_1 - x_3)$

풀이

(1) $\begin{bmatrix} 7 & 2 & -1 & 1 \\ 0 & 1 & 1 & 0 \\ -1 & 0 & 0 & 0 \end{bmatrix}$

(2) $\begin{bmatrix} 0 & 0 & 0 & 1 \\ 1 & 0 & 0 & 0 \\ 0 & 0 & 1 & 0 \\ 0 & 1 & 0 & 0 \\ 1 & 0 & -1 & 0 \end{bmatrix}$

예제 8.7

다음에서 주어진 선형변환 T의 표준행렬 A를 사용하여 $T(\mathrm{x})$를 구하라.

(1) $A = \begin{bmatrix} -1 & 2 & 0 \\ 3 & 1 & 5 \end{bmatrix}; \mathrm{x} = \begin{bmatrix} -1 \\ 1 \\ 3 \end{bmatrix}$

(2) $A = \begin{bmatrix} -2 & 1 & 4 \\ 3 & 5 & 7 \\ 6 & 0 & -1 \end{bmatrix}; \mathrm{x} = \begin{bmatrix} x_1 \\ x_2 \\ x_3 \end{bmatrix}$

풀이

(1) $T(\mathrm{x}) = \begin{bmatrix} -1 & 2 & 0 \\ 3 & 1 & 5 \end{bmatrix} \begin{bmatrix} -1 \\ 1 \\ 3 \end{bmatrix} = \begin{bmatrix} 3 \\ 13 \end{bmatrix}$

(2) $T(\mathrm{x}) = \begin{bmatrix} -2 & 1 & 4 \\ 3 & 5 & 7 \\ 6 & 0 & -1 \end{bmatrix} \begin{bmatrix} x_1 \\ x_2 \\ x_3 \end{bmatrix} = \begin{bmatrix} -2x_1 + x_2 + 4x_3 \\ 3x_1 + 5x_2 + 7x_3 \\ 6x_1 - x_3 \end{bmatrix}$

예제 8.8

다음 각각의 T의 표준행렬을 사용하여 $T(\mathrm{x})$를 구하고 그 결과를 직접 $T(\mathrm{x})$를 계산하여 검산하라.

(1) $T(x_1, x_2) = (-x_1 + x_2, x_2);\ \mathrm{x} = (-1, 4)$

(2) $T(x_1, x_2, x_3) = (2x_1 - x_2 + x_3, x_2 + x_3, 0);\ \mathrm{x} = (2, 1, -3)$

풀이

(1) $T(-1,4) = \begin{bmatrix} -1 & 1 \\ 0 & 1 \end{bmatrix}\begin{bmatrix} -1 \\ 4 \end{bmatrix} = \begin{bmatrix} 5 \\ 4 \end{bmatrix}$

(2) $T(2,1,-3) = \begin{bmatrix} 2 & -1 & 1 \\ 0 & 1 & 1 \\ 0 & 0 & 0 \end{bmatrix}\begin{bmatrix} 2 \\ 1 \\ -3 \end{bmatrix} = \begin{bmatrix} 0 \\ -2 \\ 0 \end{bmatrix}$

8.1 연습문제

1. 주어진 함수 T를 써서 (a) v의 상 (b) w의 원상을 각각 구하라.

(1) $T(v_1, v_2) = (v_1 + v_2, v_1 - v_2)$, $\mathrm{v} = (3, -4)$, $\mathrm{w} = (3, 19)$

(2) $T(v_1, v_2, v_3) = (v_2 - v_1, v_1 + v_2, 2v_1)$, $\mathrm{v} = (2, 3, 0)$, $\mathrm{w} = (-11, -1, 10)$

(3) $T(v_1, v_2, v_3) = (4v_2 - v_1, 4v_1 + 5v_2)$, $\mathrm{v} = (2, -3, -1)$, $\mathrm{w} = (3, 9)$

2. $T : R^2 \to R^2$은 선형변환인지를 결정하라.

(1) $T(x, y) = (2x, y)$

(2) $T(x, y) = (2x + y, x - y)$

(3) $T(x, y) = (x^2, y)$

(4) $T(x_1, x_2) = (x_1 + 2x_2, 3x_1 - x_2)$

3. $T : R^3 \to R^2$은 선형변환인지를 결정하라.

(1) $T(x, y, z) = (x, x + y + z)$

(2) $T(x, y, z) = (1, 1)$

(3) $T(x_1, x_2, x_3) = (2x_1 - x_2 + x_3, x_2 - 4x_3)$

4. $T : R^3 \to R^3$는 선형변환이고 $T(1, 0, 0) = (2, 4, -1)$, $T(0, 1, 0) = (1, 3, -2)$, $T(0, 0, 1) = (0, -2, 2)$ 이다. 다음 값을 구하라.

(1) $T(0, 3, -1)$

(2) $T(2, -4, 1)$

8.1 연습문제

5. $T: R^n \to R^m$, $T(\mathrm{v}) = A\mathrm{v}$ 는 선형변환이다. R^n과 R^m의 차수를 구하라.

(1) $A = \begin{bmatrix} 0 & 1 & -2 & 1 \\ -1 & 4 & 5 & 0 \\ 0 & 1 & 3 & 1 \end{bmatrix}$

(2) $A = \begin{bmatrix} -2 & 2 & 1 & 3 & 4 \\ 0 & 0 & 2 & -1 & 0 \end{bmatrix}$

(3) $A = \begin{bmatrix} 0 & -1 \\ -1 & 0 \end{bmatrix}$

6. 선형변환 T에 대한 표준행렬을 구하라.

(1) $T(x, y) = (x + 2y, x - 2y)$

(2) $T(x, y) = (2x - 3y, x - y, y - 4x)$

(3) $T(x, y, z) = (x + y, x - y, z - x)$

(4) $T(x, y, z) = (3z - 2y, 4x + 11z)$

7. 선형변환 T에 대한 표준행렬을 사용하여 벡터 v의 상을 구하라.

(1) $T(x, y, z) = (13x - 9y + 4z, 6x + 5y - 3z)$, $\mathrm{v} = (1, -2, 1)$

(2) $T(x_1, x_2, x_3, x_4) = (x_1 + x_2, x_3 + x_4)$, $\mathrm{v} = (1, -1, 1, -1)$

8. (a) 선형변환 T에 대한 표준행렬 A를 구하라.

(b) A를 이용하여 벡터 v의 상을 구하라.

(1) $T(x, y, z) = (2x + 3y - z, 3x - 2z, 2x - y + z)$, $\mathrm{v} = (1, 2, -1)$

(2) $T(x_1, x_2, x_3, x_4) = (x_1 - x_2, x_3, x_1 + 2x_2 - x_4, x_4)$, $\mathrm{v} = (1, 0, 1, -1)$

8.2 선형변환의 핵과 치역

이 절에서는 $T(\mathrm{v})=0$이 되는 0이 아닌 다른 벡터 v가 존재하느냐 하는 것이다. 만일 그런 벡터가 존재할 때 모든 벡터의 모임을 T의 핵(kernel)이라고 부른다.

정의 8.3

$T: V \to W$는 선형변환이다. $T(\mathrm{v})=0$인 모든 $\mathrm{v} \in V$의 집합을 T의 핵이라 하고 $\ker(T)$로 표시한다. 즉 $\ker(T)=\{\mathrm{v} \in V | T(\mathrm{v})=0\}$이다.

예제 8.9

선형변환 $T: R^3 \to R^3$, $T(x,y,z)=(x,y,0)$의 핵을 구하라.

풀이

이 선형변환은 R^3의 모든 벡터 (x,y,z)를 $xy-$평면 위의 벡터 $(x,y,0)$로 사영한다. 따라서 핵은 $z-$축 위에 모든 벡터이다.

즉 $\ker(T)=\{(0,0,z) | z\text{는 실수}\}$

예제 8.10

선형변환 $T: R^2 \to R^3$, $T(x_1,x_2)=(x_1-2x_2,0,-x_1)$의 핵을 구하라.

풀이

$\ker(T)$를 구하기 위해서는

$T(x_1,x_2)=(x_1-2x_2,0,-x_1)=(0,0,0)$

을 만족시키는 모든 $\mathrm{x}=(x_1,x_2) \in R^2$를 구해야 한다. 즉

$$\begin{aligned} x_1 - 2x_2 &= 0 \\ 0 &= 0 \\ -x_1 \quad &= 0 \end{aligned}$$

를 풀면 자명한 해 $(x_1, x_2) = (0, 0)$을 얻을 수 있다. 따라서

$\ker(T) = \{(0,0)\}$

예제 8.11

선형변환 $T: R^3 \rightarrow R^2$, $T(\mathrm{x}) = A\mathrm{x}$ 의 핵을 구하라.

$$A = \begin{bmatrix} 1 & -1 & -2 \\ -1 & 2 & 3 \end{bmatrix}$$

풀이

T의 핵은

$T(x_1,\ x_2,\ x_3) = (0,0)$

을 만족시키는 모든 $\mathrm{x} = (x_1, x_2, x_3) \in R^3$이다. 이식으로부터 우리는 다음과 같은 동차 연립 방정식을 얻을 수 있다.

$$\begin{bmatrix} 1 & -1 & -2 \\ -1 & 2 & 3 \end{bmatrix} \begin{bmatrix} x_1 \\ x_2 \\ x_3 \end{bmatrix} = \begin{bmatrix} 0 \\ 0 \end{bmatrix} \qquad \begin{aligned} x_1 - x_2 - 2x_3 &= 0 \\ -x_1 + 2x_2 + 3x_3 &= 0 \end{aligned}$$

이 방정식을 행사다리꼴 행렬로 고쳐서

$$\begin{bmatrix} 1 & 0 & -1 & 0 \\ 0 & 1 & 1 & 0 \end{bmatrix} \Rightarrow \begin{aligned} x_1 &= x_3 \\ x_2 &= -x_3 \end{aligned}$$

매개변수 $x_3 = t$를 써서 해집합을 구하면

$$\begin{bmatrix} x_1 \\ x_2 \\ x_3 \end{bmatrix} = \begin{bmatrix} t \\ -t \\ t \end{bmatrix} = t \begin{bmatrix} 1 \\ -1 \\ 1 \end{bmatrix}$$

이다. 따라서 T의 핵은

$\ker(T) = \{t(1,-1,1) \mid t\text{는 실수}\} = \mathrm{span}\{(1,-1,1)\}$

다음 예는 행렬에 의해 정의되는 선형변환의 핵의 기저를 구하는 방법이다.

예제 8.12

$T: R^5 \to R^4$, $T(\mathrm{x}) = A\mathrm{x}$ 단, $\mathrm{x} \in R^5$이고

$$A = \begin{bmatrix} 1 & 2 & 0 & 1 & -1 \\ 2 & 1 & 3 & 1 & 0 \\ -1 & 0 & -2 & 0 & 1 \\ 0 & 0 & 0 & 2 & 8 \end{bmatrix}$$

이다. R^5의 부분공간으로서 $\ker(T)$의 기저를 구하라.

풀이

행렬 $[A:0]$를 기본행 연산으로 다음과 같은 사다리꼴로 바꿀 수 있다.

$$\begin{bmatrix} 1 & 0 & 2 & 0 & -1 & 0 \\ 0 & 1 & -1 & 0 & -2 & 0 \\ 0 & 0 & 0 & 1 & 4 & 0 \\ 0 & 0 & 0 & 0 & 0 & 0 \end{bmatrix} \Rightarrow \begin{aligned} x_1 &= -2x_3 + x_5 \\ x_2 &= x_3 + 2x_5 \\ x_4 &= -4x_5 \end{aligned}$$

$x_3 = s, x_5 = t$두면

$$\mathrm{x} = \begin{bmatrix} x_1 \\ x_2 \\ x_3 \\ x_4 \\ x_5 \end{bmatrix} = \begin{bmatrix} -2s+t \\ s+2t \\ s+0t \\ 0s-4t \\ 0s+t \end{bmatrix} = s\begin{bmatrix} -2 \\ 1 \\ 1 \\ 0 \\ 0 \end{bmatrix} + t\begin{bmatrix} 1 \\ 2 \\ 0 \\ -4 \\ 1 \end{bmatrix}$$

이다. 따라서 T의 핵의 기저는 $B = \{(-2, 1, 1, 0, 0), (1, 2, 0, -4, 1)\}$이다.

[예제 8.12]를 푸는 과정에서 결국 T의 핵의 기저를 구하는 것은 식 $A\mathrm{x} = 0$를 푸는 것이라는 사실을 알 수 있다. 이 과정은 $A\mathrm{x} = 0$의 해 공간을 구하는 과정과 동일하다. T의 핵은 행렬 A의 영공간과 같다.

정의 8.4

핵은 선형변환으로 얻어지는 중요한 2개의 부분공간 중 하나이다. 나머지 하나는 T의 치역인 $\mathrm{Im}(\mathrm{T})$이다. 앞 8.1절에서 정의했듯이 $T: V \to W$의 치역은 V의 모든 벡터들의 상들의 집합이다. 즉 $\mathrm{Im}(\mathrm{T}) = \{T(\mathrm{v}) \in W | \mathrm{v} \in V\}$이다.

$T(\mathrm{x}) = A\mathrm{x}$로 정의되는 선형변환의 치역의 기저를 구해보자. 치역은 식 $A\mathrm{x} = \mathrm{b}$가 성립하는 모든 벡터 b이다. 이것을 적어보면 식

$$\begin{bmatrix} a_{11} & a_{12} & \dots & a_{1n} \\ a_{21} & a_{22} & \dots & a_{2n} \\ \vdots & \vdots & & \vdots \\ a_{m1} & a_{m2} & \dots & a_{mn} \end{bmatrix} \begin{bmatrix} x_1 \\ x_2 \\ \vdots \\ x_n \end{bmatrix} = \begin{bmatrix} b_1 \\ b_2 \\ \vdots \\ b_m \end{bmatrix}$$

은

$$A\mathrm{x} = x_1 \begin{bmatrix} a_{11} \\ a_{21} \\ \vdots \\ a_{m1} \end{bmatrix} + x_2 \begin{bmatrix} a_{12} \\ a_{22} \\ \vdots \\ a_{m2} \end{bmatrix} + \dots + x_n \begin{bmatrix} a_{1n} \\ a_{2n} \\ \vdots \\ a_{mn} \end{bmatrix} = \begin{bmatrix} b_1 \\ b_2 \\ \vdots \\ b_m \end{bmatrix} = b$$

로 적을 수 있으므로 b가 T의 치역에 들어갈 필요충분조건은 b가 행렬 A의 열 벡터들의 일차결합으로 표시되는 것이다. 따라서 행렬 A의 열 공간이 바로 T의 치역과 일치한다.

예제 8.13

$T: R^4 \to R^4$, $T(\mathrm{x}) = A\mathrm{x}$, 단 $\mathrm{x} \in R^4$이고

$$A = \begin{bmatrix} 1 & 2 & -1 & 4 \\ 3 & 1 & 2 & -1 \\ -4 & -3 & -1 & -3 \\ -1 & -2 & 1 & 1 \end{bmatrix}$$

이다. T의 핵의 기저와 치역의 기저를 구하라.

풀이

$$T(\mathrm{x})=\begin{bmatrix} 1 & 2 & -1 & 4 \\ 3 & 1 & 2 & -1 \\ -4 & -3 & -1 & -3 \\ -1 & -2 & 1 & 1 \end{bmatrix}\begin{bmatrix} x_1 \\ x_2 \\ x_3 \\ x_4 \end{bmatrix}=\begin{bmatrix} 0 \\ 0 \\ 0 \\ 0 \end{bmatrix}$$

행렬 $[A:0]$를 기본행 연산으로 다음과 같은 사다리꼴로 바꿀 수 있다.

$$\begin{bmatrix} 1 & 2 & -1 & 4 & 0 \\ 0 & 1 & -1 & \frac{13}{5} & 0 \\ 0 & 0 & 0 & 1 & 0 \\ 0 & 0 & 0 & 0 & 0 \end{bmatrix} \Rightarrow \begin{aligned} x_1+2x_2-x_3+4x_3&=0 \\ x_2-x_3+\frac{13}{5}x_4&=0 \\ x_4&=0 \end{aligned}$$

$x_2=x_3=t$로 두면

$$x=\begin{bmatrix} x_1 \\ x_2 \\ x_3 \\ x_4 \end{bmatrix}=\begin{bmatrix} -t \\ t \\ t \\ 0 \end{bmatrix}=t\begin{bmatrix} -1 \\ 1 \\ 1 \\ 0 \end{bmatrix}$$

는 $(-t,t,t,0)$ 형태의 해를 갖는다. 따라서 $\ker(T)=\{(-1,1,1,0)\}$이다.

$$A^T=\begin{bmatrix} 1 & 3 & -4 & -1 \\ 2 & 1 & -3 & -2 \\ -1 & 2 & -1 & 1 \\ 4 & -1 & -3 & 1 \end{bmatrix}\Rightarrow\begin{bmatrix} 1 & 0 & -1 & 0 \\ 0 & 1 & -1 & 0 \\ 0 & 0 & 0 & 1 \\ 0 & 0 & 0 & 0 \end{bmatrix}$$

이다.

$\mathrm{Im}(T)$의 기저는 $\{(1,0,-1,0),(0,1,-1,0),(0,0,0,1)\}$ 또는 행렬 A의 1, 2, 4열이 사용될 수 있다.

선형변환의 핵의 차수와 치역의 차수는 다음과 같이 정의된다.

정의 8.5

$T: V\to W$는 선형변환이다.

T의 핵의 차수는 T의 영공간의 차원(nullity)이라 하고 $\mathrm{nullity}(T)$로 나타낸다.

T의 치역의 차수를 T의 계수(rank)라고 하고 $\mathrm{rank}(T)$는 표시한다.

[예제 8.13]에서 T의 영공간의 차원과 계수는 T의 정의역의 차수와 연관이 있다.

즉 $\text{rank}(T) + \text{nullity}(T) = 3 + 1 = 4 =$ 정의역의 차수

이 관계는 유한벡터 공간에서의 모든 선형변환에 대해서도 성립한다.

정리 8.1

$T: V \rightarrow W$가 n차 벡터공간 V에서 벡터공간 W로의 선형변환이면 치역의 차수와 핵의 차수의 합은 정의역의 차수가 된다. 즉

$$rank(T) + nullity(T) = n$$

또는

$$\dim(\text{치역}) + \dim(\text{핵}) = \dim(\text{정의역})$$

이다.

증명

여기서는 T가 $m \times n$행렬 A로 주어질 경우를 증명하겠다. 보다 일반적인 증명은 다음 절에서 한다. 다음 절에서 나오지만 n차 공간에서 m차 공간으로의 모든 선형변환은 행렬로써 표시할 수 있기 때문이다.

우선 행렬 A의 계수를 r이라고 하자. 그렇다면

$$\text{rank}(T) = r,\ \dim(T\text{의 핵}) = \dim(\text{해공간}) = n - r$$

이다. 따라서

$$\text{rank}(T) + \text{nullity}(T) = r + (n - r) = n$$

예제 8.14

$T: R^3 \rightarrow R^3$는 행렬 $A = \begin{bmatrix} 1 & 0 & -2 \\ 0 & 1 & 1 \\ 0 & 0 & 0 \end{bmatrix}$로 정의되는 선형변환이다. 선형변환의 계수와 영공간의 차원을 구하라.

풀이

A는 행사다리꼴이고 0이 아닌 행이 2개이므로 계수는 2이다. 따라서 T의 계수는 2이고 영공간의 차원은 dim(정의역) − 계수 $= 3-2=1$이다.

예제 8.15

$T: R^5 \to R^3$은 선형변환이다.

(1) 치역의 차수가 2이면 T의 핵의 차수는 얼마인가?

(2) T의 영공간의 차원이 4이면 T의 계수는 얼마인가?

(3) $\ker(T) = \{0\}$이면 T의 계수는 얼마인가?

풀이

(1) 정리 8.1에서 $n=5$이므로

$\dim(\text{핵}) = n - \dim(\text{치역}) = 5-2=3$

(2) 역시 정리 8.1에서

$\text{rank}(T) = n - \text{nullity}(T) = 5-4=1$

(3) 이 경우는 T의 영공간의 차원이므로

$\text{rank}(T) = n - \nu\text{llity}(T) = 5-0=5$

8.2 연습문제

1. 선형변환의 핵을 구하라.

(1) $T: R^3 \to R^3,\ T(x,y,z) = (0,0,0)$

(2) $T: P_3 \to R,\ T(a_0 + a_1x + a_2x^2 + a_3x^3) = a_0$

(3) $T: R^2 \to R^2,\ T(x,y) = (x+2y, y-x)$

2. 선형변환 T는 $T(\mathrm{v}) = A\mathrm{v}$이다.

(a) T의 핵의 기저를 구하라.

(b) T의 치역의 기저를 구하라.

(1) $A = \begin{bmatrix} 1 & 2 \\ 3 & 4 \end{bmatrix}$

(2) $A = \begin{bmatrix} 1 & -1 & 2 \\ 0 & 1 & 2 \end{bmatrix}$

3. (a) ker(T), (b) nullity(T), (c) Im(T), (d) rank(T)를 각각 구하라.

(1) $A = \begin{bmatrix} -1 & 1 \\ 1 & 1 \end{bmatrix}$

(2) $A = \begin{bmatrix} 5 & -3 \\ 1 & 1 \\ 1 & -1 \end{bmatrix}$

(3) $A = \begin{bmatrix} 0 & -2 & 3 \\ 4 & 0 & 11 \end{bmatrix}$

(4) $A = \begin{bmatrix} \frac{9}{10} & \frac{3}{10} \\ \frac{3}{10} & \frac{1}{10} \end{bmatrix}$

(5) $A = \begin{bmatrix} \frac{4}{9} & -\frac{4}{9} & \frac{2}{9} \\ -\frac{4}{9} & \frac{4}{9} & -\frac{2}{9} \\ \frac{2}{9} & -\frac{2}{9} & \frac{1}{9} \end{bmatrix}$

4. 선형변환 T의 영공간의 차원을 구하라.

(1) $T: R^4 \to R^2,\ \mathrm{rank}(T) = 2$

(2) $T: R^4 \to R^4,\ \mathrm{rank}(T) = 0$

8.3 선형변환의 합성, 역 변환

8.3.1 선형변환의 합성

$T_A : R^n \to R^k$와 $T_B : R^k \to R^m$이 선형변환이면 R^n의 각 x에 대해서 R^k인 벡터 $T_A(\mathrm{x})$를 계산한 다음에 R^m의 벡터인 $T_B(T_A(\mathrm{x}))$를 계산할 수 있다. 따라서 T_A 다음에 T_B를 합성하면 R^n에서 R^m으로의 변환이다. 이 변환을 T_B와 T_A의 합성(composition)이라 하고 $T_B \circ T_A$로 표기한다. 따라서

$$(T_B \circ T_A)(\mathrm{x}) = T_B(T_A(\mathrm{x}))$$

이다. 합성 $T_B \circ T_A$는

$$T_B \circ T_A(\mathrm{x}) = T_B(T_A(\mathrm{x})) = B(A\mathrm{x}) = (BA)\mathrm{x}$$

이므로 선형이다. 따라서 $T_B \circ T_A$는 BA와 곱이므로 선형변환이다. $T_B \circ T_A$의 표준행렬은 BA이다. 따라서

$$T_B \circ T_A = T_{BA}$$

예제 8.16

T_1, T_2는 아래와 같이 R^3에서 R^3로의 선형변환이다.

$T_1(x, y, z) = (2x + y, y, x + z)$, $T_2(x, y, z) = (x - y, z, y)$

$T = T_2 \circ T_1$과 $T' = T_1 \circ T_2$의 표준행렬을 각각 구하라.

풀이

T_1, T_2의 표준행렬은 각각

$$A_1 = \begin{bmatrix} 2 & 1 & 0 \\ 0 & 1 & 0 \\ 1 & 0 & 1 \end{bmatrix}, \quad A_2 = \begin{bmatrix} 1 & -1 & 0 \\ 0 & 0 & 1 \\ 0 & 1 & 0 \end{bmatrix}$$

이다. T의 표준행렬은

$$A = A_2A_1 = \begin{bmatrix} 1 & -1 & 0 \\ 0 & 0 & 1 \\ 0 & 1 & 0 \end{bmatrix}\begin{bmatrix} 2 & 1 & 0 \\ 0 & 1 & 0 \\ 1 & 0 & 1 \end{bmatrix} = \begin{bmatrix} 2 & 0 & 0 \\ 1 & 0 & 1 \\ 0 & 1 & 0 \end{bmatrix}$$

이고 T' 의 표준행렬은

$$A' = A_1A_2 = \begin{bmatrix} 2 & 1 & 0 \\ 0 & 1 & 0 \\ 1 & 0 & 1 \end{bmatrix}\begin{bmatrix} 1 & -1 & 0 \\ 0 & 0 & 1 \\ 0 & 1 & 0 \end{bmatrix} = \begin{bmatrix} 2 & -2 & 1 \\ 0 & 0 & 1 \\ 1 & 0 & 0 \end{bmatrix}$$

이다.

예제 8.17

$T_1 : R^2 \to R^2$ 을 y축에 관한 반사연산자, $T_2 : R^2 \to R^2$ 을 x축에 관한 반사연산자라 하자.

이 경우 $T_1 \circ T_2$와 $T_2 \circ T_1$을 구하라.

풀이

$(T_1 \circ T_2)(x, y) = T_1(x, -y) = (-x, -y)$

$(T_2 \circ T_1)(x, y) = T_2(-x, y) = (-x, -y)$

$T_1 \circ T_2$와 $T_2 \circ T_1$의 동일성은 또한 T_1과 T_2의 표준행렬이 가환임이 증명된다. 즉

$$[T_1 \circ T_2] = [T_1][T_2] = \begin{bmatrix} -1 & 0 \\ 0 & 1 \end{bmatrix}\begin{bmatrix} 1 & 0 \\ 0 & -1 \end{bmatrix} = \begin{bmatrix} -1 & 0 \\ 0 & -1 \end{bmatrix}$$

$$[T_2 \circ T_1] = [T_2][T_1] = \begin{bmatrix} 1 & 0 \\ 0 & -1 \end{bmatrix}\begin{bmatrix} -1 & 0 \\ 0 & 1 \end{bmatrix} = \begin{bmatrix} -1 & 0 \\ 0 & -1 \end{bmatrix}$$

R^2 또는 R^3상의 연산자 $T(\mathrm{x}) = -\mathrm{x}$를 원점에 관한 반사연산자(reflection operator about the orgin)라 한다.

R^2상의 이 연산자의 표준행렬은 다음과 같다.

$$[T] = \begin{bmatrix} -1 & 0 \\ 0 & -1 \end{bmatrix}$$

8.3.2 역 선형변환

정의 8.6

$T_1 : R^n \to R^n$, $T_2 : R^n \to R^n$은 선형변환으로써 모든 $\mathrm{v} \in R^n$에 대해 $T_2(T_1(\mathrm{v})) = \mathrm{v}$, $T_1(T_2(\mathrm{v})) = \mathrm{v}$ 일 때 T_2는 T_1의 역(inverse)이라고 부른다. 또 T_1는 가역이라 한다.

모든 선형변환이 역을 항상 가지는 것은 아니다. 만일 선형변환 T가 가역이면 그 역은 단 하나밖에 없고 이것을 T^{-1}로 표시한다. 실수상에서의 역함수와 같이 선형변환 T의 역함수도 함수 T의 값으로 정할 수 있다. 예를 들어서 T가 R^3에서 R^3로의 선형변환이고 $T(1, 4, -5) = (1, 2, 3)$이라고 하자.

만일 T^{-1}가 존재하면 T^{-1}는 $(1, 2, 3)$을 T에 대한 원상으로 다시 대응시킨다. 즉

$$T^{-1}(1, 2, 3) = (1, 4, -5)$$

이다.

다음 정리는 선형변환이 가역일 필요충분조건은 그것이 동형사상(전단사)이라는 사실을 보여준다.

정리 8.2

$T : R^n \to R^n$은 표준행렬이 A인 선형변환이다. 다음은 모두 동치이다.

1. T는 가역이다.
2. T는 동형사상이다.
3. A는 가역행렬이다.

또 만일 T가 가역이고 표준행렬이 A라면 T^{-1}의 표준행렬은 A^{-1}이다.

예제 8.18

방정식 $w_1 = 2x_1 + x_2$
$w_2 = 3x_1 + 4x_2$

에 의해 정의되는 선형연산자 $T: R^2 \to R^2$은 1대 1임을 밝히고 $T^{-1}(w_1, w_2)$를 구하라.

풀이

방정식의 행렬형은

$$\begin{bmatrix} w_1 \\ w_2 \end{bmatrix} = \begin{bmatrix} 2 & 1 \\ 3 & 4 \end{bmatrix} \begin{bmatrix} x_1 \\ x_2 \end{bmatrix}$$

이므로 T의 표준행렬은

$$A = \begin{bmatrix} 2 & 1 \\ 3 & 4 \end{bmatrix}$$

이다. 이 행렬은 가역이고 T^{-1}의 표준행렬은

$$A^{-1} = \begin{bmatrix} \frac{4}{5} & -\frac{1}{5} \\ -\frac{3}{5} & \frac{2}{5} \end{bmatrix}$$

이다. 따라서

$$A^{-1}\begin{bmatrix} w_1 \\ w_2 \end{bmatrix} = \begin{bmatrix} \frac{4}{5} & -\frac{1}{5} \\ -\frac{3}{5} & \frac{2}{5} \end{bmatrix} \begin{bmatrix} w_1 \\ w_2 \end{bmatrix} = \begin{bmatrix} \frac{4}{5}w_1 - \frac{1}{5}w_2 \\ -\frac{3}{5}w_1 + \frac{2}{5}w_2 \end{bmatrix}$$

이고,

$$T^{-1}(w_1, w_2) = \left(\frac{4}{5}w_1 - \frac{1}{5}w_2,\ -\frac{3}{5}w_1 + \frac{2}{5}w_2\right)$$

이다.

예제 8.19

선형변환 $T: R^3 \to R^3$는 다음과 같다.

$T(x_1, x_2, x_3) = (2x_1 + 3x_2 + x_3,\ 3x_1 + 3x_2 + x_3,\ 2x_1 + 4x_2 + x_3)$

T는 가역임을 보이고 그 역을 구하라.

풀이

T의 표준행렬은

$$A = \begin{bmatrix} 2 & 3 & 1 \\ 3 & 3 & 1 \\ 2 & 4 & 1 \end{bmatrix}$$

이다. $|A| \neq 0$이므로, A는 가역이고 그 역행렬은

$$A^{-1} = \begin{bmatrix} -1 & 1 & 0 \\ -1 & 0 & 1 \\ 6 & -2 & -3 \end{bmatrix}$$

가 됨을 알 수 있다. 따라서 T는 가역이고 T^{-1} 표준행렬은 A^{-1}이다.

예제 8.20

$T: R^3 \to R^3$을 공식

$T(x_1, x_2, x_3) = (3x_1 + x_2, -2x_1 - 4x_2 + 3x_3,\ 5x_1 + 4x_2 - 2x_3)$

로 정의되는 선형연산자라 할 때 T는 1대 1인가를 결정하고 1대 1인 경우에는 $T^{-1}(x_1, x_2, x_3)$를 구하라.

풀이

T의 표준행렬은

$$A = \begin{bmatrix} 3 & 1 & 0 \\ -2 & -4 & 3 \\ 5 & 4 & -2 \end{bmatrix}$$

이다. 이 행렬은 가역이고 T^{-1}의 표준행렬은

$$A^{-1}=\begin{bmatrix} 4 & -2 & -3 \\ -11 & 6 & 9 \\ -12 & 7 & 10 \end{bmatrix}$$

이다. 따라서

$$T^{-1}\left(\begin{bmatrix} x_1 \\ x_2 \\ x_3 \end{bmatrix}\right)=A^{-1}\begin{bmatrix} x_1 \\ x_2 \\ x_3 \end{bmatrix}=\begin{bmatrix} 4 & -2 & -3 \\ -11 & 6 & 9 \\ -12 & 7 & 10 \end{bmatrix}\begin{bmatrix} x_1 \\ x_2 \\ x_3 \end{bmatrix}=\begin{bmatrix} 4x_1 & -2x_2 & -3x_3 \\ -11x_1 & +6x_2 & +9x_3 \\ -12x_1 & +7x_2 & +10x_3 \end{bmatrix}$$

가 성립하고, 이 결과를 수평기호로 표현하면 다음을 얻는다.

$$T^{-1}(x_1,x_2,x_3)=(4x_1-2x_2-3x_3,-11x_1+6x_2+9x_3,-12x_1+7x_2+10x_3)$$

8.3 연습문제

1. $T = T_2 \circ T_1$와 $T' = T_1 \circ T_2$의 표준행렬을 구하라.

(1) $T_1 : R^2 \to R^2$, $T_1(x, y) = (x - 2y, 2x + 3y)$

$T_2 : R^2 \to R^2$, $T_2(x, y) = (2x, x - y)$

(2) $T_1 : R^2 \to R^3$, $T_1(x, y) = (-x + 2y, x + y, x - y)$

$T_2 : R^3 \to R^2$, $T_2(x, y, z) = (x - 3y, z + 3x)$

2. 다음에서 (1)은 $(T_2 \circ T_1)(x, y)$, (2)는 $(T_2 \circ T_1)(x, y, z)$를 구하라.

(1) $T_1(x, y) = (2x, 3y)$, $T_2(x, y) = (x - y, x + y)$

(2) $T_1(x, y, z) = (x - y, y + z, x - z)$, $T_2(x, y, z) = (0, x + y + z)$

3. 다음을 각각 구하여라.

(1) $T_1(x, y) = (-2y, 3x, x - 2y)$,

$T_2(x, y, z) = (y, z, x)$,

$T_3(x, y, z) = (x + z, y - z)$에서

$(T_3 \circ T_2 \circ T_1)(x, y, z)$를 구하여라.

(2) $T_1(x, y) = (x + y, y, -x)$,

$T_2(x, y, z) = (0, x + y + z, 3y)$,

$T_3(x, y, z) = (3x + 2y, 4z - x - 3y)$에서

$(T_3 \circ T_2 \circ T_1)(x, y)$를 구하여라.

8.3 연습문제

4. 선형변환이 가역인지 조사하고 만일 가역이라면 그 역을 구하라.

(1) $T(x, y) = (x+y, x-y)$

(2) $T(x, y) = (2x, 0)$

(3) $T(x, y) = (5x, 5y)$

5. 다음 방정식에 의해 정의되는 선형연산자 $T: R^2 \to R^2$은 1대 1인지를 결정하라. 만약에 1대 1인 경우에는 그 역연산자의 표준행렬을 구하고 $T^{-1}(w_1, w_2)$를 구하라.

(1) $w_1 = x_1 + 2x_2$
$w_2 = -x_1 + x_2$

(2) $w_1 = 4x_1 + 6x_2$
$w_2 = 2x_1 + 3x_2$

(3) $w_1 = -x_2$
$w_2 = -x_1$

(4) $w_1 = 3x_1$
$w_2 = -5x_1$

6. 다음 방정식에 의해 정의되는 선형연산자 $T: R^3 \to R^3$은 1대 1인지를 결정하라. 만일 1대 1인 경우에는 그 역연산자의 표준행렬을 구하고 $T^{-1}(w_1, w_2, w_3)$를 구하라.

(1) $w_1 = x_1 - 2x_2 + 2x_3$
$w_2 = 2x_1 + x_2 + x_3$
$w_3 = x_1 + x_2$

(2) $w_1 = x_1 - 3x_2 + 4x_3$
$w_2 = -x_1 + x_2 + x_3$
$w_3 = -2x_2 + 5x_3$

(3) $w_1 = x_1 + 4x_2 - x_3$
$w_2 = 2x_1 + 7x_2 + x_3$
$w_3 = x_1 + 3x_2$

(4) $w_1 = x_1 + 2x_2 + x_3$
$w_2 = -2x_1 + x_2 + 4x_3$
$w_3 = 7x_1 + 4x_2 - 5x_3$

8.4 선형변환의 응용

이 절에서는 2×2기본행렬로 표시되는 선형변환의 가하학적인 성질에 대해 알아보자. 여러 가지 2×2기본행렬의 성질은 다음 예에서 하나씩 살펴보겠다. 기본적인 것은 아래와 같다.

평면에서의 선형변환에 대한 기본행렬

y축에 대칭

$$A=\begin{bmatrix}-1 & 0\\ 0 & 1\end{bmatrix}$$

x축에 대칭

$$A=\begin{bmatrix}1 & 0\\ 0 & -1\end{bmatrix}$$

원점에 대칭

$$A=\begin{bmatrix}-1 & 0\\ 0 & -1\end{bmatrix}$$

$y=x$축에 대칭

$$A=\begin{bmatrix}0 & 1\\ 1 & 0\end{bmatrix}$$

$y=-x$축 대칭

$$A=\begin{bmatrix}0 & -1\\ -1 & 0\end{bmatrix}$$

수평확대$(k>1)$

수평축소$(0<k<1)$

$$A=\begin{bmatrix}k & 0\\ 0 & 1\end{bmatrix}$$

수직확대$(k>1)$

수직축소$(0<k<1)$

$$A=\begin{bmatrix}1 & 0\\ 0 & k\end{bmatrix}$$

수평층밀림

$$A=\begin{bmatrix}1 & k\\ 0 & 1\end{bmatrix}$$

수직층밀림

$$A=\begin{bmatrix}1 & 0\\ k & 1\end{bmatrix}$$

회전변환

$$\begin{bmatrix}\cos\theta & -\sin\theta\\ \sin\theta & \cos\theta\end{bmatrix}$$

예제 8.21

아래 행렬에 의해서 정의되는 변환을 대칭(reflections)이라고 한다. 대칭은 평면 위의 점을 y축, 원점에 대해 대칭이나 직선 $y=-x$에 대해서 기본행렬을 유도하라.

풀이

(1) y축에 대칭

$$T(x,y)=(-x,y)$$

$$\begin{bmatrix} -1 & 0 \\ 0 & 1 \end{bmatrix} \begin{bmatrix} x \\ y \end{bmatrix} = \begin{bmatrix} -x \\ y \end{bmatrix}$$

(2) 원점에 대칭

$$T(x, y) = (-x, -y)$$

$$\begin{bmatrix} -1 & 0 \\ 0 & -1 \end{bmatrix} \begin{bmatrix} x \\ y \end{bmatrix} = \begin{bmatrix} -x \\ -y \end{bmatrix}$$

(3) 직선 $y = -x$에 대칭

$$T(x, y) = (-y, -x)$$

$$\begin{bmatrix} 0 & -1 \\ -1 & 0 \end{bmatrix} \begin{bmatrix} x \\ y \end{bmatrix} = \begin{bmatrix} -y \\ -x \end{bmatrix}$$

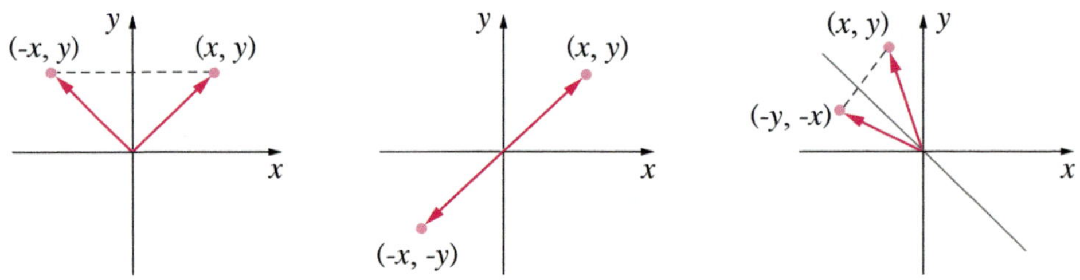

[그림 8.1]

예제 8.22

행렬에 의해 정의되는 변환을 확대(expansions) 또는 축소(contractions)이라고 한다. 수평확대, 축소 및 수직확대, 축소 행렬을 유도하라. 이것은 양의 스칼라 k의 값에 의해서 정해진다.

풀이

(1) 수평으로의 확대와 축소

$$T(x,y) = (kx, y)$$

$$\begin{bmatrix} k & 0 \\ 0 & 1 \end{bmatrix} \begin{bmatrix} x \\ y \end{bmatrix} = \begin{bmatrix} kx \\ y \end{bmatrix}$$

(2) 수직으로의 확대와 축소

$$T(x, y) = (x, ky)$$

$$\begin{bmatrix} 1 & 0 \\ 0 & k \end{bmatrix}\begin{bmatrix} x \\ y \end{bmatrix} = \begin{bmatrix} x \\ ky \end{bmatrix}$$

[그림 8.2]와 [그림 8.3]에서 보면 점 (x, y)는 k의 값에 비례하여 좌우로 혹은 상하로 움직인다. 예를 들어 선형변환 $T(x, y) = (3x, y)$에 의해서는 (1, 3)은 오른편으로 3배 움직이고 (4, 3)은 오른편으로 역시 3배만큼 움직인다.

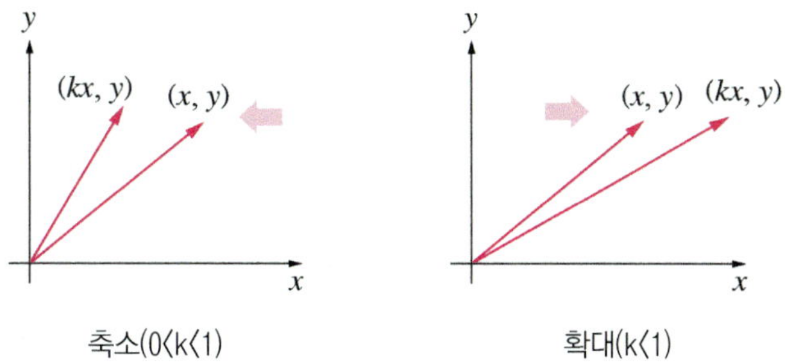

[그림 8.2]

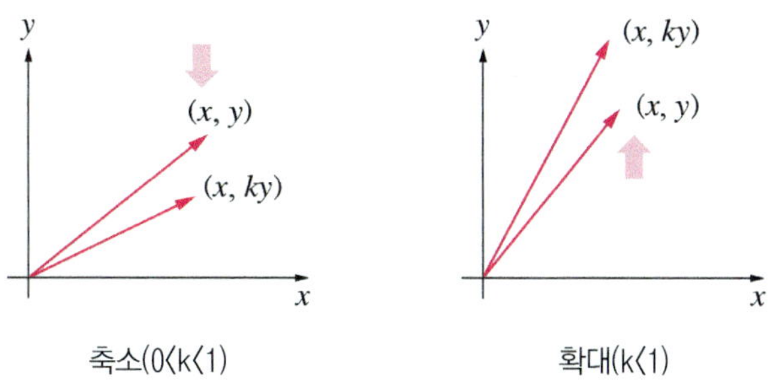

[그림 8.3]

평면에서 기본행렬에 대응되는 선형변환은 [예제 8.23]에 나타나는 것과 같은 층밀림(shear)이다.

예제 8.23

아래 행렬에 의해 정의되는 변환이 층밀림이다. 간단하게 설명하라.

(1) $T(x, y) = (x + ky, y)$

$$\begin{bmatrix} 1 & k \\ 0 & 1 \end{bmatrix}\begin{bmatrix} x \\ y \end{bmatrix} = \begin{bmatrix} x + ky \\ y \end{bmatrix}$$

(2) $T(x, y) = (x, kx + y)$

$$\begin{bmatrix} 1 & 0 \\ k & 1 \end{bmatrix}\begin{bmatrix} x \\ y \end{bmatrix} = \begin{bmatrix} x \\ kx + y \end{bmatrix}$$

풀이

(1) $T(x,y) = (x+2y, y)$로 주어지는 수평층밀림은 [그림 8.4]에 나타나 있다. 이 변환에 의해서 양의 y좌표들은 오른편으로 y값에 비례해서 밀린다. 마찬가지로 음의 y좌표들은 왼편으로 $2|y|$만큼 밀린다. y축 위의 점은 움직이지 않는다.

(2) $T(x,y) = (x, 2x+y)$로 주어지는 수직층밀림은 [그림 8.5]에 나타나 있다. 이 변환은 양의 x좌표들은 x값에 비례해서 위로 밀려올라간다. 또 y음의 x좌표들은 아래로 $2|x|$만큼 내려간다. x축 위의 점은 움직이지 않는다.

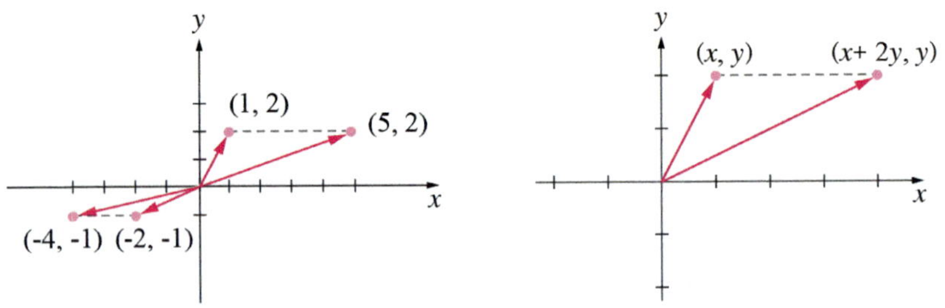

[그림 8.4]

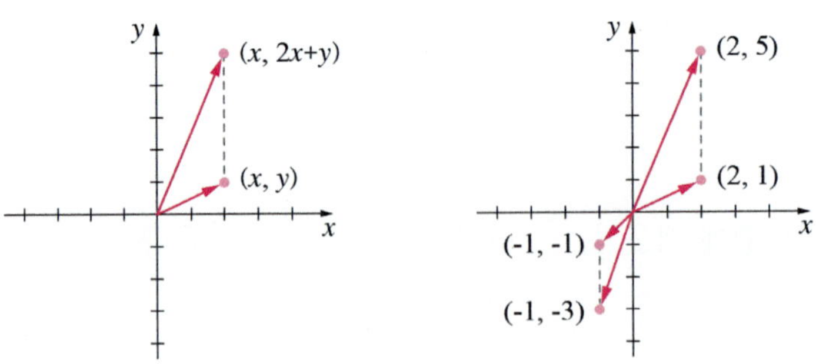

[그림 8.5]

예제 8.24

R^2의 각 벡터를 각도 $\pi/6(=30^\circ)$만큼 회전시키면, 벡터의 상 w을 구하라.

풀이

$$\mathrm{w}=\begin{bmatrix}\cos\pi/6 & -\sin\pi/6\\ \sin\pi/6 & \cos\pi/6\end{bmatrix}\begin{bmatrix}x\\ y\end{bmatrix}=\begin{bmatrix}\frac{\sqrt{3}}{2} & -1/2\\ 1/2 & \frac{\sqrt{3}}{2}\end{bmatrix}\begin{bmatrix}x\\ y\end{bmatrix}=\begin{bmatrix}\frac{\sqrt{3}}{2}x & - & \frac{1}{2}y\\ \frac{1}{2}x & + & \frac{\sqrt{3}}{2}y\end{bmatrix}$$

이다. 예컨대 벡터

$$\mathrm{x}=\begin{bmatrix}1\\ 1\end{bmatrix}$$

의 상 w는 다음과 같다.

$$\mathrm{w}=\begin{bmatrix}\frac{\sqrt{3}-1}{2}\\ \frac{1+\sqrt{3}}{2}\end{bmatrix}$$

예제 8.25

다음 회전변환 행렬을 구하라.

(1) T는 R^2에서 시계반대방향으로 180° 회전, $\mathrm{v}=(1,2)$

(2) T는 R^2에서 시계반대방향으로 45° 회전, $\mathrm{v}=(2,2)$

풀이

(1) $\begin{pmatrix}\cos180 & -\sin180\\ \sin180 & \cos180\end{pmatrix}\begin{pmatrix}1\\ 2\end{pmatrix}=\begin{pmatrix}-1 & 0\\ 0 & -1\end{pmatrix}\begin{pmatrix}1\\ 2\end{pmatrix}=\begin{pmatrix}-1\\ -2\end{pmatrix}$

(2) $\begin{pmatrix}\cos45 & -\sin45\\ \sin45 & \cos45\end{pmatrix}\begin{pmatrix}2\\ 2\end{pmatrix}=\begin{pmatrix}\frac{\sqrt{2}}{2} & -\frac{\sqrt{2}}{2}\\ \frac{\sqrt{2}}{2} & \frac{\sqrt{2}}{2}\end{pmatrix}\begin{pmatrix}2\\ 2\end{pmatrix}=\begin{pmatrix}0\\ 2\sqrt{2}\end{pmatrix}$

8.4 연습문제

1. $T: R^2 \to R^2$ 은 x축에 대한 대칭이다. 다음 각 점의 상을 구하라.

(1) $(3,\ 5)$　　(2) $(2,\ -1)$

(3) $(a,\ 0)$　　(4) $(-c, d)$

2. $T: R^2 \to R^2$에 직선 $y = x$에 대한 대칭이다. 다음 각 점의 상을 구하라.

(1) $(0,\ 1)$　　(2) $(a,\ 0)$

(3) $(-c, d)$

3. $T(1,0) = (0,1)$, $T(0,1) = (1,0)$이다.

(1) 임의의 (x, y)에 대해서 $T(x, y)$를 구하라.

(2) T의 결과를 그림으로 표시하라.

4. 꼭짓점이 (0, 0), (1, 0), (1, 1), (0, 1)인 정사각형을 아래와 같이 변환시킬 때 그 모양을 그려라.

(1) T는 x축에 대하여 대칭

(2) T는 $T(x, y) = (\frac{x}{2}, y)$로 주어지는 축소

(3) T는 $T(x, y) = (x + 2y, y)$로 주어지는 층밀림

8.4 연습문제

5. 대각행렬의 주대각선의 원소가 모두 양수인 행렬로 정의되는 선형변환을 확대라고 한다. $A=\begin{bmatrix}2&0\\0&3\end{bmatrix}$ 으로 정의되는 선형변환으로 점 (1, 0), (0, 1), (2, 2)를 변환시킬 때 그 상을 구하고 또 그 결과를 그림으로 나타내라.

6. (a) 선형변환 T에 대한 표준행렬 A를 구하라.

(b) A를 이용하여 벡터 v의 상을 구하라.

(1) T는 R^2에서 원점에 대한 대칭 : $T(x, y) = (-x, -y)$, $\mathrm{v}=(3, 4)$

(2) T는 R^2에서 직선 $y=x$에 대칭 : $T(x, y)=(y, x)$, $\mathrm{v}=(3, 4)$

(3) T는 R^2에서 시계반대방향으로 135° 회전, $\mathrm{v}=(4, 4)$

(4) T는 R^3에서 $xy-$평면에 대한 대칭 $T: (x, y, z) = (x, y, -z)$, $\mathrm{v}=(3, 2, 2)$

(5) T는 R^3에서 $yz-$평면에 대한 대칭 : $T(x, y, z)=(-x, y, z)$, $\mathrm{v}=(2, 3, 4)$

(6) T는 R^2에서 시계반대방향으로 180° 회전, $\mathrm{v}=(1, 2)$

CHAPTER 09

2차 형식

2차 형식 **9.1**

2차 형식의 대각화: 원추(뿔)곡선 **9.2**

2차 곡면 **9.3**

9.1 2차 형식

이 단원에서는 각 항이 변수의 제곱 또는 두 변수의 곱으로 된 함수를 다루기로 한다. 이와 같은 함수는 기하학, 기계의 진동, 통계학과 전기공학을 수반하는 다방면 응용에서 나타난다.

이제까지 주로 1차방정식, 즉 형식이

$$a_1x_1 + a_2x_2 + \cdots + a_nx_n = b$$

인 방정식을 다뤄왔다. 이 방정식의 좌변

$$a_1x_1 + a_2x_2 + \cdots + a_nx_n$$

은 1차 형식(linear form)이라 불리는 n변수 함수이다. 1차 형식에 있어서 모든 변수는 1차로 나타나고 이 식에 있어서 변수들의 곱은 존재하지 않는다. 이 단원에서 함수가

$$a_1x_1^2 + a_2x_2^2 + \cdots \ a_nx_n^2 + (i < j\text{에 대해서 형식 } a_kx_ix_j\text{인 모든 가능한 항}) \tag{1}$$

의 형식인 2차 형식(quadratic form)을 다루게 된다.
예컨대 변수 x_1과 x_2의 2차 형식은

$$a_1x_1^2 + a_2x_2^2 + a_3x_1x_2 \tag{2}$$

이고, 변수 x_1, x_2와 x_3의 2차 형식은

$$a_1x_1^2 + a_2x_2^2 + a_3x_3^2 + a_4x_1x_2 + a_5x_1x_3 + a_6x_2x_3 \tag{3}$$

이다. 서로 다른 변수의 곱은 수반한 2차 형식의 항을 혼합항(cross-product

terms)이라 한다.

따라서 (2)에 있어서 마지막 항은 혼합항이고, (3)에 있어서 마지막 3개의 항도 역시 혼합항이다. 1×1행렬에 관해 각 형식의 괄호를 생략한다는 규약에 따르면, (2)는 행렬형식으로

$$[x_1 \ \ x_2]\begin{bmatrix} a_1 & a_3/2 \\ a_3/2 & a_2 \end{bmatrix}\begin{bmatrix} x_1 \\ x_2 \end{bmatrix} \tag{4}$$

로 표기될 수 있으며, (3)은

$$[x_1 \ x_2 \ x_3]\begin{bmatrix} a_1 & a_4/2 & a_5/2 \\ a_4/2 & a_2 & a_6/2 \\ a_5/2 & a_6/2 & a_3 \end{bmatrix}\begin{bmatrix} x_1 \\ x_2 \\ x_3 \end{bmatrix} \tag{5}$$

로 표시될 수 있다. (4)와 (5)에 있어서 곱은 모두 $\mathrm{x}^T A \mathrm{x}$인 형식인데, 여기서 x는 변수의 열벡터이고 A는 대칭행렬로서 그의 대각성분은 제곱항들의 계수이고 두 대각선을 제외한 성분은 모두 혼합항인 계수의 1/2임을 유의하기 바란다. i행과 j열에 있는 대각선 이외의 성분은 곱 $x_i x_j$인 계수의 1/2이다. 다음 예를 보자.

예제 9.1

2차 형식의 행렬표현의 예는 다음과 같다.

$$2x^2 + 6xy - 7y^2 = [x \ \ y]\begin{bmatrix} 2 & 3 \\ 3 & -7 \end{bmatrix}\begin{bmatrix} x \\ y \end{bmatrix}$$

$$4x^2 - 5y^2 = [x \ \ y]\begin{bmatrix} 4 & 0 \\ 0 & -5 \end{bmatrix}\begin{bmatrix} x \\ y \end{bmatrix}$$

$$xy = [x \ \ y]\begin{bmatrix} 0 & \frac{1}{2} \\ \frac{1}{2} & 0 \end{bmatrix}\begin{bmatrix} x \\ y \end{bmatrix}$$

$$x_1^2 + 7x_2^2 - 3x_3^2 + 4x_1x_2 - 2x_1x_3 + 6x_2x_3 = [x_1 \ x_2 \ x_3]\begin{bmatrix} 1 & 2 & -1 \\ 2 & 7 & 3 \\ -1 & 3 & -3 \end{bmatrix}\begin{bmatrix} x_1 \\ x_2 \\ x_3 \end{bmatrix}$$

정리 9.1

A를 $n \times n$대칭행렬이라 하고, 그 고유값은 크기가 감소하는 순서로 $\lambda_1 \geq \lambda_2 \geq \cdots \geq \lambda_n$이라 하자. 만일 x가 R^n의 유클리드 내적에 관하여 $\| \mathrm{x} \| = 1$로 제약되었다면,

1) $\lambda_1 \geq \mathrm{x}^T A \mathrm{x} \geq \lambda_n$

2) x가 λ_n에 대응하는 A의 고유벡터이면 $\mathrm{x}^T A \mathrm{x} = \lambda_n$이고, x가 λ_1에 대응하는 A의 고유 벡터이면 $\mathrm{x}^T A \mathrm{x} = \lambda_1$이다.

즉

$$\| \mathrm{x} \| = (x_1^2 + x_2^2 + \cdots + x_n^2)^{1/2} = 1$$

에 따라서 2차 형식 $\mathrm{x}^T A \mathrm{x}$는 λ_1인 최대값(최대의 고유값)과 λ_n인 최소값(최소의 고유값)을 갖는다.

예제 9.2

제약조건을 $x_1^2 + x_2^2 = 1$로 하여 2차 형식 $x_1^2 + x_2^2 + 4x_1x_2$의 최대값과 최소값을 구하고 최대값과 최소값이 나타내는 x_1과 x_2을 구하라.

풀이

2차 형식은

$$x_1^2 + x_2^2 + 4x_1x_2 = \mathrm{x}^T A \mathrm{x} = [x_1 \ \ x_2]\begin{bmatrix} 1 & 2 \\ 2 & 1 \end{bmatrix}\begin{bmatrix} x_1 \\ x_2 \end{bmatrix}$$

이다. A의 특성방정식은

$$\det(\lambda I - A) = \det\begin{bmatrix} \lambda - 1 & -2 \\ -2 & \lambda - 1 \end{bmatrix} = \lambda^2 - 2\lambda - 3 = (\lambda - 3)(\lambda + 1) = 0$$

이다. 따라서 A의 고유값은 $\lambda = 3$과 $\lambda = -1$이고 이들은 각각 제약조건을 갖는 2차 형식의 최대값과 최소값이다. 이들 고유값에 대응하는 고유벡터를 구해 이들 고유벡터가 조건 $x_1^2 + x_2^2 = 1$을 만족하도록 정규화해야 한다.

고유공간의 기저는

$$\lambda = 3 : \begin{bmatrix} 1 \\ 1 \end{bmatrix}, \qquad \lambda = -1 : \begin{bmatrix} 1 \\ -1 \end{bmatrix}$$

이다. 이들 고유벡터를 정규화하면

$$\begin{bmatrix} 1/\sqrt{2} \\ 1/\sqrt{2} \end{bmatrix}, \quad \begin{bmatrix} 1/\sqrt{2} \\ -1/\sqrt{2} \end{bmatrix}$$

이다. 따라서 제약조건을 $x_1^2+x_2^2=1$로 하는 경우 2차 형식의 최대값은 $\lambda=3$이고, 이것은 $x_1=1/\sqrt{2}$, $x_2=1/\sqrt{2}$일 때 나타나고, 최소값은 $\lambda=-1$이며, 이것은 $x_1=1/\sqrt{2}$, $x_2=-1/\sqrt{2}$일 때 나타난다. 고유공간에 대한 다른 기저는 위 기저벡터에 -1을 곱해 얻어질 수 있다. 따라서 최대값 $\lambda=3$은 또한 $x_1=-1/\sqrt{2}$, $x_2=-1/\sqrt{2}$일 때 나타나고, 최소값 $\lambda=-1$은 또한 $x_1=-1/\sqrt{2}$, $x_2=1/\sqrt{2}$일 때 나타난다.

예제 9.3

다음 $x^2+y^2=1$ 조건하에서 2차 형식의 최대값과 최소값을 구하라.

$$z=5x^2+5y^2+4xy$$

풀이

2차 형식은

$$z=5x^2+5y^2+4xy=\mathrm{x}^TA\,\mathrm{x}=[x\ \ y]\begin{bmatrix} 5 & 2 \\ 2 & 5 \end{bmatrix}\begin{bmatrix} x \\ y \end{bmatrix}$$

로 표현할 수 있다. A의 특성방정식은 $\det(\lambda I-A)=0$에서 $\lambda_1=7, \lambda_2=3$이고 조건 $x_1^2+x_2^2=1$을 만족하도록 정규화해야 한다. 각 고유벡터를 정규화하면 다음과 같다.

고유공간의 기저는

$$\lambda_1=7:\begin{bmatrix} 1 \\ 1 \end{bmatrix}, \quad \lambda_2=3:\begin{bmatrix} -1 \\ 1 \end{bmatrix}$$

$$\lambda_1=7:\begin{bmatrix} \frac{1}{\sqrt{2}} \\ \frac{1}{\sqrt{2}} \end{bmatrix}, \quad \lambda_2=3:\begin{bmatrix} -\frac{1}{\sqrt{2}} \\ \frac{1}{\sqrt{2}} \end{bmatrix}$$

따라서 최대값 $\lambda_1=7$은 $(\frac{1}{\sqrt{2}}, \frac{1}{\sqrt{2}})$일 때 나타나고,

최소값 $\lambda_2=3$은 $(-\frac{1}{\sqrt{2}}, \frac{1}{\sqrt{2}})$일 때 나타난다.

9.1 연습문제

1. A가 대칭행렬일 때 다음 2차 형식을 행렬기호 $\mathrm{x}^T A\mathrm{x}$로 표현하라.

(1) $9x_1^2 - x_2^2 + 4x_3^2 + 6x_1x_2 - 8x_1x_3 + x_2x_3$

(2) $x_1x_2 + x_1x_3 + x_2x_3$

(3) $x_1^2 + x_2^2 - x_3^2 - x_4^2 + 2x_1x_2 - 10x_1x_4 + 4x_3x_4$

2. 다음 각각에서 행렬을 사용하지 않는 2차 형식의 식을 구하라.

(1) $[x\ \ y]\begin{bmatrix} 2 & -3 \\ -3 & 5 \end{bmatrix}\begin{bmatrix} x \\ y \end{bmatrix}$

(2) $[x\ \ y\ \ z]\begin{bmatrix} 1 & 0 & 0 \\ 0 & -3 & 0 \\ 0 & 0 & 5 \end{bmatrix}\begin{bmatrix} x \\ y \\ z \end{bmatrix}$

(3) $[x_1\ \ x_2\ \ x_3\ \ x_4]\begin{bmatrix} 0 & 1 & 1 & 1 \\ 1 & 0 & 1 & 1 \\ 1 & 1 & 0 & 1 \\ 1 & 1 & 1 & 0 \end{bmatrix}\begin{bmatrix} x_1 \\ x_2 \\ x_3 \\ x_4 \end{bmatrix}$

3. 다음 각각에서 제약조건을 $x_1^2 + x_2^2 = 1$로 하는 2차 형식의 최대값과 최소값을 구하고, 최대값과 최소값이 나타나는 x_1과 x_2의 값을 구하라.

(1) $5x_1^2 - x_2^2$

(2) $5x_1^2 + 2x_2^2 - x_1x_2$

4. 다음 각각에서 제약조건을 $x_1^2 + x_2^2 + x_3^2 = 1$로 하는 2차 형식의 최대값과 최소값을 구하고, 최대값과 최소값이 나타내는 x_1, x_2, x_3의 값을 결정하라.

(1) $x_1^2 + x_2^2 + 2x_3^2 - 2x_1x_2 + 4x_1x_3 + 4x_2x_3$

(2) $2x_1^2 + x_2^2 + x_3^2 + 2x_1x_3 + 2x_1x_2$

9.2 2차 형식의 대각화: 원추(뿔)곡선

이 절에서는 변수변환에 의해 2차 형식의 혼합형을 소거하는 방법을 설명하고, 그 결과를 사용하여 원뿔곡선의 그래프를 공부하기로 한다.

(1) 2차 형식의 직교대각화

2차 형식을

$$\mathrm{x}^T A\,\mathrm{x} = [x_1\ x_2\ \cdots\ x_n]\begin{bmatrix} a_{11} & a_{12} & \cdots & a_{1n} \\ a_{21} & a_{22} & \cdots & a_{2n} \\ \vdots & \vdots & & \vdots \\ a_{n1} & a_{n2} & \cdots & a_{nn} \end{bmatrix}\begin{bmatrix} x_1 \\ x_2 \\ \vdots \\ x_n \end{bmatrix} \tag{1}$$

이라 하자. 여기서 A는 대칭행렬이다. A를 대각화하는 직교행렬 P가 존재한다. 즉,

$$P^T A P = D = \begin{bmatrix} \lambda_1 & 0 & \cdots & 0 \\ 0 & \lambda_2 & \cdots & 0 \\ \vdots & \vdots & & \vdots \\ 0 & 0 & \cdots & \lambda_n \end{bmatrix}$$

이고, 여기서 $\lambda_1, \lambda_2, \cdots \lambda_n$은 A의 고유값이다. $y_1, y_2, \cdots, y_n$을 새로운 변수라 할 때

$$\mathrm{y} = \begin{bmatrix} y_1 \\ y_2 \\ \vdots \\ y_n \end{bmatrix}$$

이라 하고 $\mathrm{x} = P\mathrm{y}$를 (1)에 대입하면

$$\mathrm{x}^T A\,\mathrm{x} = (P\mathrm{y})^T A P\mathrm{y} = \mathrm{y}^T P^T A P\mathrm{y} = \mathrm{y}^T D\mathrm{y}$$

를 얻는다. 그런데,

$$\mathrm{y}^T D\,\mathrm{y} = [y_1\, y_2 \cdots y_n]\begin{bmatrix}\lambda_1 & 0 & \cdots & 0\\ 0 & \lambda_2 & \cdots & 0\\ \vdots & \vdots & & \vdots\\ 0 & 0 & \cdots & \lambda_n\end{bmatrix}\begin{bmatrix}y_1\\ y_2\\ \vdots\\ y_n\end{bmatrix} = \lambda_1\, y_1^2 + \lambda_2\, y_2^2 + \cdots + \lambda_n\, y_n^2$$

이고, 이것은 혼합형을 갖지 않는 2차 형식이다.

요약하면 다음과 같다.

정리 9.2

A가 대칭행렬일 때 $\mathrm{x}^T A\,\mathrm{x}$를 변수 $x_1, x_2, \cdots, x_n$에 관한 2차 형식이라 하자. P가 A를 직교대각화하고 새로운 변수 $y_1, y_2, \cdots, y_n$이 방정식 $\mathrm{x} = P\mathrm{y}$로 정의될 때, 이 방정식을 $\mathrm{x}^T A\,\mathrm{x}$에 대입하면

$$\mathrm{x}^T A\,\mathrm{x} = \mathrm{y}^T D\mathrm{y} = \lambda_1 y_1^2 + \lambda_2 y_2^2 + \cdots + \lambda_n y_n^2$$

으로 된다. 여기서 $\lambda_1, \lambda_2, \cdots, \lambda_n$은 A의 고유값이고

$$D = P^T A P = \begin{bmatrix}\lambda_1 & 0 & \cdots & 0\\ 0 & \lambda_2 & \cdots & 0\\ \vdots & \vdots & & \vdots\\ 0 & 0 & \cdots & \lambda_n\end{bmatrix}$$

이다.

이 정리의 행렬P는 2차 형식을 직교대각화한다(orthogonally diagonalize) 또는 2차 형식을 제곱합으로 변형한다(reduce the quadratic form to a sum of squares)라고 말한다.

예제 9.4

2차 형식

$$x_1^2 - x_3^2 - 4x_1x_2 + 4x_2x_3$$

를 제곱합으로 변형하는 변수변환을 구하고, 그 직교 대각화 하여라.

풀이

이 2차 형식은

$$[x_1\, x_2\, x_3]\begin{bmatrix} 1 & -2 & 0 \\ -2 & 0 & 2 \\ 0 & 2 & -1 \end{bmatrix}\begin{bmatrix} x_1 \\ x_2 \\ x_3 \end{bmatrix}$$

와 같이 표현될 수 있다. 3×3행렬의 특성방정식은

$$\begin{bmatrix} \lambda-1 & 2 & 0 \\ 2 & \lambda & -2 \\ 0 & 2 & \lambda+1 \end{bmatrix} = \lambda^3 - 9\lambda = \lambda(\lambda+3)(\lambda-3) = 0$$

이므로 고유값은 $\lambda = 0, \lambda = -3, \lambda = 3$이다. 이 세 고유공간에 대한 정규직교기저가

$$\lambda = 0 : \begin{bmatrix} \frac{2}{3} \\ \frac{1}{3} \\ \frac{2}{3} \end{bmatrix}, \quad \lambda = -3 : \begin{bmatrix} -\frac{1}{3} \\ -\frac{2}{3} \\ -\frac{2}{3} \end{bmatrix}, \quad \lambda = 3 : \begin{bmatrix} -\frac{2}{3} \\ \frac{2}{3} \\ \frac{1}{3} \end{bmatrix}$$

따라서 혼합항을 소거하기 위해 $\mathrm{x} = P\mathrm{y}$ 를 대입하면

$$\begin{bmatrix} x_1 \\ x_2 \\ x_3 \end{bmatrix} = \begin{bmatrix} \frac{2}{3} & -\frac{1}{3} & -\frac{2}{3} \\ \frac{1}{3} & -\frac{2}{3} & \frac{2}{3} \\ \frac{2}{3} & \frac{2}{3} & \frac{1}{3} \end{bmatrix}\begin{bmatrix} y_1 \\ y_2 \\ y_3 \end{bmatrix}$$

즉,

$$x_1 = \frac{2}{3}y_1 - \frac{1}{3}y_2 - \frac{2}{3}y_3$$
$$x_2 = \frac{1}{3}y_1 - \frac{2}{3}y_2 + \frac{2}{3}y_3$$
$$x_3 = \frac{2}{3}y_1 + \frac{2}{3}y_2 + \frac{1}{3}y_3$$

이다. 새로운 2차 형식은

$$[y_1\ y_2\ y_3]\begin{bmatrix}0 & 0 & 0\\ 0 & -3 & 0\\ 0 & 0 & 3\end{bmatrix}\begin{bmatrix}y_1\\ y_2\\ y_3\end{bmatrix}$$

즉,

$-3y_2^2+3y_3^2$

---

(2) 원추곡선

이제 2차 형식에 대한 결과를 적용하여 $a, b, c, \cdots, f$가 실수고, a, b, c중의 적어도 하나가 영이 아닐 때 다음 형태인 방정식을 살펴보자.

$$ax^2+2bxy+cy^2+dx+ey+f=0 \tag{2}$$

이와 같은 형태의 방정식을 x, y에 관한 2차 방정식(quadratic equation)이라 하고,

$$ax^2+2bxy+cy^2$$

을 부수된 2차 형식(associated quadratic form)이라 한다.

x, y에 관한 2차 방정식의 그래프 원추곡선(conics 또는 conic sections)이라 불린다. 가장 중요한 원추곡선은 타원, 원, 쌍곡선, 포물선이다.

예제 9.5

2차 방정식 $2x^2+y^2-12x-4y+18=0$을 그려라.

풀이

$(2x^2-12x)+(y^2-4y)+18=0$, 즉 $2(x^2-6x)+(y^2-4y)=-18$

이고 괄호 속에 있는 두 항을 제곱형식으로 고치면

$2(x^2-6x+9)+(y^2-4y+4)=-18+18+4$

즉 $2(x-3)^2+(y-2)^2=4$

이다. 평행이동방정식,

$x'=x-3 \quad y'=y-2$에 의해 좌표축을 이동시키면 $2x'^2+y'^2=4$, 즉 $\frac{x'^2}{2}+\frac{y'^2}{4}=1$로 되고, 이것은 $x'y'$계에 있어서 표준위치에 있는 타원의 방정식이고 이 타원은 [그림 9.1]에 그려졌다.

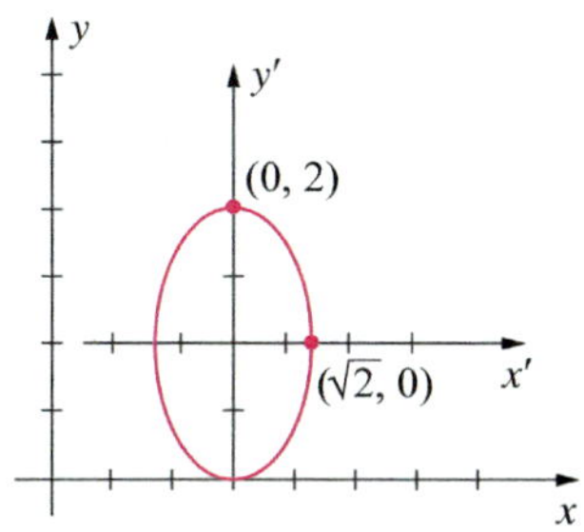

[그림 9.1]

(3) 혼합항의 소거법

이제 표준위치에서 회전된 원뿔곡선의 식별법을 생각하기로 하자. 모든 1×1행렬에 대한 괄호를 생략하면 (2)는 행렬형으로 다음과 같이 쓸 수 있다.

$$[x\ y]\begin{bmatrix} a & b \\ b & c \end{bmatrix}\begin{bmatrix} x \\ y \end{bmatrix}+[d\ e]\begin{bmatrix} x \\ y \end{bmatrix}+f=0$$

즉 $\mathrm{x}^T A\mathrm{x}+K\mathrm{x}+f=0$ 여기서

$$\mathrm{x}=\begin{bmatrix} x \\ y \end{bmatrix},\quad A=\begin{bmatrix} a & b \\ b & c \end{bmatrix},\quad K=[d\ e]$$

이제 xy좌표계에 있어서 방정식이

$$\mathrm{x}^T A \mathrm{x} + K\mathrm{x} + f = 0 \tag{3}$$

인 원뿔곡선 C를 생각하자. xy좌표축을 회전시켜서 얻은 새로운 $x'y'$좌표계에서 이 원뿔곡선 방정식이 혼합항을 갖지 않도록 하고자 한다. 그 수행방법은 다음과 같다.

단계 1 행렬 A를 직교대각화 하는 행렬 $P=\begin{bmatrix} p_{11} & p_{12} \\ p_{21} & p_{22} \end{bmatrix}$를 구한다.

단계 2 필요에 따라서 P의 열을 교환해 $\det(P)=1$이 되게 한다. 이 사실은 직교좌표변환

$$\mathrm{x} = P\mathrm{x}', \quad \text{즉} \quad \begin{bmatrix} x \\ y \end{bmatrix} = P\begin{bmatrix} x' \\ y' \end{bmatrix} \tag{4}$$

이 회전임을 말해준다.

단계 3 $x'y'$계에 있어서 C에 대한 방정식을 얻기 위해 (4)를 (3)에 대입하면

$$(P\mathrm{x}')^T A(P\mathrm{x}') + K(P\mathrm{x}') + f = 0$$

즉

$$(\mathrm{x}')^T(P^TAP)\mathrm{x}' + (KP)\mathrm{x}' + f = 0 \tag{5}$$

이다. P는 A를 직교대각화하므로

$$P^TAP = \begin{bmatrix} \lambda_1 & 0 \\ 0 & \lambda_2 \end{bmatrix}$$

이고, 여기서 λ_1과 λ_2는 A의 고유값이다. 따라서 (5)는 다음과 같이 쓸 수 있다.

$$[x' \ y'] \begin{bmatrix} \lambda_1 & 0 \\ 0 & \lambda_2 \end{bmatrix} \begin{bmatrix} x' \\ y' \end{bmatrix} + [d \ \ e] \begin{bmatrix} p_{11} & p_{12} \\ p_{21} & p_{22} \end{bmatrix} \begin{bmatrix} x' \\ y' \end{bmatrix} + f = 0$$

즉

$$\lambda_1 x'^2 + \lambda_2 y'^2 + d'x' + e'y' + f = 0$$

(여기서 $d' = dp_{11} + ep_{21}$이고, $e' = dp_{12} + ep_{22}$)이 되는데, 이 방정식은 혼합항을 갖지 않는다.

다음의 정리는 이 논의를 요약한 것이다.

정리 9.3

원뿔곡선 C의 방정식을

$ax^2 + 2bxy + cy^2 + dx + ey + f = 0$

이라 하고,

$\mathrm{x}^T A \mathrm{x} = ax^2 + 2bxy + cy^2$

을 부수된 2차 형식이라 하자. 이 경우 좌표축은 새로운 $x'y'$ 좌표계에 있어서 C의 방정식이 λ_1과 λ_2가 A의 고유값일 때,

$\lambda_1 x'^2 + \lambda_2 y'^2 + d'x' + e'y' + f = 0$

인 형태가 되도록 회전될 수 있다. 그 회전은 다음 치환에 의해 이뤄진다.

$\mathrm{x} = P\mathrm{x}'$

여기서 P는 A를 직교대각화하고 $\det(P) = 1$이다.

예제 9.6

방정식이 $5x^2 - 4xy + 8y^2 - 36 = 0$ 인 원뿔곡선을 그려라.

풀이

이 방정식의 행렬형은

$$\mathrm{x}^T A \mathrm{x} - 36 = 0 \tag{6}$$

이고, 여기서

$$A = \begin{bmatrix} 5 & -2 \\ -2 & 8 \end{bmatrix}$$

A의 특성방정식은

$$\det(\lambda I - A) = \det\begin{bmatrix} \lambda-5 & 2 \\ 2 & \lambda-8 \end{bmatrix} = (\lambda-9)(\lambda-4) = 0$$

이다. 따라서 A의 고유값은 $\lambda = 4$와 $\lambda = 9$이다.

이들 고유공간에 대한 정규직교기저가

$$\lambda = 4: \ \begin{bmatrix} 2/\sqrt{5} \\ 1/\sqrt{5} \end{bmatrix}, \quad \lambda = 9: \ \begin{bmatrix} -1/\sqrt{5} \\ 2/\sqrt{5} \end{bmatrix}$$

임을 밝히는 것은 독자에게 맡긴다. 따라서

$$P = \begin{bmatrix} 2/\sqrt{5} & -1\sqrt{5} \\ 1/\sqrt{5} & 2/\sqrt{5} \end{bmatrix}$$

는 A를 직교대각화한다. 또한 $\det(P) = 1$이므로 직교좌표변환

$$\mathrm{x} = P\mathrm{x}' \tag{7}$$

은 회전이다. (7)을 (6)에 대입하면 $(P\mathrm{x}')^T A (P\mathrm{x}') = 36$, 즉

$(\mathrm{x}')^T (P^T A P)\mathrm{x}' - 36 = 0$이다.

$$P^T A P = \begin{bmatrix} 4 & 0 \\ 0 & 9 \end{bmatrix}$$

이므로, 이 방정식은 다음과 같이 쓸 수 있다.

$$[x' \ y'] \begin{bmatrix} 4 & 0 \\ 0 & 9 \end{bmatrix} \begin{bmatrix} x' \\ y' \end{bmatrix} - 36 = 0, \quad \text{즉 } 4x'^2 + 9y'^2 - 36 = 0$$

이 방정식을 다시 고쳐 쓰면

$$\frac{x'^2}{9} + \frac{y'^2}{4} = 1$$

이고, 이것은 [그림 9.2]에 그려진 타원의 방정식이다. 그림에 있어서 벡터 v_1과 v_2는 P의 열 벡터이다.

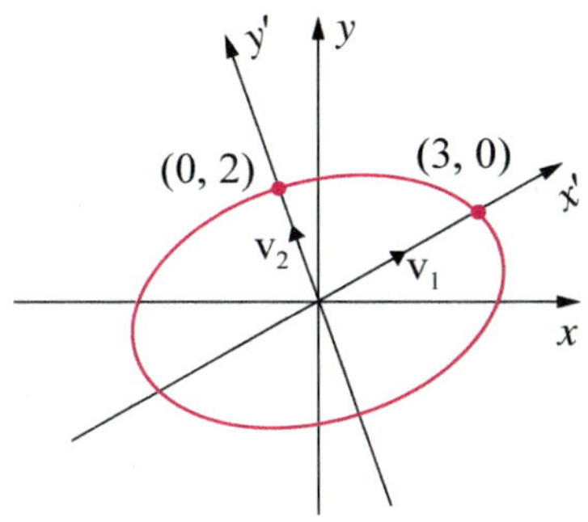

[그림 9.2]

예제 9.7

방정식이 $5x^2-4xy+8y^2+4\sqrt{5}x-16\sqrt{5}y+4=0$인 원뿔곡선 C를 그려라.

풀이

이 방정식의 행렬형은

$$\mathrm{x}^TA\mathrm{x}+K\mathrm{x}+4=0 \tag{8}$$

이며, 여기서

$A=\begin{bmatrix}5 & -2\\ -2 & 8\end{bmatrix}$이고, $K=[4\sqrt{5}\ -16\sqrt{5}]$

이다. [예제 9.6]에서 밝힌 바와 같이

$$P=\begin{bmatrix}\frac{2}{\sqrt{5}} & -\frac{1}{\sqrt{5}}\\ \frac{1}{\sqrt{5}} & \frac{2}{\sqrt{5}}\end{bmatrix}$$

는 A를 직교대각하하고 행렬식 값은 1이다. $\mathrm{x}=P\mathrm{x}'$를 (8)에 대입하면

$$(P\mathrm{x}')^TA(P\mathrm{x}')+K(P\mathrm{x}')+4=0$$

즉

$$(\mathrm{x}')^T(P^TAP)\mathrm{x}' + (KP)\mathrm{x}' + 4 = 0 \tag{9}$$

로 되고

$$P^TAP = \begin{bmatrix} 4 & 0 \\ 0 & 9 \end{bmatrix} \text{이며} \quad KP = \begin{bmatrix} \frac{20}{\sqrt{5}} & -\frac{80}{\sqrt{5}} \end{bmatrix} \begin{bmatrix} \frac{2}{\sqrt{5}} & -\frac{1}{\sqrt{5}} \\ \frac{1}{\sqrt{5}} & \frac{2}{\sqrt{5}} \end{bmatrix} = [-8 \ -36]$$

이므로 (9)는 다음과 같이 쓸 수 있다.

$$4x'^2 + 9y'^2 - 8x' - 36y' + 4 = 0 \tag{10}$$

이 원뿔곡선을 표준위치에 있도록 하기 위해서는 $x'y'$축은 평행이동 되어야 한다. (10)은

$$4(x'^2 - 2x') + 9(y'^2 - 4y') = -4$$

이고 제곱형식으로 만들면

$$4(x'^2 - 2x' + 1) + 9(y'^2 - 4y' + 4) = -4 + 4 + 36$$

즉

$$4(x' - 1)^2 + 9(y' - 2)^2 = 36 \tag{11}$$

이다. 평행이동방정식 $x'' = x' - 1$, $y'' = y' - 2$에 의해 좌표축을 평행이동하면 (11)은

$$4x''^2 + 9y''^2 = 36 \text{ 즉 } \frac{x''^2}{9} + \frac{y''^2}{4} = 1$$

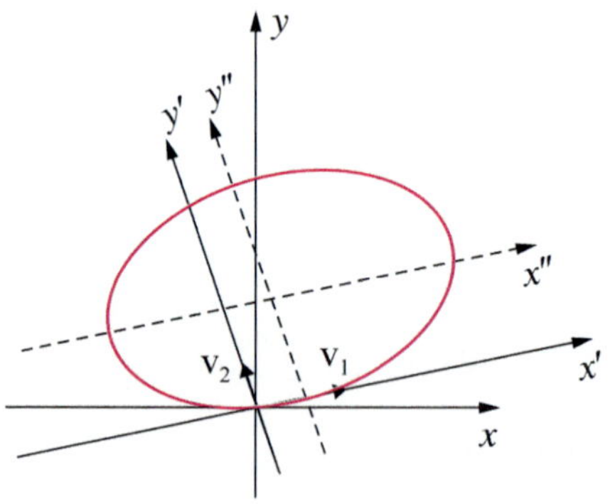

[그림 9.3]

이것은 [그림 9.3]에 그려진 타원의 방정식이다. 그림에 있어서 벡터 v_1과 v_2는 A의 고유벡터인 P의 열 벡터이다.

9.2 연습문제

1. 다음 각각에서 2차 형식을 제곱의 합 또는 차로 고치는 변수변환을 구하고, 그 2차 형식을 새로운 변수의 항으로 표현하라.

(1) $2x_1^2 + 2x_2^2 - 2x_1x_2$

(2) $5x_1^2 + 2x_2^2 + 4x_1x_2$

(3) $2x_1x_2$

2. 다음 각각에서 2차 형식을 제곱의 합 또는 차로 고치는 변수변환을 구하고, 그 2차 형식을 새로운 변수의 항으로 표현하라.

(1) $3x_1^2 + 4x_2^2 + 5x_3^2 + 4x_1x_2 - 4x_2x_3$

(2) $-5x_1^2 + x_2^2 - x_3^2 + 6x_1x_3 + 4x_1x_2$

3. 각 2차 방정식을 행렬형 $\mathrm{x}^TA\mathrm{x} + K\mathrm{x} + f = 0$으로 나타내라.

(1) $2x^2 - 3xy + 4y^2 - 7x + 2y + 7 = 0$

(2) $5xy = 8$

(3) $y^2 + 7x - 8y - 5 = 0$

9.2 연습문제

4. 다음 각각에서 평행이동변환에 의해 원뿔곡선을 표준위치에 있도록 할 것이다. 원뿔곡선의 종류를 말하고 이동된 좌표계에 있어서 원뿔곡선의 방정식을 구하라.

(1) $9x^2 + 4y^2 - 36x - 24y + 36 = 0$

(2) $y^2 - 8x - 14y + 49 = 0$

(3) $2x^2 - 3y^2 + 6x + 20y = -41$

5. 다음 문제에서 좌표축을 이동하고 회전시켜 원뿔곡선을 표준위치에 있도록 하라. 원뿔곡선의 명칭과 최종 좌표계에 있어서 그 방정식을 구하라.

(1) $9x^2 - 4xy + 6y^2 - 10x - 20y = 5$

(2) $2x^2 - 4xy - y^2 - 4x - 8y = -14$

(3) $x^2 - 6xy - 7y^2 + 10x + 2y + 9 = 0$

(4) $4x^2 - 20xy + 25y^2 - 15x - 6y = 0$

9.3 2차 곡면

이 절에서는 앞 절에서 다룬 대각화기법을 3개의 변수에 관한 2차 방정식에 적용하고, 그 결과를 사용해 2차 곡면을 논하기로 한다.

9.2절에서 우리들은 두 변수의 2차 방정식을 고찰했었다.

(1) $a, b, \cdots, f$가 모두 영이 아닐 때, 형식

$$ax^2 + by^2 + cz^2 + 2dxy + 2exz + 2fyz + gx + hy + iz + j = 0 \tag{1}$$

인 방정식을 x, y와 z에 관한 2차 방정식(quadratic equation)이라 하고, 식

$$ax^2 + by^2 + cz^2 + 2dxy + 2exz + 2fyz$$

를 부수된 2차 형식(associated quadratic form)이라 한다.

방정식 (1)은 행렬형

$$[x\ y\ z]\begin{bmatrix} a & d & e \\ d & b & f \\ e & f & c \end{bmatrix}\begin{bmatrix} x \\ y \\ z \end{bmatrix} + [g\ h\ i]\begin{bmatrix} x \\ y \\ z \end{bmatrix} + j = 0$$

즉

$$\mathrm{x}^T A\,\mathrm{x} + K\mathrm{x} + j = 0$$

으로 쓸 수 있고, 여기서

$$\mathrm{x} = \begin{bmatrix} x \\ y \\ z \end{bmatrix}, \qquad A = \begin{bmatrix} a & d & e \\ d & b & f \\ e & f & c \end{bmatrix}, \qquad K = [g\ h\ i]$$

이다.

예제 9.8

2차 방정식

$3x^2+2y^2-z^2+4xy+3xz-8yz+7x+2y+3z-7=0$의 부수된 2차 형식을 구하여라.

풀이

$3x^2+2y^2-z^2+4xy+3xz-8yz$이다.

예제 9.9

방정식이 $4x^2+36y^2-9z^2-16x-216y+304=0$인 2차 곡면을 설명하라.

풀이

항을 정돈하면

$4(x^2-4x)+36(y^2-6y)-9z^2=-304$

이고, 제곱형식으로 쓰면

$4(x^2-4x+4)+36(y^2-6y+9)-9z^2=-304+16+324$

이다.

$4(x-2)^2+36(y-3)^2-9z^2=36$, 즉 $\dfrac{(x-2)^2}{9}+(y-3)^2-\dfrac{z^2}{4}=1$

$$\frac{(x-2)^2}{9}+(y-3)^2-\frac{z^2}{4}=1$$

로 된다. 평행이동방정식

$x'=x-2$, $y'=(y-3)$, $z'=z$에 의해 축을 평행이동 하면,

$\dfrac{x'^2}{9}+y'^2-\dfrac{z'^2}{4}=1$이 되고, 이것은 한 잎 쌍곡면의 방정식이다.

(2) 혼합항의 소거법

표준위치에서 회전된 2차 형식을 식별하는 과정은 원뿔곡선에서의 방법과 같다.

x, y, z좌표계에 있어서 방정식

$$\mathrm{x}^T A\,\mathrm{x} + K\mathrm{x} + j = 0 \tag{2}$$

으로 주어지는 2차 곡면이라 하자.

xyz 좌표축을 회전시켜서 새로운 $x'y'z'$좌표계에서의 2차 방정식이 혼합항을 갖지 않도록 하고자 한다. 이는 다음과 같이 수행할 수 있다.

단계 1 $\mathrm{x}^T A\,\mathrm{x}$ 를 직교대각화하는 행렬 P를 구한다.

단계 2 필요에 따라 P의 두 열을 교환해 $\det(P) = 1$이 되게 한다. 이것은 직교좌표 변환

$$\mathrm{x} = P\mathrm{x}', \quad \text{즉} \begin{bmatrix} x \\ y \\ z \end{bmatrix} = P \begin{bmatrix} x' \\ y' \\ z' \end{bmatrix} \tag{3}$$

이 회전임을 나타낸다.

단계 3 (3)을 (2)에 대입한다. 이 결과 $x'y'z'$좌표계의 2차 방정식은 혼합항을 갖지 않는다.

다음정리는 위 결과를 요약한 것이다.

정리 9.4

2차 곡면의 방정식을

$ax^2+by^2+cz^2+2bxy+2exz+2fyz+gx+hy+iz+j=0$

이라 하고,

$\mathrm{x}^TA\mathrm{x}=ax^2+by^2+cz^2+2dxy+2exz+2fyz$

를 부수된 2차 형식이라 하자. 이 경우 좌표축은 $x'y'z'$ 좌표계에 있어서 Q의 방정식이 $\lambda_1, \lambda_2, \lambda_3$를 A의 고유값이라 할 때

$\lambda_1 x'^2+\lambda_2 y'^2+\lambda_3 z'^2+g'x'+h'y'+i'z'+j=0$

이 되도록 회전될 수 있다. 이 회전은 치환

$\mathrm{x}=P\mathrm{x}'$

에 의해 수행될 수 있고, 여기서 P는 A를 직교대각화하고 $\det(P)=1$이다.

예제 9.10

방정식이 $4x^2+4y^2+4z^2+4xy+4xz+4yz-3=0$인 2차 곡면을 설명하라.

풀이

위 2차 방정식의 행렬형은

$$\mathrm{x}^TA\mathrm{x}-3=0 \tag{4}$$

이고, 여기서

$$A=\begin{bmatrix}4&2&2\\2&4&2\\2&2&4\end{bmatrix}$$

이다. 특성방정식 $(\lambda-2)^2(\lambda-8)=0$에서 A의 고유값은 $\lambda=2$와 $\lambda=8$이고 A는 행렬에 의해 직교대각화된다.

$$\lambda=2:\begin{bmatrix}-1\\1\\0\end{bmatrix},\begin{bmatrix}-1\\0\\1\end{bmatrix}$$

그램–슈미트방법을 적용하면 정규직교고유벡터 $\begin{bmatrix} -1/\sqrt{2} \\ 1/\sqrt{2} \\ 0 \end{bmatrix}, \begin{bmatrix} -1/\sqrt{6} \\ -1/\sqrt{6} \\ 2/\sqrt{6} \end{bmatrix}$,

$\lambda=8$: $\begin{bmatrix} 1 \\ 1 \\ 1 \end{bmatrix}$ 그램–슈미트를 적용하면 $\begin{bmatrix} 1/\sqrt{3} \\ 1/\sqrt{3} \\ 1/\sqrt{3} \end{bmatrix}$

$$P=\begin{bmatrix} -1/\sqrt{2} & -1/\sqrt{6} & 1/\sqrt{3} \\ 1/\sqrt{2} & -1/\sqrt{6} & 1/\sqrt{3} \\ 0 & 2/\sqrt{6} & 1/\sqrt{3} \end{bmatrix}$$

여기서 P의 처음 두 열은 $\lambda=2$에 대응하는 고유벡터이고, 셋째 열 벡터는 $\lambda=8$에 대응하는 고유벡터이다.

$\det(P)=1$이므로 직교좌표변환 $\mathrm{x}=P\mathrm{x}'$은 회전이다. 위 식을 (4)에 대입하면

$$(P\mathrm{x}')^T A(P\mathrm{x}')-3=0$$

이고, 즉

$$(\mathrm{x}')^T(P^TAP)\mathrm{x}'-3=0 \tag{5}$$

이다. 그런데

$$P^TAP=\begin{bmatrix} 2 & 0 & 0 \\ 0 & 2 & 0 \\ 0 & 0 & 8 \end{bmatrix}$$

이므로, (5)는

$$[x' \; y' \; z'] \begin{bmatrix} 2 & 0 & 0 \\ 0 & 2 & 0 \\ 0 & 0 & 8 \end{bmatrix} \begin{bmatrix} x' \\ y' \\ z' \end{bmatrix} -3=0$$

즉

$$2x'^2+2y'^2+8y'^2=3$$

으로 된다. 이것은

$$\frac{x'^2}{3/2}+\frac{y'^2}{3/2}+\frac{z'^2}{3/8}=1$$

이고, 타원면의 방정식이다.

9.3 연습문제

1. 주어진 각 2차 방정식을 $\mathrm{x}^T A \mathrm{x} + K\mathrm{x} + j = 0$인 행렬형으로 표현하라.

(1) $x^2 + 2y^2 - z^2 + 4xy - 5yz + 7x + 2z = 3$

(2) $xy + xz + yz = 1$

(3) $3z^2 + 3xz - 14y + 9 = 0$

2. 다음 각각에서 2차 곡면이 표준위치에 있도록 하는 평행이동 방정식을 결정하고, 평행이동된 좌표계에서 2차 곡면의 방정식을 구하라. 2차 곡면을 명명하라.

(1) $9x^2 + 36y^2 + 4z^2 - 18x - 144y - 24z + 153 = 0$

(2) $3x^2 - 3y^2 - z^2 + 42x + 144 = 0$

(3) $x^2 + 16y^2 + 2x - 32y - 16z - 15 = 0$

(4) $x^2 + y^2 + z^2 - 2x + 4y - 6z = 11$

3. 다음 각각에서 혼합항을 소거하는 회전 $\mathrm{x} = P\mathrm{x}'$를 구하고, $x'y'z'$계에 있어서 그 방정식을 구하라. 2차 곡면을 명명하라.

(1) $2x^2 + 3y^2 + 23z^2 + 72xz + 150 = 0$

(2) $4x^2 + 4y^2 + 4z^2 + 4xy + 4xz + 4yz - 5 = 0$

4. 다음 문제에서 좌표축을 회전하고 평행이동하여 2차 곡면이 표준위치에 있도록 하여라.

(1) $2xy + 2xz + 2yz - 6x - 6y - 4z = -9$

(2) $2xy - 6x + 10y + z - 31 = 0$

연습문제

정답 및 풀이

CHAPTER 1 행렬

1.1 연습문제

1. (1) (a) $\begin{bmatrix} 3 & -2 \\ 1 & 7 \end{bmatrix}$

(b) $\begin{bmatrix} -1 & 0 \\ 3 & -9 \end{bmatrix}$

(c) $\begin{bmatrix} 2 & -2 \\ 4 & -2 \end{bmatrix}$

(d) $\begin{bmatrix} 0 & -1 \\ 5 & -10 \end{bmatrix}$

(2) (a) $\begin{bmatrix} 7 & 3 \\ 1 & 9 \\ -2 & 15 \end{bmatrix}$

(b) $\begin{bmatrix} 3 & -5 \\ 3 & -1 \\ -4 & -5 \end{bmatrix}$

(c) $\begin{bmatrix} 12 & -2 \\ 4 & 8 \\ -6 & 10 \end{bmatrix}$

(d) $\begin{bmatrix} 11 & -6 \\ 5 & 3 \\ -7 & 0 \end{bmatrix}$

2. (a) $c_{21} = -6$

(b) $c_{13} = 29$

3. $x = 3, y = 2, z = 1$

4. (1) (a) $AB = \begin{bmatrix} 0 & 15 \\ 6 & 12 \end{bmatrix}$

(b) $BA = \begin{bmatrix} -2 & 2 \\ 31 & 14 \end{bmatrix}$

(2) (a) $AB = \begin{bmatrix} 6 & -21 & 15 \\ 8 & -23 & 19 \\ 4 & 7 & 5 \end{bmatrix}$

(b) $BA = \begin{bmatrix} 9 & 0 & 13 \\ 7 & -2 & 21 \\ 1 & 4 & -19 \end{bmatrix}$

5. $a = 7,\ b = -4,\ c = -\frac{1}{2},\ d = \frac{7}{2}$

6. $\begin{bmatrix} 1 & 0 & 0 \\ 0 & 4 & 0 \\ 0 & 0 & 9 \end{bmatrix}$

7. 생략

8. 생략

1.2 연습문제

1. (1) $X = \begin{bmatrix} 3 & \frac{2}{3} \\ -\frac{4}{3} & \frac{11}{3} \\ \frac{10}{3} & 0 \end{bmatrix}$

(2) $\begin{bmatrix} -14 & -4 \\ 7 & -17 \\ -17 & -2 \end{bmatrix}$

2. (1) $\begin{bmatrix} -3 & -5 & -10 \\ -2 & -5 & -5 \end{bmatrix}$

(2) $\begin{bmatrix} 1 & 6 & -1 \\ -2 & -2 & -8 \end{bmatrix}$

(3) $\begin{bmatrix} 12 & -4 \\ 8 & 4 \end{bmatrix}$

3. (1) $\begin{bmatrix} 1 & 0 \\ 0 & 1 \end{bmatrix}$

(2) $\begin{bmatrix} 2 & 2 \\ 0 & 0 \end{bmatrix}$

4. (1) (a) $A^T = \begin{bmatrix} 6 & 0 & 7 \\ 0 & -4 & 5 \end{bmatrix}$

(b) $A^TA = \begin{bmatrix} 85 & 35 \\ 35 & 41 \end{bmatrix}$

(c) $AA^T = \begin{bmatrix} 36 & 0 & 42 \\ 0 & 16 & -20 \\ 42 & -20 & 74 \end{bmatrix}$

(2) (a) $A^T = \begin{bmatrix} 6 & 0 & 7 \\ 0 & -4 & 5 \end{bmatrix}$

(b) $(b)\ A^TA = \begin{bmatrix} 85 & 35 \\ 35 & 41 \end{bmatrix}$

(c) $AA^T = \begin{bmatrix} 36 & 0 & 42 \\ 0 & 16 & -20 \\ 42 & -20 & 74 \end{bmatrix}$

5. (1) $\begin{bmatrix} 1 & 0 & 0 \\ 0 & -1 & 0 \\ 0 & 0 & 1 \end{bmatrix}$

(2) $\begin{bmatrix} 1 & 0 & 0 \\ 0 & 1 & 0 \\ 0 & 0 & 1 \end{bmatrix}$

6. $\left[\begin{array}{ccc|c} 9 & 12 & 15 & 4 \\ 19 & 26 & 33 & 7 \\ \hline 0 & 0 & 0 & 2 \end{array}\right]$

7. 생략

8. (1) $\left[\begin{array}{cc:cc} 1 & 2 & 0 & 0 \\ 0 & 1 & 0 & 0 \\ \hdashline 0 & 0 & 2 & 1 \end{array}\right]\left[\begin{array}{cc:c} 1 & 2 & 0 \\ -1 & 1 & 0 \\ \hdashline 0 & 0 & 1 \\ 0 & 0 & 3 \end{array}\right]=\left[\begin{array}{cc:c} -1 & 4 & 0 \\ -1 & 1 & 0 \\ \hdashline 0 & 0 & 5 \end{array}\right]$

1.3 연습문제

1. $P_1 \to P_1 : 0,\ P_1 \to P_2 : 2,\ P_1 \to P_3 : 1$
   $P_2 \to P_1 : 1,\ P_2 \to P_2 : 0,\ P_2 \to P_3 : 1$
   $P_3 \to P_1 : 0,\ P_3 \to P_2 : 1,\ P_3 \to P_3 : 0$

   따라서 구하는 행렬은 $A=\begin{pmatrix} 0 & 2 & 1 \\ 1 & 0 & 1 \\ 0 & 1 & 0 \end{pmatrix}$

2. 스위치 1, 2와 스위치 1, 3이 닫혀 있으면 전구가 켜지므로

   $a_{12}=1, a_{21}=1, a_{13}=1, a_{31}=1$

   또, 스위치 1, 1, 스위치 2, 2, 스위치, 3, 3 스위치 2, 3이 닫혀 있으면 전구가 켜지지 않으므로

   $a_{11}=0, a_{22}=0, a_{33}=0, a_{23}=0, a_{32}=0$

   따라서, 구하는 행렬은 $A=\begin{pmatrix} 0 & 1 & 1 \\ 1 & 0 & 0 \\ 1 & 0 & 0 \end{pmatrix}$

3. $D_1=-2P_1-P_2+20$
   $S_1=4P_1-P_2+2$
   $D_2=5P_1-2P_2+8$
   $S_2=3P_2-2$

   한편 $D_1=S_1, D_2=S_2$일 때, P_1, P_2가 결정되므로

   $D_1=S_1$에서 $-2P_1-P_2+20=4P_1-P_2+2$
   $\therefore P_1=3$
   $D_2=S_2$, 에서 $5P_1-2P_2+8=3P_2-2$
   $\therefore P_2=5$

4. 문제의 조건에서

   $a_{11}=1,\ a_{12}=1,\ a_{13}=1$
   $a_{21}=1,\ a_{23}=1,\ a_{31}=1$
   $a_{22}=a_{32}=a_{33}=0$
   $A=\begin{pmatrix} 1 & 1 & 1 \\ 1 & 0 & 1 \\ 1 & 0 & 0 \end{pmatrix},\ A^2=\begin{pmatrix} 3 & 1 & 2 \\ 2 & 1 & 1 \\ 1 & 1 & 1 \end{pmatrix}$

5. $a_{ij} \to i$행 j열

   $i=1,2,3; j=1,2,3$이므로 3행 3열의 행렬

   위와 같은 유형의 문제는 정의된 조건으로 행렬의 각 성분을 하나씩 구해야 한다.

   예를 들면,

   $a_{11} \to$ 1에서 1로 가는 길이 없으므로 0
   $a_{12} \to$ 1에서 2로 가는 길이 있으므로 1
   $a_{13} \to$ 1에서 3으로 가는 길이 없으므로 0
   $\vdots$
   $a_{33} \to$ 3에서 3으로 가는 길이 있으므로 1
   $\begin{pmatrix} 0 & 1 & 0 \\ 1 & 0 & 1 \\ 1 & 0 & 1 \end{pmatrix}$

CHAPTER 2 연립 1차방정식과 역행렬

2.1 연습문제

1. (1) (0,2)
   (2) (2,-1,-1)
   (3) (-26,13,-7,4)
2. (1) (3,2)
   (2) (4,-3,2)
   (3) ϕ
   (4) (0,2-4t,t)
3. (1) (0,-t,t)
   (2) (-t,s,0,-t)
4. (1) $k \neq -\dfrac{4}{3}$
   (2) 모든 실수
5. $\begin{bmatrix} 1 & 1 & 0 & 2 \\ 0 & 1 & 1 & 2 \\ 1 & 0 & 1 & 2 \\ a & b & c & 0 \end{bmatrix} \to \begin{bmatrix} 1 & 0 & 0 & 1 \\ 0 & 1 & 0 & 1 \\ 0 & 0 & 1 & 1 \\ 0 & 0 & 0 & a+b+c \end{bmatrix}$

   $x=1,\ y=1,\ z=1,\ 0=a+b+c$

   (a) $a+b+c=0$
   (b) $a+b+c \neq 0$
   (c) 무수히 많은 해를 갖을 수 없다.
6. (1) (0, 0, 0)
   (2) 비자명한 해
   (3) 비자명한 해

2.2 연습문제

1. (1) $\begin{bmatrix} 7 & -2 \\ -3 & 1 \end{bmatrix}$

(2) $\begin{bmatrix} -19 & -33 \\ -4 & -7 \end{bmatrix}$

(3) $\begin{bmatrix} 1 & 1 & -1 \\ -3 & 2 & -1 \\ 3 & -2 & 2 \end{bmatrix}$

(4) No

(5) $\begin{bmatrix} -\frac{3}{2} & \frac{3}{2} & 1 \\ \frac{9}{2} & -\frac{7}{2} & -3 \\ -1 & 1 & 1 \end{bmatrix}$

2. (1) (4,8)

(2) (0,0)

(3) (-5,-40.5,48)

(4) (0,0,0)

3. $x=4$

4. $\begin{bmatrix} -1 & \frac{1}{2} \\ \frac{3}{4} & -\frac{1}{4} \end{bmatrix}$

5. $\begin{bmatrix} \sin\theta & -\cos\theta \\ \cos\theta & \sin\theta \end{bmatrix}$

6. $a_{11}\, a_{22} \cdots a_{nn} \neq 0$

$$\begin{bmatrix} \frac{1}{a_{11}} & 0 & 0 \cdots & 0 \\ 0 & \frac{1}{a_{22}} & 0 \cdots & 0 \\ \vdots & & & \\ 0 & 0 & 0 \cdots & \frac{1}{a_{nn}} \end{bmatrix}$$

7. (1) $\begin{bmatrix} -1 & 0 & 0 \\ 0 & \frac{1}{3} & 0 \\ 0 & 0 & \frac{1}{2} \end{bmatrix}$

(2) $\begin{bmatrix} 2 & 0 & 0 \\ 0 & 3 & 0 \\ 0 & 0 & 4 \end{bmatrix}$

8. $\begin{bmatrix} 1 & 0 \\ 26 & 27 \end{bmatrix}$, $\begin{bmatrix} 1 & 0 \\ -\frac{26}{27} & \frac{1}{27} \end{bmatrix}$, $\begin{bmatrix} 0 & 0 \\ 4 & 4 \end{bmatrix}$

9. $\begin{bmatrix} \cos\theta & -\sin\theta \\ \sin\theta & \cos\theta \end{bmatrix}$

10. (1) $x=\frac{15}{7},\ y=-\frac{26}{7},\ z=\frac{2}{7}$

(2) $x=\frac{29}{6}-2t,\ y=\frac{5}{3},\ z=\frac{1}{2},\ w=t$

(3) $x=1,\ y=1,\ z=0$

(4) $x=1,\ y=\frac{2}{3},\ z=-\frac{2}{3}$

2.3 연습문제

1. (1) $\begin{bmatrix} 1 & 0 \\ -2 & 1 \end{bmatrix}\begin{bmatrix} 1 & 0 \\ 0 & 1 \end{bmatrix}$

(2)

행렬	기본행렬
$\begin{bmatrix} 3 & 0 & 1 \\ 6 & 1 & 1 \\ -3 & 1 & 0 \end{bmatrix}=A$	
$\begin{bmatrix} 3 & 0 & 1 \\ 0 & 1 & -1 \\ -3 & 1 & 0 \end{bmatrix}$	$\begin{bmatrix} 1 & 0 & 0 \\ -2 & 1 & 0 \\ 0 & 0 & 1 \end{bmatrix}=E_1$
$\begin{bmatrix} 3 & 0 & 1 \\ 0 & 1 & -1 \\ 0 & 1 & 1 \end{bmatrix}$	$\begin{bmatrix} 1 & 0 & 0 \\ 0 & 1 & 0 \\ 1 & 0 & 1 \end{bmatrix}=E_2$
$\begin{bmatrix} 3 & 0 & 1 \\ 0 & 1 & -1 \\ 0 & 0 & 2 \end{bmatrix}=U$	$\begin{bmatrix} 1 & 0 & 0 \\ 0 & 1 & 0 \\ 0 & -1 & 1 \end{bmatrix}=E_3$

$E_3E_2E_1A=U \Rightarrow A=E_1^{-1}E_2^{-1}E_3^{-1}U$

$=\begin{bmatrix} 1 & 0 & 0 \\ 2 & 1 & 0 \\ -1 & 1 & 1 \end{bmatrix}\begin{bmatrix} 3 & 0 & 1 \\ 0 & 1 & -1 \\ 0 & 0 & 2 \end{bmatrix}$

2. (1)

행렬	기본행렬
$\begin{bmatrix} 2 & 1 & 0 \\ 0 & 1 & -1 \\ -2 & 1 & 1 \end{bmatrix}=A$	
$\begin{bmatrix} 2 & 1 & 0 \\ 0 & 1 & -1 \\ 0 & 2 & 1 \end{bmatrix}$	$\begin{bmatrix} 1 & 0 & 0 \\ 0 & 1 & 0 \\ 1 & 0 & 1 \end{bmatrix}=E_1$
$\begin{bmatrix} 2 & 1 & 0 \\ 0 & 1 & -1 \\ 0 & 0 & 3 \end{bmatrix}=U$	$\begin{bmatrix} 1 & 0 & 0 \\ 0 & 1 & 0 \\ 0 & -2 & 1 \end{bmatrix}=E_2$

$E_2E_1A=U \Rightarrow A=E_1^{-1}E_2^{-2}U$

$=\begin{bmatrix} 1 & 0 & 0 \\ 0 & 1 & 0 \\ -1 & 2 & 1 \end{bmatrix}\begin{bmatrix} 2 & 1 & 0 \\ 0 & 1 & -1 \\ 0 & 0 & 3 \end{bmatrix}=LU$

(2) $L\mathrm{y}=b:\ \begin{bmatrix} 1 & 0 & 0 \\ 0 & 1 & 0 \\ -1 & 2 & 1 \end{bmatrix}\begin{bmatrix} y_1 \\ y_2 \\ y_3 \end{bmatrix}=\begin{bmatrix} 1 \\ 2 \\ -2 \end{bmatrix}$

$y_1=1, y_2=2,$

$-y_1+2y_2+y_3=-2 \Rightarrow y_3=-5$

(3) $U\mathrm{x}=\mathrm{y}:\begin{bmatrix}2&1&0\\0&1&-1\\0&0&3\end{bmatrix}\begin{bmatrix}x_1\\x_2\\x_3\end{bmatrix}=\begin{bmatrix}1\\2\\-5\end{bmatrix}$

$x_3=-\frac{5}{3}, x_2-x_3=2$

$\Rightarrow x_2=\frac{1}{3}$ 그리고 $2x_1+x_2=1$

$\Rightarrow x_1=\frac{1}{3}$, $A\mathrm{x}=b$의 해는

$x_1=\frac{1}{3}, x_2=\frac{1}{3}, x_3=-\frac{5}{3}$

3. (1) $\begin{bmatrix}2&8\\-1&-1\end{bmatrix}=\begin{bmatrix}2&0\\-1&3\end{bmatrix}\begin{bmatrix}1&4\\0&1\end{bmatrix}$

$\begin{bmatrix}1&4\\0&1\end{bmatrix}\begin{bmatrix}x_1\\x_2\end{bmatrix}=\begin{bmatrix}y_1\\y_2\end{bmatrix}$ ①

$\begin{bmatrix}2&0\\-1&3\end{bmatrix}\begin{bmatrix}y_1\\y_2\end{bmatrix}=\begin{bmatrix}-2\\-2\end{bmatrix}$ ②

② 식 $y_1=-1, y_2=-1$

① 식 $x_1+4x_2=-1$

$x_2=-1$

$x_1=3,\ x_2=-1$

(2) $\begin{bmatrix}2&-2&-2\\0&-2&2\\-1&5&2\end{bmatrix}=\begin{bmatrix}2&0&0\\0&-2&0\\-1&4&5\end{bmatrix}\begin{bmatrix}1&-1&-1\\0&1&-1\\0&0&1\end{bmatrix}$

$\begin{bmatrix}1&-1&-1\\0&1&-1\\0&0&1\end{bmatrix}\begin{bmatrix}x_1\\x_2\\x_3\end{bmatrix}=\begin{bmatrix}y_1\\y_2\\y_3\end{bmatrix}$ ①

$\begin{bmatrix}2&0&0\\0&-2&0\\-1&4&5\end{bmatrix}\begin{bmatrix}y_1\\y_2\\y_3\end{bmatrix}=\begin{bmatrix}-4\\-2\\6\end{bmatrix}$ ②

②에서 $y_1=-2, y_2=1, y_3=0$

①에서 $x_1=-1, x_2=1, x_3=0$

2.4 연습문제

1. (1) $f(x)=a_0+a_1x+a_2x^2$ 에서

$a_0+a_1(2)+a_2(2)^2=a_0+2a_1+4a_2=4$

$a_0+a_1(3)+a_2(3)^2=a_0+3a_1+9a_2=6$

$a_0+a_1(5)+a_2(5)^2=a_0+5a_1+25a_2=10$

첨가행렬에서 가우스-조르단 소거법을 사용하면

$$\begin{bmatrix}1&2&4&4\\1&3&9&6\\1&5&25&10\end{bmatrix} => \begin{bmatrix}1&0&0&0\\0&1&0&2\\0&0&1&0\end{bmatrix}$$

그러므로

$$f(x)=2x$$

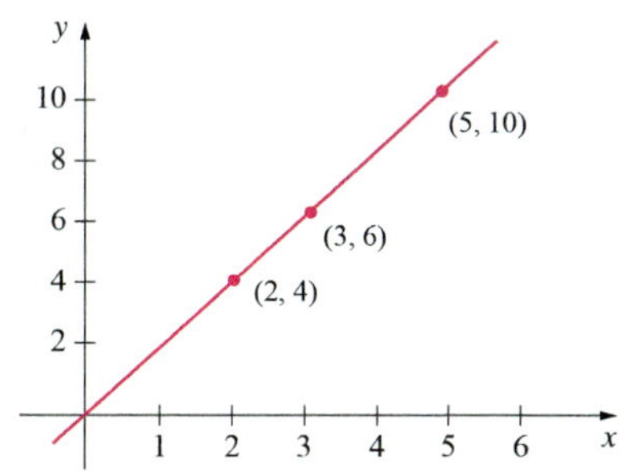

(2) $f(z)=a_0+a_1z+a_2z^2$ 에서

$a_0+a_1(-1)+a_2(-1)^2=a_0-a_1+a_2=5$

$a_0+a_1(0)+a_2(0)^2=a_0=7$

$a_0+a_1(1)+a_2(1)^2=a_0+a_1+a_2=12$

확대행렬은

$$\begin{bmatrix}1&-1&1&5\\1&0&0&7\\1&1&1&12\end{bmatrix}$$

가우스-조르단 소거법을 적용한 행렬

$$\begin{bmatrix}1&0&0&7\\0&1&0&\frac{7}{2}\\0&0&1&\frac{3}{2}\end{bmatrix}$$

그러므로

$f(z)=7+\frac{7}{2}z+\frac{3}{2}z^2,$

$f(x)=7+\frac{7}{2}(x-2002)+\frac{3}{2}(x-2002)^2$

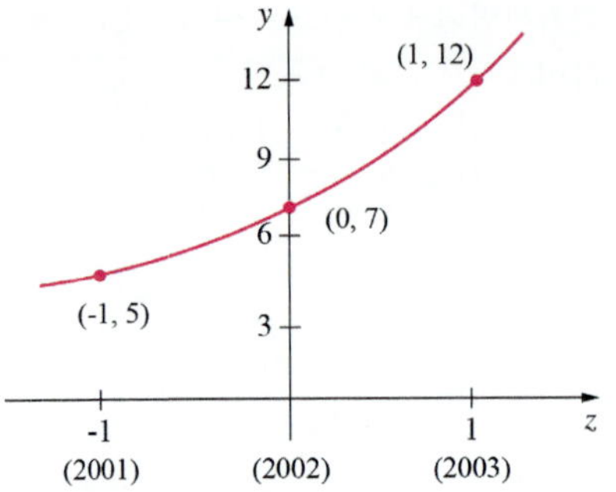

2. (1) 회로의 6개의 교차점에서 다음 6개의 1차 방정식이 얻어진다.

$600 = x_1 + x_3$

$x_1 = x_2 + x_4$

$x_2 + x_5 = 500$

$x_3 + x_6 = 600$

$x_4 + x_7 = x_6$

$500 = x_5 + x_7$

이 연립방정식의 첨가행렬과 가우스-조르단 소거법을 적용하면 다음 행렬을 얻는다.

$$\begin{bmatrix} 1 & 0 & 1 & 0 & 0 & 0 & 0 & 600 \\ 1 & -1 & 0 & -1 & 0 & 0 & 0 & 0 \\ 0 & 1 & 0 & 0 & 1 & 0 & 0 & 500 \\ 0 & 0 & 1 & 0 & 0 & 1 & 0 & 600 \\ 0 & 0 & 0 & 1 & 0 & -1 & 1 & 0 \\ 0 & 0 & 0 & 0 & 1 & 0 & 1 & 500 \end{bmatrix} \Rightarrow \begin{bmatrix} 1 & 0 & 0 & 0 & 0 & -1 & 0 & 0 \\ 0 & 1 & 0 & 0 & 0 & 0 & -1 & 0 \\ 0 & 0 & 1 & 0 & 0 & 1 & 0 & 600 \\ 0 & 0 & 0 & 1 & 0 & -1 & 1 & 0 \\ 0 & 0 & 0 & 0 & 1 & 0 & 1 & 500 \\ 0 & 0 & 0 & 0 & 0 & 0 & 0 & 0 \end{bmatrix}$$

$x_1 = s$

$x_2 = t,\ x_3 = 600 - s$

$x_4 = s - t$

$x_5 = 500 - t$

$x_6 = s$

$x_7 = t$

(2) $x_6 = x_7 = 0$ 이면

$x_1 = 0,\quad x_2 = 0\ x_3 = 600,$

$x_4 = 0,\ x_5 = 500,\ x_6 = 0,\quad x_7 = 0$

(3) $x_5 = 1000,\quad x_6 = 0$이면

$x_1 = 0,\ x_2 = -500,\ x_3 = 600,\ x_4 = 500,$

$x_5 = 1000,\ x_6 = 0,\ x_7 = -500$

이다.

3. 회로의 5개의 교차점에서 다음 5개의 1차방정식이 얻어진다.

$x_1 + x_2 = 20$ 교차점 1

$x_3 + 20 = x_4$ 교차점 2

$x_2 + x_3 = 20$ 교차점 3

$x_1 + 10 = x_5$ 교차점 4

$x_5 + 10 = x_4$ 교차점 5

이 연립방정식의 첨가행렬은 다음과 같다.

$$\begin{bmatrix} 1 & 1 & 0 & 0 & 0 & 20 \\ 0 & 0 & 1 & -1 & 0 & -20 \\ 0 & 1 & 1 & 0 & 0 & 20 \\ 1 & 0 & 0 & 0 & -1 & -10 \\ 0 & 0 & 0 & -1 & 1 & -10 \end{bmatrix}$$

여기에 가우스-조르단 소거법을 적용하면 다음 행렬을 얻는다.

$$\begin{bmatrix} 1 & 0 & 0 & 0 & -1 & -10 \\ 0 & 1 & 0 & 0 & 1 & 30 \\ 0 & 0 & 1 & 0 & -1 & -10 \\ 0 & 0 & 0 & 1 & -1 & 10 \\ 0 & 0 & 0 & 0 & 0 & 0 \end{bmatrix}$$

$t = x_5$라 하면

$x_1 = t - 10,\ x_2 = -t + 30,$

$x_3 = t - 10,\ x_4 = t + 10,\ x_5 = t$

여기서, t는 임의의 실수이다. 이 연립방정식은 무수히 많은 해를 갖는다.

x_5로 표시된 분지를 흐르는 유입량을 조절할 수 있다고 하자. 그러면 해를 이용하여 나머지 변수로 나타내지는 유입량 또는 유출량도 조정할 수 있다.

4. (1) 각 교차점에 키르히호프의 제 1법칙을 적용하면

$$I_1 + I_3 = I_2$$

을 얻고, 제2법칙을 두 경로에 적용하면

$R_1 I_1 + R_2 I_2 = I_1 + 2I_2 = a$

$R_2 I_2 + R_3 I_3 = 2I_2 + 4I_3 = b$

따라서 첨가행렬은

$$\begin{bmatrix} 1 & -1 & 1 & 0 \\ 1 & 2 & 0 & a \\ 0 & 2 & 4 & b \end{bmatrix}$$

가우스－조르단 소거법을 적용하면

$$\begin{bmatrix} 1 & 0 & 0 & (3a-b)/7 \\ 0 & 1 & 0 & (4a+b)/14 \\ 0 & 0 & 1 & (3b-2a)14 \end{bmatrix}$$

$a=5, b=8$일 때

$$I_1=1,\ I_2=2,\ I_3=1$$

(2) $a=2,\ b=6,\ I_1=0,\ I_2=1,\ I_3=1$

5. (1) $y=-\dfrac{1}{3}+2x$

(2) $y=1.3+0.6x$

(3) $y=0.412x+3$

(4) $y=-0.5x+7.5$

6. (1) $y=685-240x$

(2) 349

CHAPTER 3 행렬식

3.1 연습문제

1. (1) 1

(2) 5

(3) 27

(4) $\lambda^2-4\lambda-4$

2. (1) (a) $M_{11}=4,\ M_{12}=3$

$M_{21}=2,\ M_{22}=1$

(b) $C_{11}=4,\ C_{12}=3$

$C_{21}=-2,\ C_{22}=1$

(2) (a) $M_{11}=23,\ M_{12}=-8,\ M_{13}=-22$

$M_{21}=5,\ M_{22}=-5,\ M_{23}=5$

$M_{31}=7,\ M_{32}=-22,\ M_{33}=-23$

(b) $C_{11}=23,\ C_{12}=8,\ C_{13}=-22$

$C_{21}=-5,\ C_{22}=-5,\ C_{23}=-5$

$C_{31}=7,\ C_{32}=22,\ C_{33}=-23$

3. (1) -58

(2) $4x-2y-2$

(3) -168

(4) 0

4. (1) -24

(2) 0

(3) -30

5. (1) ± 3

(2) -1, -8, 3

6. 생략

7. 생략

3.2 연습문제

1. (1) (a) 0

(b) -1

(c) $\begin{bmatrix} -2 & -3 \\ 4 & 6 \end{bmatrix}$

(d) 0

(2) (a) 2

(b) -6

(c) $\begin{bmatrix} 1 & 4 & 3 \\ -1 & 0 & 3 \\ 0 & 2 & 0 \end{bmatrix}$

(d) -12

2. (a) -2

(b) -2

(c) 0

3. (1) (a) 14

(b) 196

(c) 196

(d) 56

(e) $\dfrac{1}{14}$

(2) (a) 22

(b) 22

(c) 484

(d) 88

(e) $\frac{1}{22}$

4. (1) -15

(2) -125

(3) 243

(4) -15

(5) $-\frac{1}{5}$

5. (1) 8

(2) 4

(3) 64

(4) 8

(5) $\frac{1}{2}$

6. (1) 비정칙

(2) 정칙

(3) 정칙

(4) 비정칙

7. (1) 비정칙이므로 유일한 해를 갖지 않는다.

(2) 정칙이므로 유일한 해를 갖는다.

8. (1) -1, 4

(2) 24

9. 생략

3.3 연습문제

1. (1) $\begin{bmatrix} 4 & -2 \\ -3 & 1 \end{bmatrix}, \begin{bmatrix} -2 & 1 \\ \frac{3}{2} & -\frac{1}{2} \end{bmatrix}$

(2) $\begin{bmatrix} 0 & 0 & 0 \\ 0 & -12 & -6 \\ 0 & 4 & 2 \end{bmatrix}$, no

(3) $\begin{bmatrix} -7 & -12 & 13 \\ 2 & 3 & -5 \\ 2 & 3 & -2 \end{bmatrix}, \begin{bmatrix} 7/3 & 4 & -13/3 \\ -2/3 & -1 & 5/3 \\ -2/3 & -1 & 2/3 \end{bmatrix}$

2. (1) (1,2)

(2) (2,-2)

(3) (1,1,2)

(4) $\left(1, \frac{1}{2}, \frac{3}{2}\right)$

3. $\left(\frac{4k-3}{2k-1}, \frac{4k-1}{2k-1}\right)$, $k = \frac{1}{2}$

4. (1) $\begin{vmatrix} \frac{3}{14} & -\frac{1}{14} & \frac{5}{14} \\ \frac{5}{14} & \frac{3}{14} & -\frac{1}{14} \\ -\frac{1}{14} & \frac{5}{14} & \frac{3}{14} \end{vmatrix}$

(2) $\begin{bmatrix} -\frac{1}{2} & \frac{1}{2} & \frac{1}{2} & \frac{1}{2} \\ \frac{1}{2} & \frac{1}{2} & \frac{1}{2} & -\frac{1}{2} \\ \frac{1}{2} & \frac{1}{2} & \frac{5}{2} & \frac{1}{2} \\ \frac{1}{2} & -\frac{1}{2} & \frac{1}{2} & \frac{1}{2} \end{bmatrix}$

5. 생략

6. 3

3.4 연습문제

1. (1) 범위 $= \pm\frac{1}{2}\begin{vmatrix} x_1 & y_1 & 1 \\ x_2 & y_2 & 1 \\ x_3 & y_3 & 1 \end{vmatrix}$

왜냐하면 $\begin{vmatrix} x_1 & y_1 & 1 \\ x_2 & y_2 & 1 \\ x_3 & y_3 & 1 \end{vmatrix} = \begin{vmatrix} 0 & 0 & 1 \\ 2 & 0 & 1 \\ 0 & 3 & 1 \end{vmatrix} = 6$,

이 범위는 $\frac{1}{2}(6) = 3$.

(2) 범위 $= \pm\frac{1}{2}\begin{vmatrix} x_1 & y_1 & 1 \\ x_2 & y_2 & 1 \\ x_3 & y_3 & 1 \end{vmatrix} = \pm\begin{vmatrix} -1 & 2 & 1 \\ 2 & 2 & 1 \\ -2 & 4 & 1 \end{vmatrix}$

$= \pm\frac{1}{2}(6) = 3$

2. (1) $\begin{vmatrix} x_1 & y_1 & 1 \\ x_2 & y_2 & 1 \\ x_3 & y_3 & 1 \end{vmatrix} = \begin{vmatrix} 1 & 2 & 1 \\ 3 & 4 & 1 \\ 5 & 6 & 1 \end{vmatrix} = 0$

(2) $\begin{vmatrix} x_1 & y_1 & 1 \\ x_2 & y_2 & 1 \\ x_3 & y_3 & 1 \end{vmatrix} = \begin{vmatrix} -2 & 5 & 1 \\ 0 & -1 & 1 \\ 3 & -9 & 1 \end{vmatrix} = 2$

3. (1) $\begin{vmatrix} x_1 & y_1 & 1 \\ x_2 & y_2 & 1 \\ x_3 & y_3 & 1 \end{vmatrix} = 0$

이 라인의 방정식을 찾기 위해서 이와 같이

$$\begin{vmatrix} x & y & 1 \\ 0 & 0 & 1 \\ 3 & 4 & 1 \end{vmatrix} = 3y - 4x = 0$$

(2) $0=\begin{vmatrix} x & y & 1 \\ x_1 & y_1 & 1 \\ x_2 & y_2 & 1 \end{vmatrix}=\begin{vmatrix} x & y & 1 \\ -2 & 3 & 1 \\ -2 & -4 & 1 \end{vmatrix}=7x+14$

직선의 방정식 $x=-2$

4. (1) 부피 $=\pm\dfrac{1}{6}\begin{vmatrix} x_1 & y_1 & z_1 & 1 \\ x_2 & y_2 & z_2 & 1 \\ x_3 & y_3 & z_3 & 1 \\ x_4 & y_4 & z_4 & 1 \end{vmatrix}$

왜냐하면

$$\begin{vmatrix} x_1 & y_1 & z_1 & 1 \\ x_2 & y_2 & z_2 & 1 \\ x_3 & y_3 & z_3 & 1 \\ x_4 & y_4 & z_4 & 1 \end{vmatrix}=\begin{vmatrix} 1 & 0 & 0 & 1 \\ 0 & 1 & 0 & 1 \\ 0 & 0 & 1 & 1 \\ 1 & 1 & 1 & 1 \end{vmatrix}=-2$$

이 부피는 $-\dfrac{1}{6}(-2)=\dfrac{1}{3}$

(2) 부피 $=\pm\dfrac{1}{6}\begin{vmatrix} x_1 & y_1 & z_1 & 1 \\ x_2 & y_2 & z_2 & 1 \\ x_3 & y_3 & z_3 & 1 \\ x_4 & y_4 & z_4 & 1 \end{vmatrix}$

$=\pm\dfrac{1}{6}\begin{vmatrix} 3 & -1 & 1 & 1 \\ 4 & -4 & 4 & 1 \\ 1 & 1 & 1 & 1 \\ 0 & 0 & 1 & 1 \end{vmatrix}$

$=\pm\dfrac{1}{6}(-12)=2$

5. (1) $\begin{vmatrix} x_1 & y_1 & z_1 & 1 \\ x_2 & y_2 & z_2 & 1 \\ x_3 & y_3 & z_3 & 1 \\ x_4 & y_4 & z_4 & 1 \end{vmatrix}=\begin{vmatrix} -4 & 1 & 0 & 1 \\ 0 & 1 & 2 & 1 \\ 4 & 3 & -1 & 1 \\ 0 & 0 & 1 & 1 \end{vmatrix}=28$

같은 평면위에 있지 않다.

(2) $\begin{vmatrix} x_1 & y_1 & z_1 & 1 \\ x_2 & y_2 & z_2 & 1 \\ x_3 & y_3 & z_3 & 1 \\ x_4 & y_4 & z_4 & 1 \end{vmatrix}=\begin{vmatrix} 0 & 0 & -1 & 1 \\ 0 & -1 & 0 & 1 \\ 1 & 1 & 0 & 1 \\ 2 & 1 & 2 & 1 \end{vmatrix}=0$

같은 평면상 위에 있다.

6. (1) $\begin{vmatrix} x & y & z & 1 \\ 1 & -2 & 1 & 1 \\ -1 & -1 & 7 & 1 \\ 2 & -1 & 3 & 1 \end{vmatrix}=x\begin{vmatrix} -2 & 1 & 1 \\ -1 & 7 & 1 \\ -1 & 3 & 1 \end{vmatrix}$

$-y\begin{vmatrix} 1 & 1 & 1 \\ -1 & 7 & 1 \\ 2 & 3 & 1 \end{vmatrix}+z\begin{vmatrix} 1 & -2 & 1 \\ -1 & -1 & 1 \\ 2 & -1 & 1 \end{vmatrix}$

$-\begin{vmatrix} 1 & -2 & 1 \\ -1 & -1 & 7 \\ 2 & -1 & 3 \end{vmatrix}=0$

or $4x-10y+3z=27$

(2) $0=\begin{vmatrix} x & y & z & 1 \\ x_1 & y_1 & z_1 & 1 \\ x_2 & y_2 & z_2 & 1 \\ x_3 & y_3 & z_3 & 1 \end{vmatrix}=\begin{vmatrix} x & y & z & 1 \\ 0 & 0 & 0 & 1 \\ 1 & -1 & 0 & 1 \\ 0 & 1 & -1 & 1 \end{vmatrix}$

$=x\begin{vmatrix} 0 & 0 & 1 \\ -1 & 0 & 1 \\ 1 & -1 & 1 \end{vmatrix}-y\begin{vmatrix} 0 & 0 & 1 \\ 1 & 0 & 1 \\ 0 & -1 & 1 \end{vmatrix}$

$+z\begin{vmatrix} 0 & 0 & 1 \\ 1 & -1 & 1 \\ 0 & 1 & 1 \end{vmatrix}-\begin{vmatrix} 0 & 0 & 0 \\ 1 & -1 & 0 \\ 0 & 1 & -1 \end{vmatrix}$

$\Rightarrow x+y+z=0$

CHAPTER 4 벡터

4.1 연습문제

1. 생략

2. (1) (4, 14), (-9, -3)
(5, 8), (18, 25)
(2) (4, 0), (-9, 6), (-2, -1),
(18, -8)

3. 생략

4. 생략

5. (1) (-1,-1)
(2) (-5, 12, -6)

6. (1) (-2, 1, -4)
(2) (-7, 1, 10)
(3) (132, -24, -72)

7. $\left(-\dfrac{8}{3}, \dfrac{1}{2}, \dfrac{8}{3}\right)$

8. $c_1=c_2=c_3=0$

9. (1) $\left(\dfrac{9}{2}, -\dfrac{1}{2}, -\dfrac{1}{2}\right)$
(2) $\left(\dfrac{23}{7}, -\dfrac{9}{4}, \dfrac{1}{4}\right)$

4.2 연습문제

1. (1) (-1, 3)
   (2) (2, -12, -11)
2. (1) (3, 2, 0), $\sqrt{13}$
   (2) (-2, 4, -5), $\sqrt{45}$
   (3) (16, 0, 0), 16
3. (1) (0, 8), (4, -2), (10, -1)
   (2) (1, 3, -5), (1, 1 -1), (3, 4 -5)
4. (1) $x = \frac{1}{2}$, $y = \frac{3}{2}$
   (2) $x = -2,\ u = -1,\ y = 1$
   (3) $x = -6,\ y = 1,\ u = 2$
5. (1) $\sqrt{8}$
   (2) $\sqrt{10}$
6. (1) $\sqrt{5}$
   (2) $\sqrt{10}$
7. (1) $2\sqrt{3}$
   (2) $2\sqrt{14} + 2\sqrt{2}$
   (3) $\left(\frac{1}{\sqrt{6}}, \frac{1}{\sqrt{6}}, -\frac{2}{\sqrt{6}}\right)$
8. (1) (-1, 5, 2)
   (2) (-3, 5, 6)
   (3) $c_1 = 1,\ c_2 = -2,\ c_3 = 3$
9. (1) $\sqrt{90}$
   (2) (5, -8, 1)
   (3) $3\sqrt{90}$
   (4) $\left(\frac{5}{\sqrt{90}}, \frac{-8}{\sqrt{90}}, \frac{1}{\sqrt{90}}\right)$
   (5) $k = \pm\frac{1}{\sqrt{10}}$
   (6) $\left(\frac{1}{\sqrt{3}}, \frac{1}{\sqrt{3}}, \frac{1}{\sqrt{3}}\right)$
10. (1) $\left(\frac{1}{\sqrt{6}}, \frac{2}{\sqrt{6}}, \frac{1}{\sqrt{6}}\right)$
   (2) $\left(0, -\frac{1}{\sqrt{6}}, \frac{2}{\sqrt{6}}, -\frac{1}{\sqrt{6}}\right)$

4.3 연습문제

1. (1) 10
   (2) 10
2. (1) $\cos\theta = \frac{1}{\sqrt{26}}$
   (2) $\cos\theta = -\frac{8}{\sqrt{234}}$
3. (1) 직교하지 않음.
   (2) 직교
4. (1) (1, 2)
   (2) (0, 1, 2)
5. (1) 2, $\left(\frac{6}{5}, \frac{8}{5}\right)$
   (2) $\frac{9}{5}$, $\frac{9}{25}(4i - 3j)$
   (3) $-\frac{8}{5}$, $-\frac{8}{25}(0, -3, 4)$
6. (1) $\cos\theta = -\frac{11}{\sqrt{13}\sqrt{74}}$
   (2) $\cos\theta = 0$
7. (1) (0, 0)
   (2) $\frac{-32}{26}(1, 0, 5)$
8. (1) (6, 2)
   (2) $\left(\frac{55}{13}, 1, -\frac{11}{13}\right)$
9. (1) $\frac{2}{5}$
   (2) $\frac{43}{\sqrt{54}}$
10. $\left(\frac{1}{\sqrt{3}}, \frac{1}{\sqrt{3}}, -\frac{1}{\sqrt{3}}\right)$
   $\left(-\frac{1}{\sqrt{3}}, -\frac{1}{\sqrt{3}}, \frac{1}{\sqrt{3}}\right)$

4.4 연습문제

1. (1) (4, -3, -2)
   (2) (4, -2, 8)
2. (1) $\pm\frac{1}{\sqrt{69}}(8, 1, -2)$

(2) $\pm \frac{1}{\sqrt{109}}(-3, -8, -6)$

3. (1) 5

(2) 10

4. (1) (32, -6, -4)

(2) (27, 40, -42)

(3) (-44, 55, -22)

5. (1) (18, 36, -18)

(2) (-3, 9, -3)

6. (1) $\sqrt{59}$

(2) $\sqrt{101}$

(3) 0

7. (1) -10

(2) -110

8. (1) $\begin{vmatrix} 2 & -6 & 2 \\ 0 & 4 & -2 \\ 2 & 2 & -4 \end{vmatrix} = -16$

부피$=16$

(2) 45

4.5 연습문제

1. (1) $x-1=2t,\ y-2=-t,\ z+3=4t$

또는

$x=1+2t,\ y=2-t,\ z=-3+4t$

$\frac{x-1}{2}=\frac{y-2}{-1}=\frac{z+3}{4}$

(2) $d=(4-2,\ 0-1,\ 4-3)=(2, -1, 1)$

$x-2=2t,\ y-1=-t,\ z-3=t$

또는

$x=2+2t,\ y=1-t,\ z=3+t$

$\frac{x-2}{2}=\frac{y-1}{-1}=\frac{z-3}{1}$

(3) $d=(-3, 0, 1)$

$x-1=-3t,\ y-4=0,\ z-6=t$

또는

$x=1-3t,\ y=4,\ z=6+t$

$\frac{x-1}{-3}=\frac{z-6}{1},\ y=4$

(4) $d=(2, -1, 3)$

$x-1=2t,\ y-2=-t,\ z+1=3t$

또는

$x=1+2t,\ y=2-t,\ z=-1+3t$

$\frac{x-1}{2}=\frac{y-2}{-1}=\frac{z+1}{3}$

2. (1) $a_1=(-3, 4, 1)\ a_2=(2, -2, 1)$

$a_1 \neq c a_2$

이므로 두 직선은 평행하지 않다.

$a_1 \cdot a_2=(-3)(2)+(4)(-2)+(1)(1)$

$=-13$

$|a_1|=\sqrt{26},\ |a_2|=3$

$\cos\theta=\frac{a_1 \cdot a_2}{|a_1|\times|a_2|}=\frac{-13}{2\sqrt{26}}$

$\theta=\cos^{-1}\left(\frac{-13}{2\sqrt{26}}\right) \fallingdotseq 2.59$

(2) $a_1=(2, 0, 1),\ a_2=(-1, 5, 2)$

$a_1 \neq c a_2$

이므로 두 직선은 평행하지 않다.

$a_1 \cdot a_2=(2)(-1)+(0)(5)+(1)(2)$

$=0$

따라서 두 직선은 직교한다.

(3) $a_1=(2, 4, -6)\ a_2=(-1, -2, 3)$

$a_1=(-2)a_2$

이므로 두 직선은 평행하다.

3. (1) $2(x-1)-(y-3)+5(z-2)=0$

(2) $P=(2, 0, 3),\ Q=(1, 1, 0),$

$R=(3, 2, -1)$

$\overrightarrow{PQ}=(-1, 1, -3),$

$\overrightarrow{PR}=(1, 2, -4)$

$h=\overrightarrow{PQ}\times\overrightarrow{PR}$

$=\begin{vmatrix} i & j & k \\ -1 & 1 & -3 \\ 1 & 2 & -4 \end{vmatrix}$

$=\begin{vmatrix} 1 & -3 \\ 2 & -4 \end{vmatrix} i - \begin{vmatrix} -1 & -3 \\ 1 & -4 \end{vmatrix} j + \begin{vmatrix} -1 & 1 \\ 1 & 2 \end{vmatrix} k$

$=2i-7j-3k$

$=(-2, -7, -3)$

$2(x-2)-7y-3(z-3)$

$= 0$

(3) $h = (1, 3, -4)$

$(x-3) + 3(y+2) - 4(z-1) = 0$

(4) $h = (1, 2, -1) \times (2, 0, -1)$

$= \begin{vmatrix} i & j & k \\ 1 & 2 & -1 \\ 2 & 0 & -1 \end{vmatrix} = \begin{vmatrix} 2 & -1 \\ 0 & -1 \end{vmatrix} i$

$- \begin{vmatrix} 1 & -1 \\ 2 & -1 \end{vmatrix} j + \begin{vmatrix} 1 & 2 \\ 2 & 0 \end{vmatrix} k$

$= -2i - j - 4k$

$= (-2, -1, -4)$

$-2(x-3) - y - 4(z+1) = 0$

또는

$2(x-3) + y + 4(z+1) = 0$

4. (1) 두 평면의 방정식을 z에 대해 풀면 $z = 2x - y - 4$, $z = -3x + 2y$이다. z에 관해서 위의 두 식을 같게 놓으면 $-4 + 2x + y = -3x + 2y$이다. 이것을 y에 대해 풀면 $3y = 5x - 4$ 또는 $y = \left(\frac{5}{3}\right)x - \frac{4}{3}$를 얻는다. x의 식으로 z에 대해 풀면 $z = -3x + 2\left(\frac{5}{3}x - \frac{4}{3}\right) = \frac{1}{3}x - \frac{8}{3}$이다.

$x = t$로 놓으면

$x = t,\ y = \frac{5}{3}t - \frac{4}{3},\ z = \frac{1}{3}t - \frac{8}{3}$

(2) 두 평면의 방정식을 x에 대해서 풀면 $x = \frac{1}{3} - \left(\frac{4}{3}\right)y$, $x = 3 - y + z$ 이다.

x에 관한 위의 두 식을 같게 놓으면 $\frac{1}{3} - \left(\frac{4}{3}\right)y = 3 - y + z$ 이다.

이것을 y에 대해 풀면

$\left(\frac{1}{3}\right)y = -z - \frac{8}{3}$

또는 $y = -3z - 8$을 얻는다.

z의 식으로 x에 대해서 풀면

$x = 3 - (-3z - 8) + z = 4z + 11$이다.

$z = t$로 놓으면

$x = 4t + 11,\ y = -3t - 8,\ z = t$

5. (1) $\frac{|(2)(2) + (-1)(0) + (2)(1) + (-4)|}{\sqrt{2^2 + (-1)^2 + 2^2}}$

$= \frac{2}{3}$

(2) $\frac{|(2)(0) + (-3)(-1) + (0)(1) + (-2)|}{\sqrt{2^2 + (-3)^2 + 0^2}}$

$= \frac{1}{\sqrt{13}}$

(3) 두 번째 평면상의 한 점 (1,0,0) 을 택해 이 점과 나머지 평면과의 거리를 구하면

$\frac{|(1)(1) + (3)(0) + (-2)(0) + (-3)|}{\sqrt{1^2 + 3^2 + (-2)^2}}$

$= \frac{2}{\sqrt{14}}$ 이다.

6. (1) $-2(x+1) + (y-3) - (z-2) = 0$

(2) $(x-1) + 9(y-1) + 8(z-4) = 0$

7. (1) 평행하지 않다.

(2) 평행하다.

8. (1) 수직이 아니다.

(2) 수직이다.

9. (1) $z = t,\ x = -12 - 7t,\ y = -41 - 23t$

(2) $x = \frac{5}{2}t,\ y = 0,\ z = t$

10. $2x + 3y - 5z + 36 = 0$

11. $5x - 2y + z - 34 = 0$

12. $x + 5y + 3z - 18 = 0$

13. $3x - y - z = 2$

14. $P(x, y, z)$라 하고

$A(-1, -4, -2),\ B(0, -2, 2)$

$\overline{AP} = \overline{BP}$ 에서

$2x + 4y + 8z + 13 = 0$

15. (1) $\frac{1}{\sqrt{29}}$

(2) $\frac{4}{\sqrt{3}}$

CHAPTER 5 벡터공간

5.1 연습문제

1. (1) V
   (2) no 1), 2)
   (3) V
   (4) V
2. (1) No 9)
   (2) No 3),5),6),9)
   (3) No 8), 9)
   (4) No 9)
   (5) No 7), 10)
3. No 6), 8), 9)

5.2 연습문제

1. (1) 부분공간
   (2) 부분공간
   (3) 부분공간이 아니다.
   (4) 부분공간
   (5) 부분공간
   (6) 부분공간이 아니다.
   예를 들어
   (1,1,1)+(1,1,1)=(2,2,2) $\not\in$ W
   2(1,1,1)=(2,2,2) $\not\in$ W
2. (1) 부분공간
   (2) 부분공간
   (3) 부분공간
   $x=(x_1,y_1,x_3)\ \ y=(y_1,y_2,y_3)\in W$
   $x_3=2x_1-x_2,\ y_3=2y_1-y_2$
   $x+y=(x_1+y,x_2+y_2,x_3+y_3)\in W$
   $x_3+y_3=2x_1-x_2+2y_1-y_2$
   $=2(x_1+y_1)-(x_2+y_2)$
   $\alpha x=(\alpha x_1,\alpha x_2,\alpha x_3)\in W$
   $\alpha x_3=\alpha(2x_1-x_2)=2\alpha x_1-(\alpha x_2)$
   그러므로 W는 부분공간이다.
   (4) 부분공간이 아니다.

5.3 연습문제

1. (1) (a) 일차결합이 아니다.
   (b) 일차결합이다.
   (2) (a) 일차결합이다.
   (b) 일차결합이 아니다.
2. (1) $c_1(4,7,3)+c_2(-1,2,6)+c_3(2,-3,5)$
   $=(u_1,u_2,u_3)$
   유일한 해를 가지므로
   S가 R^3을 생성한다.
   (2) 생성하지 않는다.
   (3) 생성하지 않는다.
3. (1) 독립
   (2) 종속
   (3) 독립
   (4) 독립
4. (1) 일차결합 $c_1=3,\ c_2=-2$
   (2) 일차결합 아니다
   (3) 일차결합 $c_1=-1,\ c_2=5$
5. (1) 종속
   (2) 독립
   (3) 독립
6. (1) 종속 2(1,-2)=(-2,4)
   (2) 종속 2(1,-6,2)=(2,-12,4)
   (3) $x(0,\ 0)+y(1,\ 0)=(0,\ 0)$
   $x=k,\ y=0$

5.4 연습문제

1. (1) (1,0,0) (0,1,0) (0,0,1)
   (2) $\begin{bmatrix}1&0\\0&0\end{bmatrix},\begin{bmatrix}0&1\\0&0\end{bmatrix},\begin{bmatrix}0&0\\1&0\end{bmatrix},\begin{bmatrix}0&0\\0&1\end{bmatrix}$
2. (1) 종속
   (2) 종속
   (3) 종속
   (4) 종속
3. (1) 기저
   (2) 기저 아님
   (3) 기저

$c_1(-1,2,0,0)+c_2(2,0,-1,0)$
$+c_3(3,0,0,4)+c_4(0,0,5,0)$
$=(0,0,0,0)$
자명한 해 즉
$c_1=c_2=c_3=c_4=0$ 이므로 독립이다.
그러므로 기저이다.

4. 기저

5. (1) $c_1(4,3,2)+c_2(0,3,2)+c_3(0,0,2)$
$=(0,0,0)$에서
$c_1=c_2=c_3=0$ 기저
$\mathrm{u}=2\mathrm{v}_i-\mathrm{v}_2+3\mathrm{v}_3$
(2) 기저가 아니다.

6. (1) (a) {(2,1)} (b) 1
(2) (a) {(2,1,-1)} (b) 1
(3) (a) {(2,1,0,1), (-1,0,1,0)} (b) 2
(4) (a) {0,6,1,-1} (b) 1

5.5 연습문제

1. (1) (a) 2
(b) {(1,0),(0,1)}
(c) $\left\{\begin{bmatrix}1\\0\end{bmatrix},\begin{bmatrix}0\\1\end{bmatrix}\right\}$
(2) (a) 2
(a) {(1,2),(0,1)}
(c) $\left\{\begin{bmatrix}1\\ \frac{1}{2}\end{bmatrix},\begin{bmatrix}0\\1\end{bmatrix}\right\}$
(3) (a) 2
(b) $\left\{\left(1,0,\frac{1}{4}\right),\left(0,1,\frac{3}{2}\right)\right\}$
(c) $\left\{\begin{bmatrix}1\\0\\-\frac{2}{3}\end{bmatrix},\begin{bmatrix}0\\1\\ \frac{3}{5}\end{bmatrix}\right\}$
(4) (a) 2
(b) {(1,2,-2,0),(0,0,0,1)}
(c) $\left\{\begin{bmatrix}1\\0\\ \frac{19}{7}\end{bmatrix},\begin{bmatrix}0\\1\\ \frac{8}{7}\end{bmatrix}\right\}$

2. (1) {(1,0,-1,0),(0,1,0,0),(0,0,0,1)}
(2) {(1,0,0,0), (0,1,0,0), (0,0,1,0), (0,0,0,1)}

3. (1) 0, {(0,0)}
(2) 2, {(-2,1,0),(-3,0,1)}
(3) 1,{(-1,2,1)}
(4) 2, {(2,-2,0,1),(-1,1,1,0)}

4. (1) (a) {(-1,-3,2)}
(b) 1
(2) (a) {(-3,0,1),(2,1,0)}
(b) 2

5. (1) $Ax=b$에서 $x=\begin{bmatrix}1\\2\end{bmatrix}$
$b=1\begin{bmatrix}-1\\4\end{bmatrix}+2\begin{bmatrix}2\\0\end{bmatrix}=\begin{bmatrix}3\\4\end{bmatrix}$
(2) $Ax=b$에서 $x=\begin{bmatrix}-\frac{5}{4}\\ \frac{3}{4}\\ -\frac{1}{2}\end{bmatrix}$
$b=-\frac{5}{4}\begin{bmatrix}1\\-1\\2\end{bmatrix}+\frac{3}{4}\begin{bmatrix}3\\1\\0\end{bmatrix}-\frac{1}{2}\begin{bmatrix}0\\0\\1\end{bmatrix}=\begin{bmatrix}1\\2\\-3\end{bmatrix}$

CHAPTER 6 내적공간

6.1 연습문제

1. (1) (a) ⟨u,v⟩=u · v=3(5)+4(-12)=-33
(b) $|\mathrm{u}|=\sqrt{<\mathrm{u},\mathrm{u}>}$
$=\sqrt{\mathrm{u}\cdot\mathrm{u}}$
$=\sqrt{3(3)+4(4)}=5$
(c) $|\mathrm{v}|=\sqrt{<\mathrm{v},\mathrm{v}>}$
$=\sqrt{\mathrm{v}\cdot\mathrm{v}}$
$=\sqrt{5(5)+(-12)(-12)}$
$=\sqrt{169}=13$
(d) $d(\mathrm{u},\mathrm{v})=|\mathrm{u}-\mathrm{v}|$
$=\sqrt{<\mathrm{u}-\mathrm{v},\mathrm{u}-\mathrm{v}>}$
$=\sqrt{(-2)(-2)+16(16)}$

$= 2\sqrt{65}$

(2) (a) $\langle u,v \rangle = 3(-4)(0)+3(5)=15$

(b) $|u| = \sqrt{<u,u>}$

$= \sqrt{3(-4)^2+3^2}$

$= \sqrt{57}$

(c) $|v| = \sqrt{<v,v>}$

$= \sqrt{3 \cdot 0^2 + 5^2} = 5$

(d) $d(u,v) = |u-v|$

$= \sqrt{<u-v, u-v>}$

$= \sqrt{3(-4)^2+(-2)^2} = 2\sqrt{13}$

(3) (a) $\langle u,v \rangle = u \cdot v = 0(9)+9(-2)+4(-4) = -34$

(b) $|u| = \sqrt{<u,u>}$

$= \sqrt{u \cdot u}$

$= \sqrt{0+9^2+4^2}$

$= \sqrt{97}$

(c) $|v| = \sqrt{<v,v>}$

$= \sqrt{v \cdot v}$

$= \sqrt{9^2+(-2)^2+(-4)^2}$

$= \sqrt{101}$

(d) $d(u,v) = |u-v|$

$= |(-9, 11, 8)|$

$= \sqrt{9^2+11^2+8^2}$

$= \sqrt{266}$

(4) (a) $\langle u, v \rangle = 14$

(b) $|u| = 2$

(c) $|v| = \sqrt{58}$

(d) $d(u,v) = |u-v|$

$= |(1,1,1)-(2,5,2)|$

$= |(-1,-4,-1)|$

$= \sqrt{(-1)^2+2(-4)^2+(-1)^2}$

$= \sqrt{34}$

2. (a) $\langle A,B \rangle = 2(-1)(0)+3(-2)+4(1)+2(-2)(1) = -6$

(b) $\langle A,A \rangle = 2(-1)^2+3^2+4^2+2(-2)^2 = 35$

(c) $\langle B,B \rangle = 2 \cdot 0^2+(-2)^2+1^2+2 \cdot 1^2 = 7$

(d) $d(A,B) = |A-B|$

$\langle A-B, A-B \rangle =$

$2(-1)^2+5^2+3^2+2(-3)^2 = 54$

$d(A,B) =$

$\sqrt{<A-B, A-B>} = 3\sqrt{6}$

3. (a) $\langle p,q \rangle = 1(0)+(-1)(1)+3(-1) = -4$

(b) $|p| = \sqrt{<p,p>}$

$= \sqrt{1^2+(-1)^2+3^2}$

$= \sqrt{11}$

(c) $|q| = \sqrt{<q,q>}$

$= \sqrt{0^2+1^2+(-1)^2}$

$= \sqrt{2}$

(d) $d(p,q) = |p-q|$

$= \sqrt{<p-q, p-q>}$

$= \sqrt{1^2+(-2)^2+4^2}$

$= \sqrt{21}$

4. (1) $\dfrac{u \cdot v}{|u||v|} = \dfrac{3(5)+4(-12)}{\sqrt{3^2+4^2}\sqrt{5^2+(-12)^2}}$

$= \dfrac{-33}{5 \cdot 13} = \dfrac{-33}{65}$

$\theta = \cos^{-1}\left(\dfrac{-33}{65}\right)$

$\approx 2.103\,radians\ (120.51^\circ)$

(2) $\langle u, v \rangle = 1(2)+2(1)(-2)+1(2) = 0,$

$\theta = \dfrac{\pi}{2}$

5. $k = -2, -3$

6. (1) $\theta = 90^\circ$

(2) $d(u,v) = 3$

7. (1) $\theta = \cos^{-1}\left(\dfrac{4}{\sqrt{187}}\right)$

(2) $d(u,v) = 4$

6.2 연습문제

1. (1) NO

(2) 정규직교

(3) 직교

(4) NO

(5) 정규직교

2. (1) 우선 각 벡터를 직교화하자.

$w_1 = v_1 = (3,4)$

$$w_2 = v_2 - \frac{< v_2, w_1 >}{< w_1, w_1 >} w_1$$

$$= (1,0) - \frac{1(3)+0(4)}{3^2+4^2}(3,4)$$

$$= (1,0) - \frac{3}{25}(3,4)$$

$$= \left(\frac{16}{25}, -\frac{12}{25}\right)$$

각 벡터를 정규화시키면

$$u_1 = \frac{w_1}{|w_1|} = \frac{1}{\sqrt{3^2+4^2}}(3,4)$$

$$= \left(\frac{3}{5}, \frac{4}{5}\right)$$

$$u_2 = \frac{w_2}{|w_2|}$$

$$= \frac{1}{\sqrt{\left(\frac{16}{25}\right)^2 + \left(-\frac{12}{25}\right)^2}}\left(\frac{16}{25}, -\frac{12}{25}\right)$$

$$= \left(\frac{4}{5}, -\frac{3}{5}\right)$$

그러므로

$$\left\{\left(\frac{3}{5}, \frac{4}{5}\right), \left(\frac{4}{5}, -\frac{3}{5}\right)\right\}$$

(2) $B = \{(1,-2,2), (2,2,1), (2,-1,-2)\}$

$= \{(v_1, v_2, v_3)\}$

$v_i \bullet v_j = 0, i \neq j$

이므로 직교벡터이기 때문에 각 벡터를 정규화시키자.

$$u_1 = \frac{v_1}{|v_1|}$$

$$= \frac{1}{3}(1,-2,2)$$

$$= \left(\frac{1}{3}, -\frac{2}{3}, \frac{2}{3}\right)$$

$$u_2 = \frac{v_2}{|v_2|}$$

$$= \frac{1}{3}(2,2,1) = \left(\frac{2}{3}, \frac{2}{3}, \frac{1}{3}\right)$$

$$u_3 = \frac{v_3}{|v_3|}$$

$$= \frac{1}{3}(2,-1,-2) = \left(\frac{2}{3}, -\frac{1}{3}, -\frac{2}{3}\right)$$

$$\left\{\left(\frac{1}{3}, -\frac{2}{3}, \frac{2}{3}\right), \left(\frac{2}{3}, \frac{2}{3}, \frac{1}{3}\right), \left(\frac{2}{3}, -\frac{1}{3}, -\frac{2}{3}\right)\right\}$$

(3) $w_1 = v_1 = (4,-3,0)$

$$w_2 = v_2 - \frac{< v_2, w_1 >}{< w_1, w_1 >} w_1$$

$$= (1,2,0) - \frac{-2}{25}(4,-3,0)$$

$$= \left(\frac{33}{25}, \frac{44}{25}, 0\right)$$

$$w_3 = v_3 - \frac{< v_3, w_1 >}{< w_1, w_1 >} w_1 - \frac{< v_3, w_2 >}{< w_2, w_2 >} w_2$$

$$= (0,0,4) - 0(4,-3,0) - 0\left(\frac{33}{25}, \frac{44}{25}, 0\right)$$

$$= (0,0,4)$$

각 벡터를 정규화시키면

$$u_1 = \frac{w_1}{|w_1|} = \frac{1}{5}(4,-3,0)$$

$$= \left(\frac{4}{5}, -\frac{3}{5}, 0\right)$$

$$u_2 = \frac{w_2}{|w_2|} = \frac{5}{11}\left(\frac{33}{25}, \frac{44}{25}, 0\right)$$

$$= \left(\frac{3}{5}, \frac{4}{5}, 0\right)$$

$$u_3 = \frac{w_3}{|w_3|} = \frac{1}{4}(0,0,4)$$

$$= (0,0,1)$$

$$\left\{\left(\frac{4}{5}, -\frac{3}{5}, 0\right), \left(\frac{3}{5}, \frac{4}{5}, 0\right), (0,0,1)\right\}$$

3. (1) $u_1 = \frac{1}{\sqrt{(-8)^2+3^2+5^2}}(-8,3,5)$

$$= \left(-\frac{4\sqrt{2}}{7}, \frac{3\sqrt{2}}{14}, \frac{5\sqrt{2}}{14}\right)$$

그러므로 정규직교기저는

$$B' = \left\{\left(-\frac{4\sqrt{2}}{7}, \frac{3\sqrt{2}}{14}, \frac{5\sqrt{2}}{14}\right)\right\}$$

(2) 우선 각 벡터를 직교화하라.

$w_1 = v_1 = (3,4,0)$

$$w_2 = v_2 - \frac{< v_2, w_1 >}{< w_1, w_1 >} w_1$$

$$=(1,0,0)-\frac{3}{25}(3,4,0)$$
$$=\left(\frac{16}{25},-\frac{12}{25},0\right)$$

각 벡터를 정규화시키면

$$u_1=\frac{w_1}{|w_1|}=\frac{1}{5}(3,4,0)$$
$$=\left(\frac{3}{5},\frac{4}{5},0\right)$$
$$u_2=\frac{w_2}{|w_2|}=\frac{1}{4/5}\left(\frac{16}{25},-\frac{12}{25},0\right)$$
$$=\left(\frac{4}{5},-\frac{3}{5},0\right)$$
$$\left\{\left(\frac{3}{5},\frac{4}{5},0\right),\left(\frac{4}{5},-\frac{3}{5},0\right)\right\}$$

(3) $w_1 = v_1 = (1,2,-1,0)$

$$w_2= v_2-\frac{< v_2, w_1 >}{< w_1, w_1 >}w_1$$
$$=(2,2,0,1)$$
$$-\frac{2(1)+2(2)+0(-1)+1(0)}{1^2+2^2+(-1)^2+0^2}(1,2,-1,0)$$
$$=(2,2,0,1)-(1,2,-1,0)=(1,0,1,1)$$
$$u_1=\frac{w_1}{|w_1|}$$
$$=\frac{1}{\sqrt{1^2+2^2+(-1)^2+0^2}}(1,2,-1,0)$$
$$=\left(\frac{\sqrt{6}}{6},\frac{\sqrt{6}}{3},-\frac{\sqrt{6}}{6},0\right)$$
$$u_2=\frac{w_2}{|w_2|}$$
$$=\frac{1}{\sqrt{1^2+0^2+1^2+1^2}}(1,0,1,1)$$
$$=\left(\frac{\sqrt{3}}{3},0,\frac{\sqrt{3}}{3},\frac{\sqrt{3}}{3}\right)$$
$$\left\{\left(\frac{\sqrt{6}}{6},\frac{\sqrt{6}}{3},-\frac{\sqrt{6}}{6},0\right),\left(\frac{\sqrt{3}}{3},0,\frac{\sqrt{3}}{3},\frac{\sqrt{3}}{3}\right)\right\}$$

4. (1) 연립방정식의 해는

$x_1 = 3s, x_2 =-2t, x_3 = s, x_4 = t$

다음은 해공간에 대한 기저이다.

$\{(3,0,1,0),(0,-2,0,1)\}$

다음과 같이 직교화하자.

$$w_1 = v_1 = (3,0,1,0)$$
$$w_2= v_2-\frac{\langle v_2, w_1\rangle}{\langle w_1, w_1\rangle}w_1$$
$$=(0,-2,0,1)$$
$$-\frac{0(3)+(-2)(0)+0(1)+1(0)}{3^2+0^2+1^2+0^2}$$
$$\times(3,0,1,0)=(0,-2,0,1)$$

각 벡터를 정규화하면

$$u_1=\frac{w_1}{|w_1|}$$
$$=\frac{1}{\sqrt{3^2+0^2+1^2+0^2}}(3,0,1,0)$$
$$=\left(\frac{3\sqrt{10}}{10},0,\frac{\sqrt{10}}{10},0\right)$$
$$u_2=\frac{w_2}{|w_2|}$$
$$=\frac{1}{\sqrt{0^2+(-2)^2+0^2+1^2}}(0,-2,0,1)$$
$$=\left(0,-\frac{2\sqrt{5}}{5},0,\frac{\sqrt{5}}{5}\right)$$
$$B'=\left\{\left(\frac{3\sqrt{10}}{10},0,\frac{\sqrt{10}}{10},0\right),\left(0,-\frac{2\sqrt{5}}{5},0,\frac{\sqrt{5}}{5}\right)\right\}$$

(2) 연립방정식의 해는

$x_1 = s+t, x_2 = 0, x_3 = s, x_4 = t$

다음은 해공간에 대한 기저이다.

$\{(1,0,1,0),(1,0,0,1)\}$

다음과 같이 직교화하자.

$$w_1 = v_1 = (1,0,1,0)$$
$$w_2= v_2-\frac{< v_2, w_1 >}{< w_1, w_1 >}w_1$$
$$=(1,0,0,1)-\frac{1}{2}(1,0,1,0)$$
$$=\left(\frac{1}{2},0,-\frac{1}{2},1\right)$$

각 벡터를 정규화하면

$$u_1=\frac{w_1}{|w_1|}$$

$$= \frac{1}{\sqrt{2}}(1,0,1,0)$$

$$= \left(\frac{1}{\sqrt{2}},0,\frac{1}{\sqrt{2}},0\right)$$

$$u_2 = \frac{w_2}{|w_2|}$$

$$= \frac{1}{\sqrt{3/2}}\left(\frac{1}{2},0,-\frac{1}{2},1\right)$$

$$= \left(\frac{1}{\sqrt{6}},0,-\frac{1}{\sqrt{6}},\frac{2}{\sqrt{6}}\right)$$

$$B' = \left\{\left(\frac{1}{\sqrt{2}},0,\frac{1}{\sqrt{2}},0\right),\right.$$

$$\left.\left(\frac{1}{\sqrt{6}},0,-\frac{1}{\sqrt{6}},\frac{2}{\sqrt{6}}\right)\right\}$$

연습문제 6.3

1. $A = \begin{bmatrix} 1 & -1 \\ 3 & 2 \\ -2 & 4 \end{bmatrix}$, $b = \begin{bmatrix} 4 \\ 1 \\ 3 \end{bmatrix}$이다.

A가 일차독립 열 벡터를 가짐을 생각하면 유일한 최소제곱해가 존재함을 알 수 있다.

$$A^TA = \begin{bmatrix} 1 & 3 & -2 \\ -1 & 2 & 4 \end{bmatrix}\begin{bmatrix} 1 & -1 \\ 3 & 2 \\ -2 & 4 \end{bmatrix}$$

$$= \begin{bmatrix} 14 & -3 \\ -3 & 21 \end{bmatrix}$$

$$A^Tb = \begin{bmatrix} 1 & 3 & -2 \\ -1 & 2 & 4 \end{bmatrix}\begin{bmatrix} 4 \\ 1 \\ 3 \end{bmatrix} = \begin{bmatrix} 1 \\ 10 \end{bmatrix}$$

이므로, 이 경우의 정규연립방정식은

$$\begin{bmatrix} 14 & -3 \\ -3 & 21 \end{bmatrix}\begin{bmatrix} x_1 \\ x_2 \end{bmatrix} = \begin{bmatrix} 1 \\ 10 \end{bmatrix}$$

이고, 이 연립방정식을 풀면 최소제곱해

$$x_1 = \frac{17}{95},\ x_2 = \frac{143}{285}$$

이 얻어지며 b에서 A의 열공간의 정사영은

$$Ax = \begin{bmatrix} 1 & -1 \\ 3 & 2 \\ -2 & 4 \end{bmatrix}\begin{bmatrix} \frac{17}{95} \\ \frac{143}{285} \end{bmatrix} = \begin{bmatrix} -\frac{92}{285} \\ \frac{439}{285} \\ \frac{94}{57} \end{bmatrix} = proj_w^b$$

이다.

2. (1) $\begin{bmatrix} 21 & 25 \\ 25 & 35 \end{bmatrix}\begin{bmatrix} x_1 \\ x_2 \end{bmatrix} = \begin{bmatrix} 20 \\ 20 \end{bmatrix}$

정규방정식에서

$$\begin{bmatrix} 1 & 2 & 4 \\ -1 & 3 & 5 \end{bmatrix}\begin{bmatrix} 1 & -1 \\ 2 & 3 \\ 4 & 5 \end{bmatrix}\begin{bmatrix} x_1 \\ x_2 \end{bmatrix}$$

$$= \begin{bmatrix} 1 & 2 & 4 \\ -1 & 3 & 5 \end{bmatrix}\begin{bmatrix} 2 \\ -1 \\ 5 \end{bmatrix}$$

이므로

$$\begin{bmatrix} 21 & 25 \\ 25 & 35 \end{bmatrix}\begin{bmatrix} x_1 \\ x_2 \end{bmatrix} = \begin{bmatrix} 20 \\ 20 \end{bmatrix}$$

(2) $\begin{bmatrix} 15 & -1 & 5 \\ -1 & 22 & 30 \\ 5 & 30 & 45 \end{bmatrix}\begin{bmatrix} x_1 \\ x_2 \\ x_3 \end{bmatrix} = \begin{bmatrix} -1 \\ 9 \\ 13 \end{bmatrix}$

3. (1) $x_1 = 5,\ x_2 = \frac{1}{2}\ ;\ \begin{bmatrix} \frac{11}{2} \\ -\frac{9}{2} \\ -4 \end{bmatrix}$

정규방정식에서

$$\begin{bmatrix} 1 & -1 & -1 \\ 1 & 1 & 2 \end{bmatrix}\begin{bmatrix} 1 & 1 \\ -1 & 1 \\ -1 & 2 \end{bmatrix}\begin{bmatrix} x_1 \\ x_2 \end{bmatrix} = \begin{bmatrix} 1 & -1 & -1 \\ 1 & 1 & 2 \end{bmatrix}\begin{bmatrix} 7 \\ 0 \\ -7 \end{bmatrix}$$

$$\begin{bmatrix} 3 & -2 \\ -2 & 6 \end{bmatrix}\begin{bmatrix} x_1 \\ x_2 \end{bmatrix} = \begin{bmatrix} 14 \\ 7 \end{bmatrix}$$

b에서 A의 열공간으로의 정사형

$$\begin{bmatrix} 1 & 1 \\ -1 & 1 \\ -1 & 2 \end{bmatrix}\begin{bmatrix} 5 \\ \frac{1}{2} \end{bmatrix} = \begin{bmatrix} \frac{11}{2} \\ -\frac{9}{2} \\ -4 \end{bmatrix}$$

(2) $x_1 = \frac{3}{7},\ x_2 = -\frac{2}{3}\ \begin{bmatrix} \frac{46}{21} \\ -\frac{5}{21} \\ \frac{13}{21} \end{bmatrix}$

(3) $x_1 = 12,\ x_2 = -3,\ x_3 = 9\ ;\ \begin{bmatrix} 3 \\ 3 \\ 9 \\ 0 \end{bmatrix}$

정규방정식

$$\begin{bmatrix} 1 & 2 & 1 & 1 \\ 0 & 1 & 1 & 1 \\ -1 & -2 & 0 & -1 \end{bmatrix}\begin{bmatrix} 1 & 0 & -1 \\ 2 & 1 & -2 \\ 1 & 1 & 0 \\ 1 & 1 & -1 \end{bmatrix}\begin{bmatrix} x_1 \\ x_2 \\ x_3 \end{bmatrix}$$

$$=\begin{bmatrix} 1 & 2 & 1 & 1 \\ 0 & 1 & 1 & 1 \\ -1 & -2 & 0 & -1 \end{bmatrix}\begin{bmatrix} 6 \\ 0 \\ 9 \\ 3 \end{bmatrix}$$

$$\begin{bmatrix} 7 & 4 & -6 \\ 4 & 3 & -3 \\ -6 & -3 & 6 \end{bmatrix}\begin{bmatrix} x_1 \\ x_2 \\ x_3 \end{bmatrix}=\begin{bmatrix} 18 \\ 12 \\ -9 \end{bmatrix}$$

b에서 A의 열공간으로의 정사영

$$\begin{bmatrix} 1 & 0 & -1 \\ 2 & 1 & -2 \\ 1 & 1 & 0 \\ 1 & 1 & -1 \end{bmatrix}\begin{bmatrix} 12 \\ -3 \\ 9 \end{bmatrix}=\begin{bmatrix} 3 \\ 3 \\ 9 \\ 0 \end{bmatrix}$$

(4) $x_1 = 14, x_2 = 30, x_3 = 26;\begin{bmatrix} 2 \\ 6 \\ -2 \\ 4 \end{bmatrix}$

4. $$\begin{bmatrix} \hat{\alpha} \\ \hat{\beta} \end{bmatrix}=\left(\begin{bmatrix} 1 & 0 \\ 1 & 1 \\ 1 & 2 \end{bmatrix}^T\begin{bmatrix} 1 & 0 \\ 1 & 1 \\ 1 & 2 \end{bmatrix}\right)^{-1}\begin{bmatrix} 1 & 0 \\ 1 & 1 \\ 1 & 2 \end{bmatrix}^T\begin{bmatrix} 0 \\ 2 \\ 7 \end{bmatrix}$$

$$=\begin{bmatrix} 3 & 3 \\ 3 & 5 \end{bmatrix}^{-1}\begin{bmatrix} 9 \\ 16 \end{bmatrix}=\begin{bmatrix} \frac{5}{6} & -\frac{1}{2} \\ -\frac{1}{2} & \frac{1}{2} \end{bmatrix}\begin{bmatrix} 9 \\ 16 \end{bmatrix}$$

$$=\begin{bmatrix} -\frac{1}{2} \\ \frac{7}{2} \end{bmatrix}$$

5. $$A=\begin{bmatrix} 1 & 2 & 4 \\ 1 & 3 & 9 \\ 1 & 5 & 25 \\ 1 & 6 & 36 \end{bmatrix}$$

$$\begin{bmatrix} \hat{\alpha} \\ \hat{\beta} \\ \hat{\gamma} \end{bmatrix}=(A^TA)^{-1}A^T\begin{bmatrix} 0 \\ -10 \\ -48 \\ -76 \end{bmatrix}$$

$$=\begin{bmatrix} 4 & 16 & 74 \\ 16 & 74 & 376 \\ 74 & 376 & 2018 \end{bmatrix}^{-1}\begin{bmatrix} -134 \\ -726 \\ -4026 \end{bmatrix}$$

$$=\begin{bmatrix} \frac{221}{10} & -\frac{62}{5} & \frac{3}{2} \\ -\frac{62}{5} & \frac{649}{90} & -\frac{8}{9} \\ \frac{3}{2} & -\frac{8}{9} & \frac{1}{9} \end{bmatrix}\begin{bmatrix} -134 \\ -726 \\ -4026 \end{bmatrix}$$

$$=\begin{bmatrix} 2 \\ 5 \\ -3 \end{bmatrix}$$

$y = 2+5x-3x^2$

CHAPTER 7 고유치 문제

7.1 연습문제

1. (1) $$A\mathrm{x}_1=\begin{bmatrix} 1 & 0 \\ 0 & -1 \end{bmatrix}\begin{bmatrix} 1 \\ 0 \end{bmatrix}$$

$$=\begin{bmatrix} 1 \\ 0 \end{bmatrix}=1\begin{bmatrix} 1 \\ 0 \end{bmatrix}=\lambda_1\mathrm{x}_1$$

$$A\mathrm{x}_2=\begin{bmatrix} 1 & 0 \\ 0 & -1 \end{bmatrix}\begin{bmatrix} 0 \\ 1 \end{bmatrix}$$

$$=\begin{bmatrix} 0 \\ -1 \end{bmatrix}=-1\begin{bmatrix} 0 \\ 1 \end{bmatrix}=\lambda_2\mathrm{x}_2$$

(2) $$A\mathrm{x}_1=\begin{bmatrix} 1 & 1 \\ 1 & 1 \end{bmatrix}\begin{bmatrix} 1 \\ -1 \end{bmatrix}$$

$$=\begin{bmatrix} 0 \\ 0 \end{bmatrix}=0\begin{bmatrix} 1 \\ -1 \end{bmatrix}=\lambda_1\mathrm{x}_1$$

$$A\mathrm{x}_2=\begin{bmatrix} 1 & 1 \\ 1 & 1 \end{bmatrix}\begin{bmatrix} 1 \\ 1 \end{bmatrix}$$

$$=\begin{bmatrix} 2 \\ 2 \end{bmatrix}=2\begin{bmatrix} 1 \\ 1 \end{bmatrix}=\lambda_2\mathrm{x}_2$$

(3) $$A\mathrm{x}_1=\begin{bmatrix} -2 & 2 & -3 \\ 2 & 1 & -6 \\ -1 & -2 & 0 \end{bmatrix}\begin{bmatrix} 1 \\ 2 \\ -1 \end{bmatrix}$$

$$=\begin{bmatrix} 5 \\ 10 \\ -5 \end{bmatrix}=5\begin{bmatrix} 1 \\ 2 \\ -1 \end{bmatrix}=\lambda_1\mathrm{x}_1$$

$$A\mathrm{x}_2=\begin{bmatrix} -2 & 2 & -3 \\ 2 & 1 & -6 \\ -1 & -2 & 0 \end{bmatrix}\begin{bmatrix} -2 \\ 1 \\ 0 \end{bmatrix}$$

$$=\begin{bmatrix} 6 \\ -3 \\ 0 \end{bmatrix}=-3\begin{bmatrix} -2 \\ 1 \\ 0 \end{bmatrix}$$

$$=\lambda_2\mathrm{x}_2$$

$$A\mathrm{x}_3=\begin{bmatrix} -2 & 2 & -3 \\ 2 & 1 & -6 \\ -1 & -2 & 0 \end{bmatrix}\begin{bmatrix} 3 \\ 0 \\ 1 \end{bmatrix}$$

$$=\begin{bmatrix} -9 \\ 0 \\ -3 \end{bmatrix}=-3\begin{bmatrix} 3 \\ 0 \\ 1 \end{bmatrix}$$

$$=\lambda_3\mathrm{x}_3$$

2. (1) (a) $$A\mathrm{x}=\begin{bmatrix} 7 & 2 \\ 2 & 4 \end{bmatrix}\begin{bmatrix} 1 \\ 2 \end{bmatrix}$$

$$=\begin{bmatrix} 11 \\ 10 \end{bmatrix}\neq\lambda\begin{bmatrix} 1 \\ 2 \end{bmatrix}$$

x는 A의 고유벡터가 아니다.

(b) $A\mathrm{x} = \begin{bmatrix} 7 & 2 \\ 2 & 4 \end{bmatrix}\begin{bmatrix} 2 \\ 1 \end{bmatrix}$

$= \begin{bmatrix} 16 \\ 8 \end{bmatrix} = 8\begin{bmatrix} 2 \\ 1 \end{bmatrix}$

x는 A의 고유벡터이다.

(c) $A\mathrm{x} = \begin{bmatrix} 7 & 2 \\ 2 & 4 \end{bmatrix}\begin{bmatrix} 1 \\ -2 \end{bmatrix}$

$= \begin{bmatrix} 3 \\ -6 \end{bmatrix} = 3\begin{bmatrix} 1 \\ -2 \end{bmatrix}$

x는 A의 고유벡터이다.

(d) $A\mathrm{x} = \begin{bmatrix} 7 & 2 \\ 2 & 4 \end{bmatrix}\begin{bmatrix} -1 \\ 0 \end{bmatrix}$

$= \begin{bmatrix} -7 \\ -2 \end{bmatrix} \neq \lambda\begin{bmatrix} -1 \\ 0 \end{bmatrix}$

x는 A의 고유벡터가 아니다.

(2) (a) $A\mathrm{x} = \begin{bmatrix} -1 & -1 & 1 \\ -2 & 0 & -2 \\ 3 & -3 & 1 \end{bmatrix}\begin{bmatrix} 2 \\ -4 \\ 6 \end{bmatrix}$

$= \begin{bmatrix} 8 \\ -16 \\ 24 \end{bmatrix} = 4\begin{bmatrix} 2 \\ -4 \\ 6 \end{bmatrix}$

x는 A의 고유벡터이다.

(b) $A\mathrm{x} = \begin{bmatrix} -1 & -1 & 1 \\ -2 & 0 & -2 \\ 3 & -3 & 1 \end{bmatrix}\begin{bmatrix} 2 \\ 0 \\ 6 \end{bmatrix}$

$= \begin{bmatrix} 4 \\ -16 \\ 12 \end{bmatrix} \neq \lambda\begin{bmatrix} 2 \\ 0 \\ 6 \end{bmatrix}$

x는 A의 고유벡터가 아니다.

(c) $A\mathrm{x} = \begin{bmatrix} -1 & -1 & 1 \\ -2 & 0 & -2 \\ 3 & -3 & 1 \end{bmatrix}\begin{bmatrix} 2 \\ 2 \\ 0 \end{bmatrix}$

$= \begin{bmatrix} -4 \\ -4 \\ 0 \end{bmatrix} = -2\begin{bmatrix} 2 \\ 2 \\ 0 \end{bmatrix}$

x는 A의 고유벡터이다.

(d) $A\mathrm{x} = \begin{bmatrix} -1 & -1 & 1 \\ -2 & 0 & -2 \\ 3 & -3 & 1 \end{bmatrix}\begin{bmatrix} -1 \\ 0 \\ 1 \end{bmatrix}$

$= \begin{bmatrix} 2 \\ 0 \\ -2 \end{bmatrix} = -2\begin{bmatrix} -1 \\ 0 \\ 1 \end{bmatrix}$

x는 A의 고유벡터이다.

3. (1) (a) 특성방정식

$|\lambda I - A| = \begin{vmatrix} \lambda-6 & 3 \\ 2 & \lambda-1 \end{vmatrix}$

$= \lambda^2 - 7\lambda = \lambda(\lambda-7) = 0$

(b) $\lambda_1 = 0, \lambda_2 = 7$의 고유벡터

i) $\lambda_1 = 0$

$\begin{bmatrix} \lambda_1-6 & 3 \\ 2 & \lambda_1-1 \end{bmatrix}\begin{bmatrix} x_1 \\ x_2 \end{bmatrix}$

$= \begin{bmatrix} 0 \\ 0 \end{bmatrix} \Rightarrow \begin{bmatrix} 2 & -1 \\ 0 & 0 \end{bmatrix}\begin{bmatrix} x_1 \\ x_2 \end{bmatrix} = \begin{bmatrix} 0 \\ 0 \end{bmatrix}$

$\lambda_1 = 0$에 대응하는 고유벡터

$\{(t, 2t) : t \in R\}$

ii) $\lambda_2 = 7$

$\begin{bmatrix} \lambda_2-6 & 3 \\ 2 & \lambda_2-1 \end{bmatrix}\begin{bmatrix} x_1 \\ x_2 \end{bmatrix} = \begin{bmatrix} 0 \\ 0 \end{bmatrix}$

$\begin{bmatrix} 1 & 3 \\ 0 & 0 \end{bmatrix}\begin{bmatrix} x_1 \\ x_2 \end{bmatrix} = \begin{bmatrix} 0 \\ 0 \end{bmatrix}$

$\lambda_2 = 7$에 대응하는 고유벡터

$\{(-3t, t) : t \in R\}$

(2) (a) 특성방정식

$|\lambda I - A| = \begin{vmatrix} \lambda-1 & \frac{3}{2} \\ -\frac{1}{2} & \lambda+1 \end{vmatrix}$

$= \lambda^2 - \frac{1}{4} = 0$

(b) $\lambda_1 = \frac{1}{2}$, $\lambda_2 = -\frac{1}{2}$의 고유벡터

i) $\lambda_1 = \frac{1}{2}$

$\begin{bmatrix} \lambda_1-1 & \frac{3}{2} \\ -\frac{1}{2} & \lambda_1+1 \end{bmatrix}\begin{bmatrix} x_1 \\ x_2 \end{bmatrix} = \begin{bmatrix} 0 \\ 0 \end{bmatrix}$

$\Rightarrow \begin{bmatrix} 1 & -3 \\ 0 & 0 \end{bmatrix}\begin{bmatrix} x_1 \\ x_2 \end{bmatrix} = \begin{bmatrix} 0 \\ 0 \end{bmatrix}$

$\lambda_1 = \frac{1}{2}$에 대응하는 고유벡터 $(3, 1)$

ii) $\lambda_2 = -\frac{1}{2}$

$\begin{bmatrix} \lambda_1-1 & \frac{3}{2} \\ -\frac{1}{2} & \lambda_1+1 \end{bmatrix}\begin{bmatrix} x_1 \\ x_2 \end{bmatrix} = \begin{bmatrix} 0 \\ 0 \end{bmatrix}$

$\Rightarrow \begin{bmatrix} 1 & -1 \\ 0 & 0 \end{bmatrix}\begin{bmatrix} x_1 \\ x_2 \end{bmatrix} = \begin{bmatrix} 0 \\ 0 \end{bmatrix}$

$\lambda_2 = -\frac{1}{2}$에 대응하는 고유벡터 $(1,1)$

(3) (a) 특성방정식

$$|\lambda I-A|=\begin{bmatrix}\lambda-2 & 0 & -1\\ 0 & \lambda-3 & -4\\ 0 & 0 & \lambda-1\end{bmatrix}$$

$$=(\lambda-2)(\lambda-3)(\lambda-1)=0$$

(b) $\lambda_1=2, \lambda_2=3, \lambda_3=1$

$i)\lambda_1=2$

$$\begin{bmatrix}\lambda_1-2 & 0 & -1\\ 0 & \lambda_1-3 & -4\\ 0 & 0 & \lambda_1-1\end{bmatrix}\begin{bmatrix}x_1\\x_2\\x_3\end{bmatrix}=\begin{bmatrix}0\\0\\0\end{bmatrix}$$

$$\Rightarrow\begin{bmatrix}0&1&0\\0&0&1\\0&0&0\end{bmatrix}\begin{bmatrix}x_1\\x_2\\x_3\end{bmatrix}=\begin{bmatrix}0\\0\\0\end{bmatrix}$$

$\lambda_1=2$에 대응하는 고유벡터 (1, 0, 0)

$ii)\lambda_2=3$

$$\begin{bmatrix}\lambda_2-2 & 0 & -1\\ 0 & \lambda_2-3 & -4\\ 0 & 0 & \lambda_2-1\end{bmatrix}\begin{bmatrix}x_1\\x_2\\x_3\end{bmatrix}=\begin{bmatrix}0\\0\\0\end{bmatrix}$$

$$\Rightarrow\begin{bmatrix}1&0&0\\0&0&1\\0&0&0\end{bmatrix}\begin{bmatrix}x_1\\x_2\\x_3\end{bmatrix}=\begin{bmatrix}0\\0\\0\end{bmatrix}$$

$\lambda_2=3$에 대응하는 고유벡터 (0, 1, 0)

$iii)\ \lambda_3=1$

$$\begin{bmatrix}\lambda_3-2 & 0 & -1\\ 0 & \lambda_3-3 & -4\\ 0 & 0 & \lambda_3-1\end{bmatrix}\begin{bmatrix}x_1\\x_2\\x_3\end{bmatrix}=\begin{bmatrix}0\\0\\0\end{bmatrix}$$

$$\Rightarrow\begin{bmatrix}1&0&1\\0&1&2\\0&0&0\end{bmatrix}\begin{bmatrix}x_1\\x_2\\x_3\end{bmatrix}=\begin{bmatrix}0\\0\\0\end{bmatrix}$$

$\lambda_3=1$에 대응하는 고유벡터 (-1,-2,1)

(4) (a) 특성 방정식

$$|\lambda I-A|=\begin{vmatrix}\lambda-1 & -2 & 2\\ 2 & \lambda-5 & 2\\ 6 & -6 & \lambda+3\end{vmatrix}$$

$$=\lambda^3-3\lambda^2-9\lambda+27=0$$

$$=(\lambda+3)(\lambda-3)^2=0$$

$\lambda=-3$ 또는 $\lambda=3$

(b) $\lambda_1=-3, \lambda_2=3$의 고유벡터

$i)\lambda_1=-3$

$$\begin{bmatrix}\lambda_1-1 & -2 & 2\\ 2 & \lambda_1-5 & 2\\ 6 & -6 & \lambda_1+3\end{bmatrix}\begin{bmatrix}x_1\\x_2\\x_3\end{bmatrix}=\begin{bmatrix}0\\0\\0\end{bmatrix}$$

$$\Rightarrow\begin{bmatrix}-4&-2&2\\2&-8&2\\6&-6&0\end{bmatrix}\begin{bmatrix}x_1\\x_2\\x_3\end{bmatrix}=\begin{bmatrix}0\\0\\0\end{bmatrix}$$

$\lambda_1=-3$에 대응하는 고유벡터(1, 1, 3)

$ii)\lambda_2=3$

$$\begin{bmatrix}\lambda_2-1 & -2 & 2\\ 2 & \lambda_2-5 & 2\\ 6 & -6 & \lambda_2+3\end{bmatrix}\begin{bmatrix}x_1\\x_2\\x_3\end{bmatrix}=\begin{bmatrix}0\\0\\0\end{bmatrix}$$

$$\Rightarrow\begin{bmatrix}-4&-2&2\\2&-8&2\\6&-6&0\end{bmatrix}\begin{bmatrix}x_1\\x_2\\x_3\end{bmatrix}=\begin{bmatrix}0\\0\\0\end{bmatrix}$$

$\lambda_2=3$에 대응하는 고유벡터

(1,1,0) 그리고 (1,0,-1)

연습문제 7.2

1. (1) $P^{-1}=\begin{bmatrix}1&-4\\-1&3\end{bmatrix}$

$$P^{-1}AP=\begin{bmatrix}1&-4\\-1&3\end{bmatrix}\begin{bmatrix}-11&36\\-3&10\end{bmatrix}\begin{bmatrix}-3&-4\\-1&-1\end{bmatrix}$$

$$=\begin{bmatrix}1&0\\0&-2\end{bmatrix}$$

(2) $P^{-1}=\begin{bmatrix}\frac{2}{3}&-\frac{2}{3}&1\\0&\frac{1}{4}&0\\-\frac{1}{3}&\frac{1}{12}&0\end{bmatrix}$,

$P^{-1}AP$

$$=\begin{bmatrix}\frac{2}{3}&-\frac{2}{3}&1\\0&\frac{1}{4}&0\\-\frac{1}{3}&\frac{1}{12}&0\end{bmatrix}\begin{bmatrix}-1&1&0\\0&3&0\\4&-2&5\end{bmatrix}\begin{bmatrix}0&1&-3\\0&4&0\\1&2&2\end{bmatrix}$$

$$=\begin{bmatrix}5&0&0\\0&3&0\\0&0&-1\end{bmatrix}$$

2. (1) A의 고유치는 $\lambda_1=\frac{1}{2}, \lambda_2=-\frac{1}{2}$이고 대응하는 고유벡터 (3,1),(1,1)이다.

$P=\begin{bmatrix}3&1\\1&1\end{bmatrix}$

$$P^{-1}AP = \begin{bmatrix} \frac{1}{2} & -\frac{1}{2} \\ -\frac{1}{2} & \frac{3}{2} \end{bmatrix} \begin{bmatrix} 1 & -\frac{3}{2} \\ \frac{1}{2} & -1 \end{bmatrix} \begin{bmatrix} 3 & 1 \\ 1 & 1 \end{bmatrix}$$

$$= \begin{bmatrix} \frac{1}{2} & 0 \\ 0 & -\frac{1}{2} \end{bmatrix}$$

(2) A의 고유치는 $\lambda_1 = -3, \lambda_2 = 3$(중복도)이고 대응하는 고유벡터 (1,1,3), (1,1,0), (1,0,-1) 이다.

$$P = \begin{bmatrix} 1 & 1 & 1 \\ 1 & 1 & 0 \\ 3 & 0 & -1 \end{bmatrix}$$

$P^{-1}AP$

$$= \begin{bmatrix} \frac{1}{3} & -\frac{1}{3} & \frac{1}{3} \\ -\frac{1}{3} & \frac{4}{3} & -\frac{1}{3} \\ 1 & -1 & 0 \end{bmatrix} \begin{bmatrix} 1 & 2 & -2 \\ -2 & 5 & -2 \\ -6 & 6 & -3 \end{bmatrix} \begin{bmatrix} 1 & 1 & 1 \\ 1 & 1 & 0 \\ 3 & 0 & -1 \end{bmatrix}$$

$$= \begin{bmatrix} -3 & 0 & 0 \\ 0 & 3 & 0 \\ 0 & 0 & 3 \end{bmatrix}$$

(3) A의 고유치는

$\lambda_1 = -2, \lambda_2 = 6, \lambda_3 = 4$이고 대응하는 고유벡터 (3,2,0), (-1,2,0), (-5, 10,2)이다.

$$P = \begin{bmatrix} 3 & -1 & -5 \\ 2 & 2 & 10 \\ 0 & 0 & 2 \end{bmatrix}$$

$$\Rightarrow P^{-1} = \begin{bmatrix} \frac{1}{4} & \frac{1}{8} & 0 \\ -\frac{1}{4} & \frac{3}{8} & -\frac{5}{2} \\ 0 & 0 & \frac{1}{2} \end{bmatrix}$$

$P^{-1}AP$

$$= \begin{bmatrix} \frac{1}{4} & \frac{1}{8} & 0 \\ -\frac{1}{4} & \frac{3}{8} & -\frac{5}{2} \\ 0 & 0 & \frac{1}{2} \end{bmatrix} \begin{bmatrix} 0 & -3 & 5 \\ -4 & 4 & -10 \\ 0 & 0 & 4 \end{bmatrix} \begin{bmatrix} 3 & -1 & -5 \\ 2 & 2 & 10 \\ 0 & 0 & 2 \end{bmatrix}$$

$$= \begin{bmatrix} -2 & 0 & 0 \\ 0 & 6 & 0 \\ 0 & 0 & 4 \end{bmatrix}$$

3. (1) $B^k = (P^{-1}AP)^k$

$= (P^{-1}AP)(P^{-1}AP)\dots(P^{-1}AP)$

$= (P^{-1}A^kP)$

(2) $B = (P^{-1}AP)$

$\Rightarrow A = PBP^{-1}$

$\Rightarrow A^k = PB^kP^{-1}$

4. (1) A의 고유치와 대응하는 고유벡터는

$\lambda_1 = -2, \lambda_2 = 1,$

$x_1 = \left(-\frac{3}{2}, 1\right),$

$x_2 = (-2, 1)$이다.

$$P = \begin{bmatrix} -\frac{3}{2} & -2 \\ 1 & 1 \end{bmatrix}$$

$B = P^{-1}AP$

$$= \begin{bmatrix} 2 & 4 \\ -2 & -3 \end{bmatrix} \begin{bmatrix} 10 & 18 \\ -6 & -11 \end{bmatrix} \begin{bmatrix} -\frac{3}{2} & -2 \\ 1 & 1 \end{bmatrix}$$

$$= \begin{bmatrix} -2 & 0 \\ 0 & 1 \end{bmatrix}$$

그러므로

$A^6 = PB^6P^{-1}$

$$= \begin{bmatrix} -\frac{3}{2} & -2 \\ 1 & 1 \end{bmatrix} \begin{bmatrix} 64 & 0 \\ 0 & 1 \end{bmatrix} \begin{bmatrix} 2 & 4 \\ -2 & -3 \end{bmatrix}$$

$$= \begin{bmatrix} -188 & -378 \\ 126 & 253 \end{bmatrix}$$

(2) A의 고유치와 대응하는 고유벡터는

$x_1 = (-1, 3, 1),$

$x_2 = (3, 0, 1),$

$x_3 = (-2, 1, 0)$이다.

$$P = \begin{bmatrix} -1 & 3 & -2 \\ 3 & 0 & 1 \\ 1 & 1 & 0 \end{bmatrix}$$

$B = P^{-1}AP$

$$= \begin{bmatrix} \frac{1}{2} & 1 & -\frac{3}{2} \\ -\frac{1}{2} & -1 & \frac{5}{2} \\ -\frac{3}{2} & -2 & \frac{9}{2} \end{bmatrix} \begin{bmatrix} 3 & 2 & -3 \\ -3 & -4 & 9 \\ -1 & -2 & 5 \end{bmatrix}$$

$$\begin{bmatrix} -1 & 3 & -2 \\ 3 & 0 & 1 \\ 1 & 1 & 0 \end{bmatrix} = \begin{bmatrix} 0 & 0 & 0 \\ 0 & 2 & 0 \\ 0 & 0 & 2 \end{bmatrix}$$

그러므로

$A^8 = PB^8P^{-1}$

$$= P\begin{bmatrix} 0 & 0 & 0 \\ 0 & 256 & 0 \\ 0 & 0 & 256 \end{bmatrix} P^{-1}$$

$$= \begin{bmatrix} 384 & 256 & -384 \\ -384 & -512 & 1152 \\ -128 & -256 & 640 \end{bmatrix}$$

7.3 연습문제

1. (1) 대칭
   (2) 대칭 아님
   (3) 대칭

2. (1) A의 특성 방정식은

$$|\lambda I - A| = \begin{vmatrix} \lambda-3 & -1 \\ -1 & \lambda-3 \end{vmatrix}$$

$$= (\lambda-4)(\lambda-2) = 0$$

$\lambda_1 = 4, \lambda_2 = 2$

각각의 고유공간의 차원은 1이다.

(2) A의 특성방정식은

$$|\lambda I - A| = \begin{vmatrix} \lambda & -2 & -2 \\ -2 & \lambda & -2 \\ -2 & -2 & \lambda \end{vmatrix}$$

$$= (\lambda+2)^2(\lambda-4) = 0$$

$\lambda_1 = -2, \lambda_2 = 4$

$\lambda_1 = -2$

의 고유 공간의 차원 2이고

$\lambda_2 = 4$

의 고유공간의 차원은 1이다.

(3) A의 특성방정식은

$$|\lambda I - A| = \begin{vmatrix} \lambda & -2 & -2 \\ -2 & \lambda & -2 \\ -2 & -2 & \lambda \end{vmatrix}$$

$$= (\lambda+2)^2(\lambda-4) = 0$$

$$\lambda_1 = -2, \lambda_2 = 4$$

$\lambda_1 = -2$

의 고유 공간의 차원 2이고

$\lambda_2 = 4$

의 고유공간의 차원은 1이다.

3. (1) 열 벡터들이 정규직교 집합이므로 직교행렬이다.
   (2) 열 벡터들이 정규직교 집합이 아니므로 직교행렬이 아니다.
   (3) 열 벡터들이 정규직교 집합이므로 직교행렬이다.

4. (1) A의 고유치와 대응하는 고유벡터는 각각 $\lambda_1 = 0. \lambda_2 = 2$, $(1,-1), (1,1)$이다. 고유벡터를 정규화하면

$$P = \begin{bmatrix} \frac{\sqrt{2}}{2} & \frac{\sqrt{2}}{2} \\ -\frac{\sqrt{2}}{2} & \frac{\sqrt{2}}{2} \end{bmatrix}$$

$$P^T AP = \begin{bmatrix} \frac{\sqrt{2}}{2} & -\frac{\sqrt{2}}{2} \\ \frac{\sqrt{2}}{2} & \frac{\sqrt{2}}{2} \end{bmatrix} \begin{bmatrix} 1 & 1 \\ 1 & 1 \end{bmatrix}$$

$$\begin{bmatrix} \frac{\sqrt{2}}{2} & \frac{\sqrt{2}}{2} \\ -\frac{\sqrt{2}}{2} & \frac{\sqrt{2}}{2} \end{bmatrix}$$

$$= \begin{bmatrix} 0 & 0 \\ 0 & 2 \end{bmatrix}$$

(2) A의 고유치와 대응하는 고유벡터는 각각 $\lambda_1 = 0, \lambda_2 = 3, \left(\frac{\sqrt{2}}{2}, -1\right), (\sqrt{2}, 1)$이다.

고유벡터를 정규화하려면

$$P = \begin{bmatrix} \frac{\sqrt{3}}{3} & -\frac{\sqrt{6}}{3} \\ -\frac{\sqrt{6}}{3} & \frac{\sqrt{3}}{3} \end{bmatrix}$$

$P^T AP$

$$= \begin{bmatrix} \frac{\sqrt{3}}{3} & -\frac{\sqrt{6}}{3} \\ \frac{\sqrt{6}}{3} & \frac{\sqrt{3}}{3} \end{bmatrix} \begin{bmatrix} 2 & \sqrt{2} \\ \sqrt{2} & 1 \end{bmatrix}$$

$$\begin{bmatrix} \frac{\sqrt{3}}{3} & -\frac{\sqrt{6}}{3} \\ -\frac{\sqrt{6}}{3} & \frac{\sqrt{3}}{3} \end{bmatrix}$$

$$= \begin{bmatrix} 0 & 0 \\ 0 & 3 \end{bmatrix}$$

(3) A의 고유치와 대응하는 고유벡터는 각각 $\lambda_1 = -15, \lambda_2 = 0, \lambda_3 = 15$

$(-2,1,2), (-1,2,-2), (2,2,1)$이다.

고유벡터를 정규화하면

$$P=\begin{bmatrix} -\frac{2}{3} & -\frac{1}{3} & \frac{2}{3} \\ \frac{1}{3} & \frac{2}{3} & \frac{2}{3} \\ \frac{2}{3} & -\frac{2}{3} & \frac{1}{3} \end{bmatrix}$$

P^TAP

$$=\begin{bmatrix} -\frac{2}{3} & \frac{1}{3} & \frac{2}{3} \\ -\frac{1}{3} & \frac{2}{3} & -\frac{2}{3} \\ \frac{2}{3} & \frac{2}{3} & \frac{1}{3} \end{bmatrix}\begin{bmatrix} 0 & 10 & 10 \\ 10 & 5 & 0 \\ 10 & 0 & -5 \end{bmatrix}$$

$$\begin{bmatrix} -\frac{2}{3} & -\frac{1}{3} & \frac{2}{3} \\ \frac{1}{3} & \frac{2}{3} & \frac{2}{3} \\ \frac{2}{3} & -\frac{2}{3} & \frac{1}{3} \end{bmatrix}$$

$$=\begin{bmatrix} -15 & 0 & 0 \\ 0 & 0 & 0 \\ 0 & 0 & 15 \end{bmatrix}$$

5. 생략

6. $A^{-1}=\frac{1}{\cos^2\theta+\sin^2\theta}\begin{bmatrix} \cos\theta & \sin\theta \\ -\sin\theta & \cos\theta \end{bmatrix}$

$=A^T$

이므로 직교행렬이다.

CHAPTER 8 선형변환

8.1 연습문제

1. (1) (a) (-1,7) (b) (11,-8)
   (2) (a) (1,5,4) (b) (5,-6,t)
   (3) (a) (-14,-7) (b) (1,1,t)
2. (1) 선형변환
   (2) 선형변환
   (3) no
   (4) 선형변환
3. (1) 선형변환
   (2) no
   (3) 선형변환
4. (1) (3,11,-8)
   (2) (0,-6,8)
5. (1) $T: R^4 \rightarrow R^3$
   (2) $T: R^5 \rightarrow R^2$
   (3) $T: R^2 \rightarrow R^2$
6. (1) A= $\begin{bmatrix} 1 & 2 \\ 1 & -2 \end{bmatrix}$
   (2) A= $\begin{bmatrix} 2 & -3 \\ 1 & -1 \\ -4 & 1 \end{bmatrix}$
   (3) A= $\begin{bmatrix} 1 & 1 & 0 \\ 1 & -1 & 0 \\ -1 & 0 & 1 \end{bmatrix}$
   (4) A= $\begin{bmatrix} 0 & -2 & 3 \\ 4 & 0 & 11 \end{bmatrix}$
7. (1) (35,-7)
   (2) (0,0)
8. (1) (a) $\begin{bmatrix} 2 & 3 & -1 \\ 3 & 0 & -2 \\ 2 & -1 & 1 \end{bmatrix}$
   (b) (9,5,-1)
   (2) (a) $\begin{bmatrix} 1 & -1 & 0 & 0 \\ 0 & 0 & 1 & 0 \\ 1 & 2 & 0 & -1 \\ 0 & 0 & 0 & 1 \end{bmatrix}$
   (b) (1,1,2,-1)

8.2 연습문제

1. (1) R^3
   (2) $\{a_1x_1+a_2x^2+a_3x^3 : a_1,a_2,a_3 \in R\}$
   (3) {(0,0)}
2. (1) (a) $T(v)=\begin{bmatrix} 1 & 2 \\ 3 & 4 \end{bmatrix}\begin{bmatrix} v_1 \\ v_2 \end{bmatrix}=\begin{bmatrix} 0 \\ 0 \end{bmatrix}$
   $v_1=v_2=0$이므로 $\{(0,0)\}$
   (b) $A^T=\begin{bmatrix} 1 & 3 \\ 2 & 4 \end{bmatrix}\rightarrow\begin{bmatrix} 1 & 0 \\ 0 & 1 \end{bmatrix}$
   $\{(1,0),(0,1)\}$
   (2) (a) $T(v)=\begin{bmatrix} 1 & -1 & 2 \\ 0 & 1 & 0 \end{bmatrix}\begin{bmatrix} v_1 \\ v_2 \\ v_3 \end{bmatrix}=\begin{bmatrix} 0 \\ 0 \end{bmatrix}$
   $(-4t,-2t,t)$ $\{(-4,-2,1)\}$

(b) $A^T = \begin{bmatrix} 1 & 0 \\ -1 & 1 \\ 2 & 2 \end{bmatrix} \Rightarrow \begin{bmatrix} 1 & 0 \\ 0 & 1 \\ 0 & 0 \end{bmatrix}$

$\{(1,0),(0,1)\}$

3. (1) (a) $T(\mathrm{x})=0$에서 $\mathrm{x}=(0,0)$ 이므로

$\ker(T)=\{(0,0)\}$

(b) $\mathrm{nullity}(T)=\dim(\ker(T))=0$

(c) $A^T=\begin{bmatrix} -1 & 1 \\ 1 & 1 \end{bmatrix} \rightarrow \begin{bmatrix} 1 & 0 \\ 0 & 1 \end{bmatrix}$

$\mathrm{Im}(T)=R^2$

(d) $\mathrm{rank}(T)=\dim(\mathrm{Im}(T))=2$

(2) (a) $T(\mathrm{x})=0$에서

$\mathrm{x}=(0,0)$이므로 $\ker(T)=\{(0,0)\}$

(b) $\mathrm{nullity}(T)=\dim(\ker(T))=0$

(c) $A^T=\begin{bmatrix} 5 & 1 & 1 \\ 1 & -31 & 1 \end{bmatrix} \rightarrow \begin{bmatrix} 1 & 0 & \frac{1}{4} \\ 0 & 1 & -\frac{1}{4} \end{bmatrix}$

$\mathrm{Im}(T)=\{(4s,4t,s-t):s.t\in R\}$

(d) $\mathrm{rank}(T)=\dim(\mathrm{Im}(T))=2$

(3) (a) $T(\mathrm{x})=0$에서

$\ker(T)=\{(-11t,6t,4t):t\in R\}$

(b) $\mathrm{nullity}(T)=\dim(\ker(T))=1$

(c) $A^T=\begin{bmatrix} 0 & 4 \\ -2 & 0 \\ 3 & 11 \end{bmatrix} \rightarrow \begin{bmatrix} 1 & 0 \\ 0 & 1 \\ 0 & 0 \end{bmatrix}$

$\mathrm{Im}(T)=R^2$

(d) $\mathrm{rank}(T)=\dim(\mathrm{Im}(T))=2$

(4) (a) $T(\mathrm{x})=0$에서

$\ker(T)=\{(t,-3t):t\in R\}$

(b) $\mathrm{nullity}(T)=\dim(\ker(T))=1$

(c) $A^T=\begin{bmatrix} \frac{9}{10} & \frac{3}{10} \\ \frac{3}{10} & \frac{1}{10} \end{bmatrix} \rightarrow \begin{bmatrix} 3 & 1 \\ 0 & 0 \end{bmatrix}$

$\mathrm{Im}(T)=\{(3t,t),t\in R\}$

(d) $\mathrm{rank}(T)=\dim(\mathrm{Im}(T))=1$

(5) (a) $T(\mathrm{x})=0$에서

$\ker(T)=\{(s,\ t,\ -2s+2t):s,t\in R\}$

(b) $\mathrm{nullity}(T)=\dim(\ker(T))=2$

(c) $A^T=\begin{bmatrix} 1 & -1 & \frac{1}{2} \\ 0 & 0 & 0 \\ 0 & 0 & 0 \end{bmatrix}$

$\mathrm{Im}(T)=\{(2t,-2t,t):t\in R\}$

(d) $\mathrm{rank}(T)=\dim(\mathrm{Im}(T))=1$

4. (1) 2

(2) 4

8.3 연습문제

1. (1) T_1, T_2의 표준행렬 각각

$A_1=\begin{bmatrix} 1 & -2 \\ 2 & 3 \end{bmatrix}$, $A_2=\begin{bmatrix} 2 & 0 \\ 1 & -1 \end{bmatrix}$

$T_2 \circ T_1, T_1 \circ T_2$의 표준행렬

$A_2A_1=\begin{bmatrix} 2 & -4 \\ -1 & -5 \end{bmatrix}$,

$A_1A_2=\begin{bmatrix} 0 & 2 \\ 7 & -3 \end{bmatrix}$

(2) T_1, T_2의 표준행렬 각각

$A_1=\begin{bmatrix} -1 & 2 \\ 1 & 1 \\ 1 & -1 \end{bmatrix}$,

$A_2=\begin{bmatrix} 1 & -3 & 0 \\ 3 & 0 & 1 \end{bmatrix}$

$T_2 \circ T_1, T_1 \circ T_2$의 표준행렬

$A_2A_1=\begin{bmatrix} -4 & -1 \\ -2 & 5 \end{bmatrix}$,

$A_1A_2=\begin{bmatrix} 5 & 3 & 2 \\ 4 & -3 & 1 \\ -2 & -3 & -1 \end{bmatrix}$

2. (1) $T_2 \circ T_1(x,y)$

$=(2x-3y,2x+3y)$

(2) $T_2 \circ T_1(x,y,z)=(0,2x)$

3. (1) $T_3 \circ T_2 \circ T_1(x,y,z)$

$=(3x-2y,x)$

(2) $T_3 \circ T_2 \circ T_1(x,y)$

$=(4y,6y)$

4. (1) T의 표준행렬

$A=\begin{bmatrix} 1 & 1 \\ 1 & -1 \end{bmatrix}$, $A^{-1}=\begin{bmatrix} \frac{1}{2} & \frac{1}{2} \\ \frac{1}{2} & -\frac{1}{2} \end{bmatrix}$

$$T^{-1}(x,y)=\left(\frac{1}{2}x+\frac{1}{2}y,\ \frac{1}{2}x-\frac{1}{2}y\right)$$

(2) $A=\begin{bmatrix}2&0\\0&0\end{bmatrix}$

$|A|=0$이므로 가역이 아니다.

(3) $A=\begin{bmatrix}5&0\\0&5\end{bmatrix},\ A^{-1}=\begin{bmatrix}\frac{1}{5}&0\\0&\frac{1}{5}\end{bmatrix}$

$$T^{-1}(x,\ y)=\left[\frac{x}{5},\ \frac{y}{5}\right]$$

5. (1) $\begin{bmatrix}\frac{1}{3}&-\frac{2}{3}\\\frac{1}{3}&\frac{1}{3}\end{bmatrix}$

$$T^{-1}(w_1,w_2)=\left(\frac{1}{3}w_1-\frac{2}{3}w_2,\frac{1}{3}w_1+\frac{1}{3}w_2\right)$$

(2) 1대 1아님

(3) 1대 1, $\begin{bmatrix}0&-1\\-1&0\end{bmatrix}$,

$$T^{-1}(w_1,w_2)=(-w_2,\ -w_1)$$

(4) 1대 1아님

6. (1) $A=\begin{bmatrix}1&-2&2\\2&1&1\\1&1&0\end{bmatrix}$

$$A^{-1}=\begin{bmatrix}1&-2&4\\-1&2&-3\\-1&3&-5\end{bmatrix}$$

$T^{-1}(w_1,w_2,w_3)$

$=(w_1-2w_2+4w_3,-w_1+2w_2$

$-3w_3,-w_1+3w_2-5w_3)$

(2) $A=\begin{bmatrix}1&-3&4\\-1&1&1\\0&-2&5\end{bmatrix}$ 가역이 아니다.

즉 $D=0$

(3) $D\neq 0$

(4) $D=0$

8.4 연습문제

1. (1) T(3,5)=(3,-5)

(2) T(2,-1)=(2,1)

(3) T(a,0)=(a,0)

(4) T(-c,d)=(-c,-d)

2. (1) T(0,1)=(1,0)

(2) T(a,0)=(0,a)

(3) T(-c,d)=(d,-c)

3. (1) $T(x,y)=(y,x)$

(2) $y=x$에 대해 대칭

4. (1) $T(x,y)=(x,-y)$

T(0,0)=(0,0), T(1,0)=(1,0)

T(1,1)=(1,-1), T(0,1)=(0,-1)

(2) T(0,0)=(0,0), $T(1,0)=\left(\frac{1}{2},0\right)$

$T(1,1)=\left(\frac{1}{2},1\right)$, T(0,1)=(0,1)

(3) T(0,0)=(0,0), T(1,0)=(1,0)

T(1,1)=(3,1), T(0,1)=(2,1)

5. T(1,0)=(2,0)

T(0,1)=(0,3)

T(2,2)=(4,6)

6. (1) (a) $A=\begin{bmatrix}-1&0\\0&-1\end{bmatrix}$

(b) $T(3,4)=(-3,-4)$

(2) (a) $A=\begin{bmatrix}0&1\\1&0\end{bmatrix}$

(b) $T(3,4)=(4,3)$

(3) (a) $A=\begin{bmatrix}-\frac{\sqrt{2}}{2}&-\frac{\sqrt{2}}{2}\\\frac{\sqrt{2}}{2}&-\frac{\sqrt{2}}{2}\end{bmatrix}$

(b) $T(4,4)=(-4\sqrt{2},0)$

(4) (a) $A=\begin{bmatrix}1&0&0\\0&1&0\\0&0&-1\end{bmatrix}$

(b) T(3,2,2)=(3,2,-2)

(5) (a) $\begin{bmatrix}-1&0&0\\0&1&0\\0&0&1\end{bmatrix}$

(b) $T(2,3,4)=(-2,3,4)$

(6) (a) $A=\begin{bmatrix}-1&0\\0&-1\end{bmatrix}$

T(1,2)=(-1,-2)

CHAPTER 9 형식

9.1 연습문제

1. (1) $A=\begin{bmatrix} 9 & 3 & -4 \\ 3 & -1 & \frac{1}{2} \\ -4 & \frac{1}{2} & 4 \end{bmatrix}$

(2) $A=\begin{bmatrix} 0 & \frac{1}{2} & \frac{1}{2} \\ \frac{1}{2} & 0 & \frac{1}{2} \\ \frac{1}{2} & \frac{1}{2} & 0 \end{bmatrix}$

(3) $A=\begin{bmatrix} 1 & 1 & 0 & -5 \\ 1 & 1 & 0 & 0 \\ 0 & 0 & -1 & 2 \\ -5 & 0 & 2 & -1 \end{bmatrix}$

2. 생략

3. (1) 최대값$=5$, $(\pm 1,0)$

최소값$=-1$, $(0,\pm 1)$

(2) 최대값

$\frac{7+\sqrt{10}}{2}$, $\left(\pm\frac{1}{\sqrt{20-6\sqrt{10}}},\right.$

$\left.\pm\frac{1}{\sqrt{20-6\sqrt{\sqrt{10}}}}\right)$

최소값

$\frac{7-\sqrt{10}}{2}$, $\pm\left(\frac{1}{\sqrt{20+6\sqrt{10}}},\right.$

$\left.\frac{1}{\sqrt{20-6\sqrt{10}}}\right)$

4. (1) 생략

(2) $[x_1,x_2,x_3]\begin{bmatrix} 2 & 1 & 1 \\ 1 & 1 & 0 \\ 1 & 0 & 1 \end{bmatrix}\begin{bmatrix} x_1 \\ x_2 \\ x_3 \end{bmatrix}$

$=\mathrm{x}^T A\mathrm{x}$

A의 특성방정식

$\lambda^3-4\lambda^2+3\lambda=\lambda(\lambda-3)(\lambda-1)=0$

$\lambda=0,1,3$ 각 고유벡터

$\begin{bmatrix} 1/\sqrt{3} \\ -1/\sqrt{3} \\ -1/\sqrt{3} \end{bmatrix},\begin{bmatrix} 0 \\ -1/\sqrt{2} \\ 1/\sqrt{2} \end{bmatrix},\begin{bmatrix} 2/\sqrt{6} \\ 1/\sqrt{6} \\ 1/\sqrt{6} \end{bmatrix}$

최대값, 3, $(2/\sqrt{6},1/\sqrt{6},1/\sqrt{6})$

최소값, 0, $(1/\sqrt{3},-1/\sqrt{3},-1/\sqrt{3})$

9.2 연습문제

1. (1) $\mathrm{x}^T A\mathrm{x}$

$=[x_1\ x_2]\begin{bmatrix} 2 & -1 \\ -1 & 2 \end{bmatrix}\begin{bmatrix} x_1 \\ x_2 \end{bmatrix}$

A의 특성방정식

$\lambda^2-4\lambda+3=0$

고유값 $\lambda=3,\lambda=1$이다.

각 고유벡터를 정규화하면

$\lambda=3:\begin{bmatrix} 1/\sqrt{2} \\ -1/\sqrt{2} \end{bmatrix}\quad \lambda=1:\begin{bmatrix} 1/\sqrt{2} \\ 1/\sqrt{2} \end{bmatrix}$

혼합형을 소거하기 위하여

$\mathrm{x}=P\mathrm{y}$를 대입하면

$\begin{bmatrix} x_1 \\ x_2 \end{bmatrix}=\begin{bmatrix} \frac{1}{\sqrt{2}} & 1/\sqrt{2} \\ -\frac{1}{\sqrt{2}} & 1/\sqrt{2} \end{bmatrix}\begin{bmatrix} y_1 \\ y_2 \end{bmatrix}$이다.

$\mathrm{x}^T A\mathrm{x}=(P\mathrm{y})^T AP\mathrm{y}$

$=\mathrm{y}^T P^T AP\mathrm{y}=\mathrm{y}^T D\mathrm{y}$

$=[y_1\ y_2]\begin{bmatrix} 3 & 0 \\ 0 & 1 \end{bmatrix}\begin{bmatrix} y_1 \\ y_2 \end{bmatrix}=3y_1^2+y_2^2$

(2) $\begin{bmatrix} x_1 \\ x_2 \end{bmatrix}=\begin{bmatrix} \frac{1}{\sqrt{5}} & \frac{2}{\sqrt{5}} \\ -\frac{2}{\sqrt{5}} & \frac{1}{\sqrt{5}} \end{bmatrix}\begin{bmatrix} y_1 \\ y_2 \end{bmatrix}$에서

$y_1^2+6y_2^2$

(3) $\begin{bmatrix} x_1 \\ x_2 \end{bmatrix}=\begin{bmatrix} \frac{1}{\sqrt{2}} & \frac{1}{\sqrt{2}} \\ \frac{1}{\sqrt{2}} & -\frac{1}{\sqrt{2}} \end{bmatrix}\begin{bmatrix} y_1 \\ y_2 \end{bmatrix}$에서

$y_1^2-y_2^2$

2. (1) $\mathrm{x}^T A\mathrm{x}$

$=[x_1\ x_2\ x_3]\begin{bmatrix} 3 & 2 & 0 \\ 2 & 4 & -2 \\ 0 & -2 & 5 \end{bmatrix}\begin{bmatrix} x_1 \\ x_2 \\ x_3 \end{bmatrix}$

A의 특성방정식

$(\lambda-7)(\lambda-4)(\lambda-1)=0$

$\lambda=7,4,1$

직교행렬

$$P=\begin{bmatrix}1/3 & 2/3 & 2/3\\ 2/3 & 1/3 & -2/3\\ -2/3 & 2/3 & -1/3\end{bmatrix}$$

$\mathrm{x}=P\mathrm{y}$

$$\mathrm{x}^TA\mathrm{x}=(P\mathrm{y})^TAP\mathrm{y}=\mathrm{y}^TP^TAP\mathrm{y}$$
$$=\mathrm{y}^TD\mathrm{y}$$
$$=[y_1\ y_2\ y_3]\begin{bmatrix}7&0&0\\0&4&0\\0&0&1\end{bmatrix}\begin{bmatrix}y_1\\y_2\\y_3\end{bmatrix}$$
$$=7y_1^2+4y_2^2+y_3^2$$

(2) 생략

3. (1) $[x,\ y]\begin{bmatrix}2 & -\frac{3}{2}\\ -\frac{3}{2} & 4\end{bmatrix}\begin{bmatrix}x\\y\end{bmatrix}+$

$[-7,\ 2]\begin{bmatrix}x\\y\end{bmatrix}+7=0$

(2) $[x,\ y]\begin{bmatrix}0 & \frac{5}{2}\\ \frac{5}{2} & 0\end{bmatrix}\begin{bmatrix}x\\y\end{bmatrix}-8=0$

(3) $[x,\ y]\begin{bmatrix}0&0\\0&1\end{bmatrix}\begin{bmatrix}x\\y\end{bmatrix}+[7\ -8]\begin{bmatrix}x\\y\end{bmatrix}-5=0$

4. (1) $9x'^2+4y'^2=36$ 타원

(2) $y'^2=8x'$ 포물선

(3) $18y'^2-12x'^2=419$ 쌍곡선

5. (1) $\mathrm{x}^TA\mathrm{x}+K\mathrm{x}=5$

$A=\begin{bmatrix}9&-2\\-2&6\end{bmatrix},\ K=[-10,\ -20]$

$\lambda_1=5:\begin{bmatrix}1\\2\end{bmatrix},\ \lambda_2=10:\begin{bmatrix}-2\\1\end{bmatrix}$

$P=\begin{bmatrix}1/\sqrt{5} & -2/\sqrt{5}\\ 2/\sqrt{5} & 1/\sqrt{5}\end{bmatrix}$

$\mathrm{x}=P\mathrm{x}'$

$(\mathrm{x}')^T(P^TAP)\mathrm{x}'+KP\mathrm{x}'=5$

$P^TAP=\begin{bmatrix}5&0\\0&10\end{bmatrix},\ KP=[-10\sqrt{5},\ 0]$

$5(x')^2+10(y')^2-10\sqrt{5}x'=5$

$5(x'-\sqrt{5})^2+10(y')^2=30$

$(x'')^2+2(y'')^2=6$

(2) $\mathrm{x}^TA\mathrm{x}+K\mathrm{x}=-14$

$A=\begin{bmatrix}2&-2\\-2&-1\end{bmatrix},\ K=[-4\ 8]$

$\lambda_1=3:\begin{bmatrix}-2\\1\end{bmatrix},\ \lambda=-2:\begin{bmatrix}1\\2\end{bmatrix}$

$P=\begin{bmatrix}2/\sqrt{5} & 1/\sqrt{5}\\ -1/\sqrt{5} & 2/\sqrt{5}\end{bmatrix}$

$\mathrm{x}=P\mathrm{x}'$

$(\mathrm{x}')^T(P^TAP)\mathrm{x}'+KP\mathrm{x}'=-14$

$P^TAP=\begin{bmatrix}3&0\\0&-2\end{bmatrix},\ KP=[0,\ -4\sqrt{5}]$

$3(x')^2-2(y')^2-4\sqrt{5}y'=-14$

$3(x')^2-2((y')^2+2\sqrt{5}y'+5)$

$=-14-10$

$3(x'')^2-2(y'')^2=-24$

9.3 연습문제

1. (1) $[x\ y\ z]\begin{bmatrix}1&2&0\\2&2&-5/2\\0&-5/2&-1\end{bmatrix}\begin{bmatrix}x\\y\\z\end{bmatrix}+$

$[7\ 0\ 2]\begin{bmatrix}x\\y\\z\end{bmatrix}-3=0$

(2) $[x\ y\ z]\begin{bmatrix}0&\frac{1}{2}&\frac{1}{2}\\ \frac{1}{2}&0&\frac{1}{2}\\ \frac{1}{2}&\frac{1}{2}&0\end{bmatrix}\begin{bmatrix}x\\y\\z\end{bmatrix}-1=0$

(3) $[x\ y\ z]\begin{bmatrix}0&0&\frac{3}{2}\\ 0&0&0\\ \frac{3}{2}&0&3\end{bmatrix}\begin{bmatrix}x\\y\\z\end{bmatrix}+$

$[0\ -14\ 0]\begin{bmatrix}x\\y\\z\end{bmatrix}$

$+9=0$

2. (1) $9(x')^2+36(y')^2+4(z')^2=36$

(2) $3x'^2-3y'^2-z'^2=3$

(3) $(x')^2+16(y')^2-16z'=0$

(4) $(x')^2+(y')^2+(z')^2=25$

3. (1) $\mathrm{x}^TA\mathrm{x}+150=0$

$$A=\begin{bmatrix}2&0&36\\0&3&0\\36&0&23\end{bmatrix}$$

$$\lambda_1=-25:\begin{bmatrix}4\\0\\-3\end{bmatrix},\ \lambda_2=3:\begin{bmatrix}0\\1\\0\end{bmatrix},$$

$$\lambda_3=50:\begin{bmatrix}3\\0\\4\end{bmatrix}$$

$$\mathrm{x}=P\mathrm{x}'$$

$$P=\begin{bmatrix}4/5&0&3/5\\0&1&0\\-3/5&0&4/5\end{bmatrix},$$

$$P^TAP=\begin{bmatrix}-25&0&0\\0&3&0\\0&0&50\end{bmatrix}$$

R^3에 대한 주축정리에 의해

$$-25(x')^2+3(y')^2+50(z')^2+150=0$$

(2) 생략

4. (1) $\mathrm{x}^TA\mathrm{x}+K\mathrm{x}=-9$

$$A=\begin{bmatrix}0&1&1\\1&0&1\\1&1&0\end{bmatrix},\ K=[-6\ \ -6\ \ -4]$$

$$\lambda_1=-1:\begin{bmatrix}-1\\0\\1\end{bmatrix},\ \lambda_2=-1:\begin{bmatrix}-1\\1\\0\end{bmatrix},$$

$$\lambda_3=2:\begin{bmatrix}1\\1\\1\end{bmatrix}$$

그램-슈미트 방법에 의해 정규직교화하면

$$P=\begin{bmatrix}-1/\sqrt{2}&-1/\sqrt{6}&1/\sqrt{3}\\0&2/\sqrt{6}&1/\sqrt{3}\\1/\sqrt{2}&-1/\sqrt{6}&1/\sqrt{3}\end{bmatrix}$$

$$P^TAP=\begin{bmatrix}-1&0&0\\0&-1&0\\0&0&2\end{bmatrix},$$

$$KP=\begin{bmatrix}-\sqrt{2}&\frac{-2}{\sqrt{6}}&\frac{-16}{\sqrt{3}}\end{bmatrix}$$

$$\mathrm{x}=P\mathrm{x}'$$

$$-(x')^2-(y')^2+2(z')^2-\sqrt{2}x'-\frac{2}{\sqrt{6}}y'$$

$$-\frac{16}{\sqrt{3}}z'=-9$$

$$\left(x'+\frac{1}{\sqrt{2}}\right)^2+\left(y'+\frac{1}{\sqrt{16}}\right)^2$$

$$-2\left(z'-\frac{4}{\sqrt{3}}\right)^2=-1$$

$$(x'')^2+(y'')^2-2(z'')^2=-1$$

(2) $\mathrm{x}^TA\mathrm{x}+K\mathrm{x}-31=0$

$$A=\begin{bmatrix}0&1&0\\1&0&0\\0&0&0\end{bmatrix},\ K=[-6\ 10\ 1]$$

$$\lambda_1=1:\begin{bmatrix}1\\1\\0\end{bmatrix},\ \lambda_2=-1:\begin{bmatrix}-1\\1\\0\end{bmatrix},$$

$$\lambda_3=0:\begin{bmatrix}0\\0\\1\end{bmatrix}$$

$$P=\begin{bmatrix}\frac{1}{\sqrt{2}}&-\frac{1}{\sqrt{2}}&0\\\frac{1}{\sqrt{2}}&\frac{1}{\sqrt{2}}&0\\0&0&1\end{bmatrix}$$

$$\mathrm{x}=P\mathrm{x}'$$

$$P^TAP=\begin{bmatrix}1&0&0\\0&-1&0\\0&0&0\end{bmatrix},\ KP=[2\sqrt{2}\ \ 8\sqrt{2}\ \ 1]$$

$$(x')^2-(y')^2+2\sqrt{2}x'$$

$$+8\sqrt{2}y'+z'-31=0$$

$$(x'+\sqrt{2})^2-(y'-4\sqrt{2})^2+(z'-1)=0$$

$$(x'')^2-(y'')^2+(z'')=0$$

INDEX

1

1차 결합 188

1차 독립 192

1차 종속 193

1차 형식 316

2

2차 방정식 324

2차 형식 316

A

adjoint 116

argumented matrix 45

A의 행렬식 98

B

basis 199

C

characteristic equation 257

characteristic polynomial 254

codomain 282

coefficient matrix 45

composition 299

conic sections 324

conics 324

contractions 308

Cramer의 공식 122

cross product 157

cross-product terms 317

D

diagonalizable 263

dimension 201

domain 282

E

eigenvalue 250

eigenvector 250

elementary column operations 72

elementary matrix 72

elementary operations 72

elementary row operations 72

expansions 308

I

image 282

inverse 301

inverse operation 74

K

kernel 291

Kirchhoff의 전기법칙 83

L

linear mapping 282

linear transformation 285

LU분해 76

N

Norm 144

O

orthogonal 151

orthogonal matrix 272

orthogonally diagonalizable 274

P

permutation matrix 72

preimage 282

R

rank 295

real spectral theorem 269

rectangular coordinate system 139

reflection operator 300

S

Schwarz의 부등식 224

spanning sets 189

standard matrix 286

standard unit vectors 159

subspace 182

U

unit vector 146

V

Vector 134

vector space 179

ㄱ

가역 301

가역행렬 301

가우스 소거법 49

가우스 조르단 소거법 49

가환 300

계수 210, 295
계수행렬 45
고유값 257
고유공간 259, 270, 323
고유벡터 250, 253, 257
고유치 250
곡면 333
공변역 285
공역 282
교대행렬 27
기본 행렬 72
기본연산 72
기본열 연산 72
기본행 연산 72
기본행연산 46
기약행 행사다리꼴 48
기저 199, 259, 271

ㄴ

내적 149
내적공간 220, 234
노음 144, 222

ㄷ

단위벡터 146, 227
단위행렬 22
닮음 행렬 262
대각행렬 29
대각행렬, 29
대각화 가능 263
대칭 307
대칭행렬 27, 269, 321
독립 192
동차 연립방정식 53
동차연립 1차방정식 53
동형사상 301

ㅁ

면적 126, 127

ㅂ

반사연산자 300
방향벡터 167
방향비 167
법선벡터 172
벡터 134
벡터 사영 152
벡터 성분 137
벡터곱 157
벡터공간 179
벡터방정식 166
복소행렬 12

부분공간 182
부수된 2차 형식 324, 333
분할 30
비자명한 해 253
비자명해 270
비정칙 251
비정칙 행렬 250
비정칙성 253

ㅅ

삼각분해 76
삼각형 법칙 136
상 282
상3각행렬 30
상등 17
생성집합 189
선형모형 91
선형변환 282, 283, 285, 301
선형연산자 289, 302
소행렬 30, 99
소행렬식 99
수반행렬 116
스칼라 3중적 162
스칼라 사영 153
스칼라곱 138
스칼라행렬 29
스펙트럼정리 269
실행렬 12

ㅇ

여인수 행렬 116
여인자 98, 99
역 301
역연산 74
역행렬 58
연립1차방정식 44
연립방정식 44
열 공간 208, 211
열 벡터 207
영공간 211
영차원 212
영행렬 12
오차 제곱 93
외적 157
원뿔곡선 321, 328, 330
원상 282
원추곡선 324
위치벡터 166

ㅈ

자명한 해 53
자유 변수 214
전진 대입법 79
전치행렬 25, 269

정규직교기저 227, 228
정규직교집합 227, 272
정규화 319
정방행렬 12, 27, 272
정사각 행렬 22
정사각행렬일 22
정의역 282
정의역(domain) 282
정칙 60
종속 194
주대각선원소 12
중복도 270
직교 151, 222
직교 대각화 가능 274
직교좌표계 139
직교집합 227
직교행렬 272, 321
직선의 방정식 129

ㅊ

차원 201, 295
체적 129
최대값 318
최소값 318
최소제곱 회귀분석 83
최소제곱회귀직선 91
축소 308
치역 282, 294
치환 98
치환 행렬 72

ㅌ

특성다항식 254
특성방정식 257

ㅍ

평면 171
평면의 방정식 131
평행사변형 법칙 136
표준단위벡터 159
표준행렬 286

ㅎ

하-삼각 행렬 102
하3각행렬 30
합성 299
항등행렬 103
핵 291
행 공간 208, 211
행 벡터 207
행동치 46
행렬 12